裁判例
からひも解く
都市再開発
入門

権利調整や
紛争対応時に
おける弁護士の
関わりかた

弁護士
内野令四郎
著

JN093021

第一法規

まえがき

　本書の執筆の動機は、「手続全体を見通すことのできる立場にある手続主宰者が、声を上げづらい当事者に対し、法的な枠内においていかに『配慮』を重ねられるかを見極めたい」、という点にありました。本書に沿って言えば、市街地再開発事業の施行者が、都市再開発法の趣旨の範囲内において、生活変化を受け入れざるを得ない零細地権者や零細借家人に対して、手続的配慮をどこまでなし得るのかを探ることが、本書のスタート地点にあります。

　その限界点を見極めるため、本書の執筆にあたっては、都市再開発法施行後50年間において蓄積された裁判例として、第一法規株式会社の判例情報データベース「D1-Law.com　判例体系」等で「市街地再開発事業」の検索でヒットする300件ほどの裁判例に目を通しました。その中で、先例としての意義があると筆者が判断した約100件について具体的に検討するとともに、都再法の立法過程についても国会の審議録を可能な限りトレースすることにしました。これらの作業を通じて、事業の公共性を背景とする強制力をもった法定再開発の法的枠組みを確認し、生活変化を受け入れざるを得ない「とうとい犠牲」(第2編第1章4参照)に対する法の配慮がどのように実現されているのか(又はされるべきなのか)を探ることに重点を置いて執筆しています。

　しかし、そのような法的視点だけで市街地再開発事業を検討すると、実務上の困難に遭遇することも少なくありません。

　すなわち、実務上法定再開発関係者の方々(施行者の関係者だけでなく、地権者・借家人等の関係権利者も含む)からお話を伺っていくと、①都市再開発法で定められた手続、②同法で定められていない手続及び同法上の実体権利関係の解釈、③国交省・認可権者・市又は区の行政運用の実態、④社会的、経済的、そして政治的な事情、並びに、⑤補償実務と税務実務という、様々なファクターの整合性をいかに図るべきか、手続上の法的安定性と事業上の具体的妥当性との隘路で思い悩むことが多々あります。本書では、そのような悩みもありのまま表現することにしました。

また、実務経験が13年ほどの筆者にとって、法定再開発という大海の深さは計り知れず、法定再開発の世界では常識であるものの、筆者にとっては初お目見えという問題に、今でもたびたび遭遇します。

　そのため、本書では、誰もが常識と考える部分についても、あえて詳細に説明した部分があり、実務に精通した読者には迂遠さを感じるかもしれません。そこは「入門書」という位置付けに免じてご海容いただければ幸いです。

　本書を手に取ってくださった皆さまからの声を踏まえながら記載内容をブラッシュアップできればと考えておりますので、皆さまの忌憚ないご意見を賜りたく、どうぞ宜しくお願い申し上げます。

2022年3月

弁護士　内野令四郎

凡　例

1）内容現在

　本書は、2022年 2 月 1 日内容現在にて執筆・編集をしています。

2）裁判例の書誌情報事項の表示

　判例には、原則として判例情報データベース「D1-Law.com　判例体系」
の検索項目となる判例IDを〔　〕で記載しています。

　例：最判昭和57・ 4 ・22民集36巻 4 号705頁〔27000089〕

裁判所略語

最	最高裁判所
高	高等裁判所
地	地方裁判所

判例出典略語

民集	最高裁判所民事判例集
判タ	判例タイムズ
判時	判例時報
行裁例集	行政事件裁判例集

法令名略語

都再法	都市再開発法
都再法施行令	都市再開発法施行令
都再法施行規則	都市再開発施行規則
個人情報保護法	個人情報の保護に関する法律

文献略語

都市再開発法解説

　　　国土交通省都市局市街地整備課監修・都市再開発法制
　　　研究会編著『都市再開発法解説―逐条解説改訂8版』
　　　大成出版社（2019年）

裁判例からひも解く
都市再開発入門
権利調整や紛争対応時における弁護士の関わりかた

まえがき

凡　例

第1編　総　論

1　民間再開発との違い ……………………………………………………… 3

2　再開発準備組合の設立 …………………………………………………… 4

3　都市計画決定 ……………………………………………………………… 5

4　再開発組合の設立 ………………………………………………………… 6

5　権利変換処分 ……………………………………………………………… 7

6　補償金の支払 …………………………………………………………… 10

7　占有者に対する明渡請求 ……………………………………………… 11

8　再開発ビルの建設工事着工から竣工 ………………………………… 12

　　　COLUMN　法律学と都市計画・都市工学の視点の違い

第2編　各　論

第1章　組合設立前夜―まちづくり開始から準備組合まで　17

1　準備組合をめぐる裁判例 ……………………………………………… 26

2　準備組合段階での「同意率」と行政指導 …………………………… 42

3　都市再開発法平成11年改正・自由裁量から覊束裁量への改正 ……… 44

4　都市再開発法の立法過程を振り返る ………………………………… 46

第2章　都市計画決定について　67

第3章　事業計画決定／組合設立認可段階　77
　　　COLUMN　組合は「公法人」か
　　　COLUMN　都再法67条説明会の重要性

第4章　権利変換処分　111
　1　権利変換計画の決定基準 ……………………………………………… 112
　2　権利変換処分に至る手続 ……………………………………………… 112
　　　COLUMN　権利変換処分による従前従後の権利の同一性について

第5章　従前資産評価・補償に関する一般論　163
　1　第一種市街地再開発事業における補償の種類 ……………………… 164
　2　権利の種類に対応する補償 …………………………………………… 164

第6章　明渡し・工事・竣工後の処理　203
　1　明渡しについて ………………………………………………………… 204
　2　竣工後の解散について ………………………………………………… 205

第7章　住民訴訟等　227
　　　COLUMN　第一種市街地再開発事業の行き詰まり事例の分析

第8章　借家人の取扱い　275
　1　都市再開発法における借家人の取扱い ……………………………… 276
　2　施設建築物の一部における借家契約の内容 ………………………… 280

事項索引　299
判例索引　301
あとがき　305

【第1編】

総 論

　都市再開発法においては、「市街地再開発事業」の進め方が詳細に規定されている。この「市街地再開発事業」は、第一種市街地再開発事業と第二種市街地再開発事業の2種類があるが、本書は、このうち、主に第一種市街地再開発事業をメインテーマとして取り扱うことを想定している。では、この第一種市街地再開発事業とはどのような再開発をいうのであろうか。

　まず、都市再開発法に基づく第一種市街地再開発事業の全体的な理解を深めるため、本編では【仮説事案】で法律事務所を訪れた相談者に説明する形式をとって解説していく（なお、本編では都市再開発法の条文を個別には挙げず、詳細な説明は第2編各章に譲る）。

【仮設事案】

　夏の暑い日の午後、70代の女性Xが相談にきた。

　Xの夫である亡Aが遺した土地上に築25年のマンションが1棟あり、その1階部分にXは居住していて、3階までの各部屋の賃料収入で生活をしている。ところが、このたび、「P地区再開発準備組合」から手紙が届き、今後どのようなことが起こるのか不安に思っている。

　そこで、相談を受けた弁護士の立場から、「都市再開発法に基づく再開発（組合施行）」がどのようなものかを以下で説明していく。

1　民間再開発との違い

　まず、都市再開発法に基づく再開発は、「法定再開発」とも称され、通常の民間事業者が行う再開発（以下「民間再開発」という）とは全く異なることを理解することが重要である。

　民間再開発の場合、土地所有権があれば「立ち退きたくない」と主張すれば強制的な立退きは実現できないし、また、借地権者や借家権者でも（原則として）借地借家法に基づく保護があるため、同法に基づく明渡請求が裁判所で認められない限りは立ち退く必要はない。

ところが、法定再開発の場合、その事業が進行して都市再開発法に基づく明渡請求がなされた場合には、強制的に立ち退かなければならない。この点で、民間再開発と根本的に異なる。

　都市再開発法が、再開発の施行者に対してこのような強力な権限を付与した背景には、法定再開発事業がもつ公共性がある（都市再開発法の立法過程については、第2編第1章4参照）。

　本事案の相談者が居住している地域において「再開発準備組合」が設立されているということは、その地域では法定再開発の事業進行の可能性が相当程度高まっていることを意味している。

　したがって、弁護士として継続的な相談対応を進めることになるのであれば、再開発準備組合側の示すスケジュールを確認しながら、最終的にいつ頃に明渡請求がなされる可能性があるのかを意識しながら対応をすることになる。

　なお、相談者から話をよく聞くと、「P地区再開発準備組合」からの手紙が届く前は、「P地区再開発協議会」という団体からも「再開発準備組合加入のお誘い」という手紙が届いていたことがわかった。

　多くの地区では、再開発準備組合を設立する前身として、「協議会」や「勉強会」のような（比較的緩い）組織形態で、当該地区のもつ可能性や改善点などを話し合う場がもたれることが多い。ある程度の地権者の賛同が得られる見込みが立つと、再開発準備組合に衣替えして、具体的な事業計画や行政協議等の調整が進められることになる。

2　再開発準備組合の設立

　再開発準備組合（以下「準備組合」という）は、都市再開発法上、「組合を設立しようとする者」として規定されており、法律で法人格が認められる市街地再開発組合（以下「再開発組合」という）の前身組織としての位置付けが鮮明な組織となる（第2編第1章参照）。

　準備組合は、当該地域の権利関係がどのようになっているのかを詳細に調べる権限が法律上認められているが、これは再開発組合設立の要件が満たさ

れているかどうかを事前に確認するために必要不可欠な調査権限であり、相談者には今後、準備組合から各種問い合わせが入る可能性がある。

　この準備組合は、施行予定地区内の地権者（土地所有権者及び借地権者）に対し、準備組合への加入を呼びかけ、行政の指導も踏まえて、地権者数及び面積でおおむね80％程度（法律上は3分の2以上）の同意を目指すことになる。

　この「同意」の対象は、準備組合から、「第一種市街地再開発事業に基づく法定の市街地再開発組合」を設立することに対する公的な意思表示としての同意となるため、最初の重要な手続となる。

　一方、おおむね80％程度（法律上は3分の2以上）の同意と表現したことからもわかるように、再開発組合成立時においては、当該再開発事業に同意をしない少数者が発生し得ることを、都市再開発法も行政も許容している。これは、未同意者がいたとしても、最終的に法が定める補償をすることにより、強制的に事業進行を可能とする仕組みが用意されているからであり、この少数未同意者の存否にかかわらず、手続が進行することが、上述のとおり、民間再開発と全く異なる点といえる。

　また、本事案の相談者の場合、既に準備組合が設立されているということは、現在（若しくは近い将来）、相談者のマンションを含む地域についても、再開発を前提とする都市計画決定がなされ、再建築などに規制がかかることが見込まれているため、その点についても十分説明しておく必要がある（場合によっては、既に都市計画決定がなされている可能性もあるので、行政に対して問い合わせをするなど、法的な調査をすることが必要である）。

3　都市計画決定

　法定再開発は、都市計画事業の一環であるため、必ず都市計画決定が先行する。これは、法定再開発（市街地再開発事業）が、都市機能の更新や防災面の整備など重要な役割を果たす公共性の高い事業であり、強力に推進する必要があるからとされている。また、その趣旨を財政的に裏付けるため、国や地方公共団体から補助金の交付を受ける補助金事業でもある。

そのため、法定再開発は、都道府県並びに市や区という行政機関の全面的監督、指導のもとに遂行されることになり、半公共事業的な性格をもっている。

　この都市計画決定においては、住民説明会の実施が行政に義務付けられ、一般に公開される都市計画に対する住民の意見提出の機会も確保されている。

　本事案の相談者の場合も、もし準備組合が設立されたばかりで、まだ都市計画決定がなされていない状況であれば、今後、地方公共団体が主催して行う住民説明会に出席して、行政がどのような再開発を描いているのかを確認するように促すことになる。

4　再開発組合の設立

　再開発組合設立のための法定要件を満たす程度以上に同意率を取得し、諸条件が揃うと、準備組合は、都道府県知事に対して再開発組合の設立認可を申請する。都道府県知事は、その要件を満たしていると認める場合には、認可をしなければならない。

　組合設立認可が認められると、法人として市街地再開発組合が成立する。この再開発組合は、公的な色彩の極めて強い法人であり、行政主体として、権利変換処分という行政処分を行う手続に進むことになる。したがって、再開発組合は、都市再開発法に基づく確実な手続の履践をしていかなければならない。

　再開発組合の設立により、施行区域内の地権者は全員が当然に再開発組合の組合員になり、かつ施行区域内の土地、建物等は全部が当然に再開発事業の対象になる。

　民間再開発との違いでいえば、法定再開発は当該地権者が再開発事業に賛成するか反対するかにかかわらず、法律上、全員が再開発組合の組合員となるという点で強力な事業推進手法といえる。また、借家人についても、継続して借家していると判断されるものについては、都市再開発法による関係権利者の取扱いをする（ただし、一時使用を目的とする借家権は除く）。

　本事案の相談者の場合にも、当該相談者は、土地・建物の所有権者として当然に再開発組合の構成員として組み入れられるとともに、その借家人も（一時使用でない限り）関係権利者として取り扱われることになる。

5　権利変換処分

(1)　権利変換処分

　再開発組合が設立されると、次に重要な手続上のポイントは、再開発組合による権利変換計画の策定であり、これに基づき再開発組合が権利変換処分を地権者に対してなすこととなる。

　権利変換処分とは、再開発前の地権者の資産（これを「従前資産」と呼ぶ）を、再開発後に建築される新しい建物の一部（これを「従後資産」と呼ぶ）に強制的に移転させる行政処分である。

　この処分は、移転計画を詳細に定めた「権利変換計画」に基づきなされるものであり、都市再開発法上、最も重要な手続である。この「権利変換」という概念は、都市再開発法が創設した概念であり、地権者の従前の権利は原則として権利変換期日をもってすべて消滅し、地権者は新規に従後の権利を原始的に取得することになる。

(2)　従前資産の評価

　上記(1)で述べた権利変換計画を作成するためには、まず、再開発組合（又は準備組合）は、従前資産がどのような状況にあるのかを正確に把握したうえで、従前資産の価値を算定することとなる。その手続として、土地に関しては土地調書を、建物については物件調書を作成することになる。

　特に、建物に関する物件調書は、引越し費用等の補償費算定の基礎にもなることから、建物内部の利用状況についても詳しく調査する必要がある。もちろん、本事案の相談者や借家人にとっては、建物内部に調査員に立入りをしてもらいたくないと考えるかもしれない。

　そのような調査ができない場合、他の方法により知ることができる程度で土地調書又は物件調書を作成すれば足りる。また、土地調書又は物件調書について関係人がその署名押印をすることができない場合には、地方公共団体

の職員がこれに立ち会って署名押印することもある（これを一般に「吏員立会い」という）。

　これらの調査を踏まえて、当該地区における従前資産の評価基準（及びその細則）により、不動産の鑑定評価がなされ、評価基準日（組合の設立認可公告から31日目）における従前資産の評価が固まる。

　なお、再開発ビル（従後資産）の床は権利床と保留床に区分される。権利床は従前の地権者が取得する床で、保留床は第三者に売却される床である。この保留床を売却した資金や補助金によって、再開発事業の事業費が賄われることになる。

(3)　権利変換計画の作成

　次に、この従前資産を従後の新建物のどこに配置するかを定めるのが、上記(1)で説明した権利変換計画である。

　すなわち、①従前資産を整理して、②従前資産と同価値の再開発ビルの床の一部を権利者に配分した一覧表が、権利変換計画であり、法定再開発事業の要の役割を果たすこととなる。

　このときに注意を要するのは、平面的に「元いた場所に戻る」ということにはならず、立体的に「元いた場所と違うけれども、同価値の建物の床を取得する」ことになる。地権者は、「自分がいた場所に戻りたい」と思っても、その場所自体が、新しい道路や公共スペースにとられるなどして、最終的には立体的に「同じ価値で取得できる限りの新建物の床」に移らざるを得ない（なお、都市再開発法は、土地区画整理法が採用する照応の原則を基本的に準用していないことに注意が必要である）。

　なお、新しい建物の床を望まないと考える地権者がいる場合、金銭給付の申出等をすることで、従前資産の価値分の補償を受領してその地域から転出することもできる。また、移転に伴う引越し費用等の補償を受けることができる。

　一方、借家人は、原則として地権者が取得した床にそのまま移転することになる。ただし、大家の地権者が転出する場合は、再開発組合が用意した新しい建物の床に移ることになる。

　借家人の再入居にあたっては、従前資産より設備がよく、新しい建物への借家権の移転になるため、一般的に賃料は若干高くなることが多い。もし新しい建物での借家条件で折り合いがつかない場合には、再開発組合が審査委員の過半数の同意を得て裁定し、それでも決着がつかない場合には、最終的に裁判で賃料や敷金額等を決定することになる。

　もちろん、借家人も、新しい建物（再開発ビル）に移転を望まない場合には、地権者と同様に借家権消滅の申出等をすることで、地区外に転出することができ、組合設立認可の公告があった日から起算して30日以内に「借家権消滅希望申出書」を提出することが認められている。

　本事案の相談者の場合も、相談者自身が地権者として地区内にとどまるかどうかを判断することができるし、借家人についても同様に対応を決めてもらうこととなる。そして、新しい建物での賃貸借契約が継続することが決まった場合には、両者の間で賃料等の条件をどうするか協議をしたうえで、協議が成立しない場合には、再開発組合に裁定をしてもらうこととなる。

(4)　権利変換計画の縦覧

　権利変換計画は、公平の観点から、原則として、都市再開発法上、縦覧（公開）の手続が定められている。これは、地権者全員の同意がない場合でも地権者及び関係権利者全員を拘束することから、関係権利者に対して権利変換計画の内容を確認させたうえで、不服申立ての機会を与えるために設けられた制度になる（例外的に、地権者及び関係権利者全員が同意する形式での再開発事業の場合、縦覧手続は不要となる（都再法110条））。

　この縦覧期間中、自己の権利に関する権利変換計画の内容に不服があれば、再開発組合に対して意見書を提出して異議を述べることができる。

　意見書による異議については、施行者がその採否を決める場合、中立、公正な第三者機関である審査委員の過半数の同意が必要である。

　なお、権利変換計画における不満のうち、地権者が従前資産の価格評価について不満がある場合は、収用委員会に対し審査を申し立てる手続が設けられている。

⑸　権利変換計画についての都道府県知事の認可

　上記⑷の手続終了後、再開発組合は、都道府県知事に対し権利変換計画の認可を申請し、認可されると上記計画は確定する。

⑹　権利変換処分の効果

　この権利変換処分の内容が郵便等で地権者に「通知」されることで、この権利変換処分の地権者に対する法律的な効果が発生する。そして、この通知の後に迎える権利変換期日をもって地権者の従前の権利は法律上当然に（法的な同一性をもって）従後の権利に置き換わる。

　一方、従前の建物所有権は、この権利変換期日をもって、原則として施行者である再開発組合が強制的に権利取得することとなる。そして、再開発組合は、工事のために必要があるときには、30日の猶予をもって、建物占有者（元の建物所有者も含む）に対して、建物の明渡しを求めることができる。

　地権者又は借家人が明け渡した従前の建物は、解体工事により取り壊され、地権者及び借家人は金銭給付の申出や借家権消滅希望申出書を提出しない場合は、新しい建物ができるまでの間、仮店舗や仮住居で生活を営むこととなる。

　もちろん地権者には、新しい建物（再開発ビル）完成後に、権利変換に応じた床が与えられ、借家人に対しては、その貸主が取得した床の一部（貸主が転出するときは施行者に帰属することとなる床の一部）について借家権が与えられる。

6　補償金の支払

　再開発組合が支払う補償金には2種類あり、都再法91条に基づく補償金（91条補償）と都再法97条に基づく補償金（97条補償）である。

⑴　91条補償

　91条補償は従前の権利に対する対価で、金銭給付の申出等をして地区外転出を希望した地権者に対して、権利変換期日までに、従前の権利の評価額が支払われる。

　借家人に対しては、借家権が取引価格を有することはないと一般的に考え

られているため、原則として地区外転出の（借家権消滅希望申出書を提出した）場合であっても91条補償が支払われることはない。

(2)　97条補償

　97条補償は、明渡しに伴い通常受ける損失を補償するものであり、明渡しの負担を負う地権者及び借家人（占有者）に対して、再開発組合が協議のうえで、通常受ける損失額を支払うこととなる。

　再開発組合は、土地や建物の明渡しの期限までに都再法97条の補償金を支払わなければならないが、権利変換計画作成中の段階から、占有者と協議して補償額を契約することが通例である。

　通常受ける損失額の算定にあたっては、補助金事業であり公共事業的な性格を有することから、原則として、全国用地対策連絡協議会（用対連）の基準に準じて、再開発組合が損失補償基準を策定のうえ行う。

　明渡しの期限までに協議が成立しなければ、再開発組合が定めた補償額が支払われる。このとき、再開発組合は、自らが定める補償額について、中立、公正な第三者機関である審査委員の同意を得なければならない。

　権利者が上記補償金の受領を拒否した場合は、再開発組合はこれを供託することで、明渡しが実現することとなる。

　本事案の相談者も、当該地域とは別の場所で生活するという決断をすれば、91条補償及び97条補償の双方の補償がなされるが、再開発ビルに戻って生活を営もうと考えれば、97条補償のみがなされることになる（一部転出という選択肢もあり、その場合は91条補償の一部がなされることになる）。また、借家人に対しては基本的に97条補償のみがなされることになる。

7　占有者に対する明渡請求

　地権者及び借家人は、権利変換期日をもって従前の土地、建物に対する一切の権利を喪失するので、当然これらに対する占有権原も失われる。一方で、建設工事着工に必要な時期までは明渡しが猶予されるため、各占有者はそれまで従前の占有を継続することができる。

　再開発組合は、建設工事の必要が生じた場合には、当該占有者（地権者、

借家人等）に対し、明渡請求をする。この場合、再開発組合は、明渡期限として30日の猶予期間をおかなければならない。占有者は、前述6(2)の97条補償について支払（ないし供託）が再開発組合からなされていれば、上記明渡請求により、期限までに土地、建物を明け渡さなければならない。

　この点が、上記1で説明した民間再開発と最も違う点である。もし、ここで占有者が明渡しに応じない場合、裁判所において断行の仮処分が認められる可能性は極めて高く（既に事例の集積が積み上がってきている）、通常の民間再開発の場合のように、訴訟のような時間のかかる手続を経ずに占有を解くことができる点で、法定再開発は非常に強力な効果を有しているといえる。

　本事案の相談者については、事業に協力して早期に移転することもあり得るが、最後まで同意できないとしても、裁判所が明渡断行の仮処分を認めると、法律上、強制的に立ち退かなければならない建付けになっていることに十分に留意が必要である。

8　再開発ビルの建設工事着工から竣工

　再開発組合は、明渡しにより建設工事用地を占有する者がいなくなった後に、まず従前の建物の解体除却工事を行い、続けて再開発ビルの建築工事に着工する。

　竣工後、権利変換計画に基づき取得した床に、それぞれの地権者及び借家人が戻り、最終的な清算を経て、再開発組合は解散する。

　なお、再開発組合の多くの権利義務関係は、新しい施設建築物（従後建物）の区分所有者の団体である管理組合に引き継がれることになる。

　本事案の相談者が、権利変換を選択した場合には、再開発ビルの竣工後、順次同ビルに入居していくこととなる。また、借家人も再入居を希望すれば、大家である相談者と新たな契約を取り交わして再開発ビルに入居することができる。

COLUMN　法律学と都市計画・都市工学の視点の違い

　多様な実務相談の中で、筆者が法曹として日々考えることは、都市再開発法が、極めて強力な法律効果を有するものであるが故に、その運用には細心の注意が必要なのではないかという問題意識である。

　この法曹としての問題意識は、ともすると再開発事業にとっては、いわば「ブレーキ役」のような役割を果たすこともある。なぜならば、零細な地権者や借家人に対する十分な手続保障の観点から、丁寧な手続説明を求めることとなり、結果として説明を尽くすために多くの手間暇が必要になるからである。

　一方で、都市計画・都市工学に関連する専門家の書籍を読み進めると、法律家の視点とは異なる視界が開けてくる。

　すなわち、都市計画・都市工学的な観点から見ると、都市再開発の必要性と可能性という切り口から都市再開発を俯瞰するようである。例えば、「都市の抱える問題を解決する必要性から、いかにその可能性の選択肢を広げるのか」という視点であり、都市再開発は、法律による規制をいかに合理的な観点から（経済的・物理的安全性を保ちながら）開拓していくのかという意欲的な取り組みであるという視点である[i]。

　法律家の視点からすると、必要性に対置される概念は、「許容性」であり、上述のようにブレーキ役としての役割を果たすものであるが、都市計画・都市工学の観点からは、必要性の対概念として「可能性」というダイナミズムをもたせた概念を用いるようであり、非常に興味深い。

　このように、都市計画・都市工学の思想に基づく意欲的取組み（可能性の追求）を背景に置きつつ、都市再開発法という法律の枠内で、いかに零細な地権者・借家人の手続保障（許容性の確保）を担保するのか。国家が用意した都市設計の思想[ii]を実現するにあたっては、この複眼的

---

i　計画論研究会編『巨大都市東京の計画論』彰国社（1990年）
ii　越澤明『東京都市計画物語』筑摩書房（2001年）

な視点を念頭に置く必要がありそうである。

　既に見たように、零細な地権者・借家人保護は都市再開発法制定時の最大のテーマであったのであり、それは法制定から50年以上経過した現在においても同じであろう。いかに行政上の配慮があったとしても[iii]、司法上の対応が必要になった場合、法律に基づく適正手続の担保は、民主主義社会における最も重要な規範として重視されなければならない。「都市は権力的な背景なしには形成されない」[iv]という命題があるとすれば、その権力的な背景により生じる「とうとい犠牲」に対して、事業スケジュールをにらみながら、可能な限りの手続的配慮を尽くすことが、都市再開発法に携わる法曹としての使命ではないだろうか。

　このような視点から、次章以降、組合設立後の手続について俯瞰していく。

---

iii　少し古い文献になるが、行政上の借家人保護の状況をまとめた文献として、大橋洋一「市街地再開発と社会計画（Social plan）(1)─都市法と社会法の接点に関する一考察」自治研究70-3（1994年）80頁以下がある。

iv　竹下憲治「組合施行型都市再開発事業の行政法的分析─事業法の分析を通じて」法政研究68-2（2001年）68頁

【第2編】

各 論

第1章

組合設立前夜
─まちづくり開始から準備組合まで

人が住む限り、その地域は、時代が進むにつれて、環境の影響を受けて変化を遂げていくものである。

　例えば、新しい文化施設や駅ができると、その町の人の流れが変わり、新たな課題が浮き彫りになることがある。また、その地域に木造家屋が多ければ、時間の経過とともに老朽化が進むだけでなく、地域住民も高齢化して、活気を取り戻すための方策が模索されるかもしれない。

　このように、形としては見えづらい「地域の課題」を地域住民が共有して、問題として意識するようになってくると、少しずつ「まちづくりの機運」が高まってくる。

　町での挨拶が「夏祭りに人が集まらなくなったねぇ」とか、「あそこに施設ができたから人の流れが変わって交通が危なくなったよ」という何気ない会話から問題が共有化されて、「これは何とかしないといけない」という地域住民の機運の高まりが「まちづくりの機運」の一例である。

　この「まちづくりの機運」という言葉を使えるくらいに地域の課題が明確化してくると、その地域をどのような方向で再構成するのがよいのか（若しくは再構成せずにそのまま保存するのか）という視点で、地域住民が自主的な勉強会や協議会を催すことがある。

　ただ、その地域住民は、その地域で生活するという視点では地域の問題点をよく認識している一方で、
　　・「その地域の雰囲気をよりよく維持するためにはどうすべきか」
　　・「ある程度の区画を決めて再開発するべきか」
　　・「その区画はどの程度の広さが現実的か」
　　・「大まかな区画を決めたとして、どのような手法で再開発すればよいのか」等々
具体的にその課題を解決する手段をもっていることはほとんどない。

　そのような地域の勉強会ないし協議会に、行政の担当者、再開発の専門家としてのコンサルタント（再開発コーディネーター）、建設会社、そして不動産デベロッパーなどが、日本各地での再開発の成功事例や失敗事例の経験を踏まえて、地域住民とともに参加するようになり、具体的な課題解決を模索

するようになる。

　その中には、変化を好まない住民の意見もあるだろうし、そもそも問題点自体を問題視しないという住民の意見もあり得る。したがって、「このままの状態を維持してよりよい町の雰囲気をどうつくり出すか」というソフト戦略も検討されることになるだろう。その場合、地元の名士と呼ばれる人の意見や地域の実情をよく知る地方議会議員なども加わって、大規模なイベントを誘導するなどの賑わいの創出を検討することもできる。

　しかし、そのようなソフト戦略ではどうにもならないと考えられたとき、「ここはハード面に手をつけないとどうしようもない」という方向を模索することになるであろう（もちろん、ソフト戦略による時間の経過を避けて最初からハード面の課題解決に進む方向性もあり得る）。

　この「ハード面に手をつける」ということこそが、その地域の再開発にほかならない。

　しかし、ここで地域住民の前に立ちはだかるのは、巨大な法規制の網である。

　ひと口に「再開発」と言っても、不動産をめぐる法規制は極めて多様であり、新たな建築物を建てるにあたっては都市計画法や建築基準法などの規制があり、多種多様な法規制をくぐり抜けて建てなければならない。また、法規制をクリアしたとしても、経済合理性を維持して再開発をしなければ、結局何のために再開発をしたのかわからなくなってしまう。さらに、再開発により地域の課題を解決できても、地域で生活する大多数の人々の経済生活が成り立たないような結果になることは避けなければならない（生活再建のための客観的補償は不可欠である）。

　そのため、国が用意した再開発制度の多くにおいては、補助金を利用することができるが、この補助金を得るための複雑な仕組みを地域住民のみで乗り越えることは、ほとんど不可能に近い。

　そこで、地域の課題を解決したいという地域住民の思いを実現する役割として、再開発のコンサルタントや建設会社、そして不動産デベロッパーなどの企業が結集して、専門的な立場から地域住民をサポートすることとなる。

もちろん、それぞれの会社は営利企業であり、自己の会社の利益を最終的に確保する目的があることは否定できない。

　しかし、あらゆる職業に共通する規範として、「自分の利益だけを追求しようとすれば、結局自分の利益は達成できない」ことは明らかである。これらの会社にとっては、地域住民こそが自らの顧客であり、顧客満足度を上げなければ、自社の利益は確保できないというのが原則であろう。

　加えて、法律上定められた再開発には、公益上の必要性が認められ、必ず行政の関与がある。

　地域住民が課題として認識し、解決しようとしている問題点が解消され得る計画か、事業として採算がとれているのか、新しい公共的な付加価値のある再開発となっているのか、公益上の観点から、事業の認可権者として目を光らせることが期待されている。地域住民の再開発への同意率が高まり、具体的に市街地再開発事業として手続が進む可能性が高まると、認可権者としての行政（地方公共団体）が民間事業者に対する指導役として大きな存在感をもつことになる。

　当初段階の勉強会・協議会は、地域住民の一部が自発的に集まって開始することが多いことから、その勉強会・協議会の存在すら知らない人たちも大勢いることが見込まれる。ある一定の地域区画の中で、中核的な地域住民が再開発の方向性を固めると、その地域区画の他の住民にも声を掛けて、勉強会への参加を促し、その地域区画の中での再開発の意識を少しずつ高めるように努力することとなる。

　そうすると、地域の活動に参加することについて消極的だった住民にとっては、寝耳に水のような再開発のように聞こえることがある。特に、「地元」というカテゴリーで考えると、現状からの変化を求めたくないという心情から再開発自体を忌避する人もいるだろう。

　地域住民の勉強会は、そのような人たちにこそ開かれた形で議論を進めることが理想であるが、現実はそう甘くはない。このような再開発に同意できない人たちも含めて、地域の課題を共有してもらいながら、少しずつ全体としての同意率を高めていく努力をする必要が出てくる。

　そして、その地域において法定再開発を進めることが可能な程度に同意率が高まってきたと思われる頃に達すると、この勉強会・協議会は、「再開発準備組合（以下「準備組合」という）」という形で、組織化されることになる。

　このような組織化された準備組合は、将来設立される見込みの「市街地再開発組合（以下「再開発組合」という）」をにらんで一部の地域住民で構成される団体になる。したがって、法律上の再開発組合に準じて、組合としての規約を作成し、準備組合員の総会で組合の意思決定を取り決め、その定められた方向性に従って理事会決定を経た事項について、具体的な事業推進に進んでいくことになる。

　都市再開発法上も、この準備組合は、「組合を設立しようとする者」などの表現で、登場することとなるが、具体的な事業推進を進める役割を果たすのが、上述の民間事業者が集まった「準備組合事務局」である。上述のように、再開発を進めるにあたっては、法律上定められた膨大な手続が必要になる。そのため、準備組合において方向性が意思決定されたとしても、具体的な法律上の手続や地権者との折衝は、再開発の手法に長けた民間事業者に任せざるを得ないし、任せた方が事業全体として成功に導くことができる可能性が高まる。

　ここで考えなければならないのは、準備組合に加入しないと意思表明している地権者や借家権者（借家人）の思いである。

　後で説明するように、第一種市街地再開発事業においては、当該地域における、全土地所有権者の3分の2以上、全借地権者の3分の2以上、そして宅地と借地の総面積の3分の2以上を保有する者ら、それぞれの同意が揃えば、法律上は再開発組合を設立して事業を進められることになる（都再法14条）。逆に言えば、この段階で再開発に同意できていない地権者や借家人は、「地域住民」ではあるものの、将来行われるであろう再開発に対する不安を抱えつつ過ごすことになる。

　再開発を推進しようとする地域住民の集合体である準備組合としては、準備組合の段階から、地区内での不安解消のため、きめ細やかに地域住民全体に今後の再開発事業についての見通しを説明する必要がある。

その地域の再開発の機運を盛り上げるという意味においては、場合によっては、地権者（土地所有者又は借地権者）だけでなく、都市再開発法上は組合員の地位を与えられない借家人にも準備組合への参加を呼び掛けるという選択肢も今後あり得るかもしれない。もちろん、借家人は組合員になる資格を有しておらず、法律上の「同意権者」ではないので、その意思反映は法的には要請されるものではなく、オブザーバー参加という位置付けにはなるであろう。ただ、例えば地区内で非常に大きな借家面積をもつ借家人がいるような特殊な地区の場合、少なくとも当該借家人も「議論に参加できている」という場の設定は、地域ごとの再開発の実情に応じて、1つの選択肢として検討する価値はあるかもしれない（もちろん、個々の準備組合における判断であり、法が要請するものではない）。

　この少数派の意見に対する配慮については、本章4で詳述するが、裁判所としては、都市再開発法上の手続の履践状況について厳しく判断する姿勢を示すことで、1つの応答をしようとしている。

　その具体的事例として、東京都が施行した市街地再開発事業における裁判例がある。本裁判例は、権利変換処分の違法性が問われた裁判例であるが、都市再開発法における全手続において重要な意味をもつものであり、権利変換処分（第4章）に関する裁判例ではあるが、あえて本章で紹介する。

【事例1-1】

東京地判昭和60・9・26判時1173号26頁〔27803853〕

第一種市街地再開発の事業遂行上とられた事実上の措置に不公正・不公平があった場合、権利変換処分が違法となり得るが、結論としては当該不公正・不公平の違法があるとは認められないとして請求を棄却した事例

事案の概要

　地方公共団体施行の第一種市街地再開発事業に関し、住民グループ内部で

の対立が生じていた事業での権利変換処分について、法律で定められた手続
以外に市街地再開発事業遂行上とられた事実上の諸措置においても、不公
正・不公平な取扱いがある場合には、手続上瑕疵あるものとして当該処分が
違法とされることがあり得るとされた事例。

当事者の気持ち（主張）

原告ら：施行者は、特定の地元有力者グループと同調して原告らを終始疎外
　　　　する一方、同グループのやり方を利用し、又は少なくともそのやり
　　　　方を是正せず放任して本件事業を推進しており、原告らの希望を無
　　　　視した権利変換処分をしたのであって、同処分には不公正・不公平
　　　　の違法がある。

施行者：施行者として、原告らのみを不公正・不公平に取り扱ったことはな
　　　　く、施行者自身による店舗希望者に対する説明会、業務委託をした
　　　　コンサルタント会社による個別調査等、丁寧な手続を踏んでおり、
　　　　何ら違法性はない。

法律上の論点

都市再開発法に定める手続以外の事実上の措置における不公正・不公平が、
権利変換処分の違法事由として認められるか

関連法令

都再法74条2項、86条2項

判　旨

　「市街地再開発事業は、憲法の保障する私有財産権である土地建物の所有
権等を施設建築物の一部に対する権利等に変換することを目的とするもので
あるから、右権利変換を受ける関係権利者間における衡平には十分の考慮が
払われなければならない（中略）このことは、権利変換計画の決定の基準と
して直接法の定めるところである」（都再法74条2項）「本件事業のように、

施行区域が広く、関係権利者の数も多数にのぼるような事業にあつては、関係権利者の従前の権利の内容が、土地・建物の別、位置、広さの別等により千差万別である一方、権利変換によつて与えるべき施設建築物の区画は限られているものであるから、関係権利者の権利変換前の権利と変換後の権利との価値の均衡を比較するとき、与えられた施設の位置、広さ等について特定の者が優遇されたとか、自己が他より不利に取り扱われたとかいうような不平・不満を抱く者がでることは避けられない（中略）このような不平・不満は、それが権利変換計画や清算金の徴収・交付に反映されなかつた以上は、大量・画一的な処理が要請されかつ権利変換の処分につき施行者にかなり幅の広い裁量権が認められる本件事業の施行上やむをえないものとしてこれを受忍すべきものとするのが法の趣旨とするところと解されるが、そうであるだけに、このような事業を遂行する施行者としては、単に前記の法の定める手続をその定められたとおり行えば足れりとしてはならず、計画案の策定のための関係権利者の意見の聴取等のような事実上の措置をするについても、かりそめにも関係権利者から施行者の偏頗や恣意を疑われるようなことのないように努めなければならない（中略）<u>万一施行者において、ことさら一部関係権利者の利益を優先したり、一部関係権利者の意見を無視するなど、客観的にみても不公平かつ不当な事業の遂行をしたと認められるような場合においては、そのような不公平、不当な取扱いによる事業の遂行には手続上の瑕疵があるものとして、権利変換の処分の内容いかんにかかわらず、当該処分が違法とされることもありうる</u>」（下線筆者）

解　説

　本件の背景として、再開発に対する住民組織内部での対立があった。すなわち、都の事業計画に対して地元商店街が立ち上げた再開発対策会（以下「旧会」という）の内部において、地元有力者グループと原告らとの間に会の運営に関する対立があり、この対立により、旧会はいったん解散したうえで、地元有力者グループが別の再開発対策会（以下「新会」という）を再結成して、その新会が改めて都と協議を継続した（判決上、都は旧会の解散と新会

の設立について知らないまま、両者が同一性のある団体と認識して接触を継続したものと認定されている）。

　ただ、この新会と都との協議も、権利者の具体的な権利関係に関するものではなく、事業の全体計画や再開発ビルの基本設計に関すること等の一般的事項にとどまっており、都は新会の構成員以外にも説明会、懇談会、個別相談等を通じてこれらの一般的事項を説明していたようであり、そもそも都の手続の進め方に不公正な点や偏頗な点はなかったものと考えられる。

　また、店舗配置計画においても、原告らの一部は、都が委託したコンサルタントの説明会に欠席したり、同コンサルタントによる個別調査にも応じないどころか、原告の一人は自ら配置希望を変更しておきながら、当初の希望変更前の店舗配置にならなかったことを「不公正」であるという無理な主張をしているようにみえ、個別具体的な事情においても、都の取扱いに不公正な点はなかったものと考えられる。

　一方、都が有力者グループの一部の権利者を、都再法57条1項の審査会の構成員に選出したことで原告らの反発を大きくしたようにもみえる。しかし、選出された委員は、同条4項2号により施行区域内の地権者で当該事業の内容、計画について比較的理解を有している者の中から都が選んだものとされ、この点についても特段の不公正さは見当たらない。

　そのため、具体的な裁判所の判断としては請求棄却が妥当であったと考える。

施行者に求められる紛争予防のための注意点など

　再開発の多くの事例で、準備組合員と未加入の地域住民、組合員の中でもさまざまな利害関係から対立が生じることはあり得る。そのような複雑な利害関係の中で、最終的に強制的に手続を進めることが可能な第一種市街地再開発事業においては、施行者において、万が一にも不公正な手続を疑われるようなことがあってはならない。

　そのため、施行地区内の地権者間に対立が生じているような場合には、慎重のうえにも慎重に対応する必要がある。例えば、「再開発ニュース」など

の定期刊行物で具体的な事業状況を周知するとともに（都再法67条参照）、定期的に説明会や懇談会などを開催して未加入者や少数派の地権者の声に真摯に耳を傾けることで、未加入者や慎重派の地権者が手続に参加する機会を提供し続けるなど、手続保障を十分に図っていく必要がある。

　一方、未加入者にとっては、再開発事業の進展を補助するような動き（特に説明会への参加や個別調査への協力など）に対しては、心情的・心理的に大きな抵抗感が生じ得ることは否定できない。ただ、これらの手続に参加しないと、再開発の手続が進んだときに、施行者の裁量により権利変換が決められる可能性をはらむという点ではどうしてもリスクが残る。そのため、未加入者にとっても、施行者からの情報を遮断するのではなく、可能な限り説明会や懇親会で情報を取得するとともに積極的な意見を施行者に投げかけることで、少しでも有利な条件を引き出す交渉をすることも、1つの手法であろうと考えられる。

　施行者としては、万が一にも不公平の誹りを受けて手続の瑕疵によって権利変換手続が違法とならないように、未加入者の意見に十分に配慮しながら、事業を進めることが求められる。

1　準備組合をめぐる裁判例

　この「準備組合」の段階は、第一種市街地再開発事業の中でも「産みの苦しみ」のような状況に陥ることがあり得るので、そのジレンマについてここでまとめて考えてみたい。

　まず、準備組合は、都市再開発法上、「施行者になろうとする者」と規定され、さまざまな権能が与えられている。

　この権能は、法律上の再開発組合の前段階の調査権限を与えるものであり、任意団体に与えられる法律上の権限としては、極めて強力な法的権限が与えられている。したがって、準備組合としては、民間の任意団体といえども、一定の公共目的をもった公益上の権利能力なき社団として、厳しい自己規制が求められているといえよう。再開発組合が公的な色彩の強い法人であると評価できることからすれば（都再法8条、第3章COLUMN「組合は『公法

人』か」参照)、その前身である準備組合も、当然に公的な色彩を強く帯びた権利能力なき社団であると考えるべきである。

　ここで、都市再開発法上、準備組合に与えられている権能を概観する。

(1)　測量及び調査のための土地の立入り等（都再法60条〜64条）

　第一種市街地再開発事業においては、土地所有権者及び借地権者及び地上権者の権利について、権利変換を予定している。そのため、正確な権利関係を把握するため、施行地区内のすべての土地及び物件について土地調書及び物件調書を作成しなければならない（都再法68条）。

　この前提として、都市再開発法は、事業の実施の確保のため、施行地区内の不動産の所有者や占有者との話合いがつかなくとも、立入許可権者の許可を受けて強制的に測量・調査を進める権限を施行者となろうとする者若しくは組合を設立しようとする者又は施行者に与え（同法60条）、その内容、手続及び補償に関する規定を整備している（同法61条〜63条）。

　さらに、土地又は工作物の占有者は、正当な理由がない限り、この調査による立入りを拒み、又は妨げてはならないとされ（同法60条6項）、これに違反すると刑事罰まで科され得る（同法142条2号）。

　このように、準備組合という任意団体による適法な調査を妨げるだけで刑事罰まで科され得るという点で、都市再開発法は、準備組合に極めて強力な権限を付与していることがわかる。

(2)　関係簿書の閲覧等（都再法65条）

　以上の物理的な立入りに加え、都市再開発法は、施行地区内の地権者に関する個人情報の収集についても、極めて強力な権限を準備組合に与えている。

　すなわち、準備組合は、第一種市街地再開発事業の施行の準備又は施行のため必要があるときは、官公庁等に対して「無償で」、「必要な簿書」の閲覧謄写等の交付を求めることができる（都再法65条）。

　具体的には、不動産の登記簿上の所有者等との連絡がとれない場合に、その所有者等の個人情報（住所調査のための戸籍の附票の取得、相続発生の場合の相続関係の調査）の取得までが認められている。したがって、個人のプライバ

シーに関わる情報を取得できるという点で、準備組合においては極めて厳しい個人情報管理が求められる。

(3) 技術的援助の請求（都再法129条）

　また、準備組合は、認可権者である都道府県知事や施行地区所在地の市町村長に対して、市街地再開発事業の施行の準備又は施行のために、市街地再開発事業に関して専門的知識を有する職員の技術的援助を求めることができる（都再法129条）。

　この規定は、都市計画法80条2項の規定を補充的に規定するものとされるが、権利能力なき社団としての準備組合が、地方公共団体に対して「技術的援助を求めることができる」と認めることは、都市再開発法に基づく第一種市街地再開発事業に極めて高い公共性が認められていることの裏返しといえる。

　以上のように、都市再開発法により強力な法的権限及び公共性を与えられた準備組合は、将来の再開発組合の設立（行政による事業認可）に向けて、当該地域での同意率を高める努力を続けることとなる。

　一方で、再開発に不安をもつ地域住民にとっては、将来の再開発においてどのような見通しになるのか、具体的な説明がないと容易に同意することはできない。

　そこで、準備組合としては、不確実な将来の見通しを確実であるかのように説明したり、場合によっては、補償金に関して何らかの「約束」までしたうえで、同意率を高めたいという誘惑に駆られることが容易に想像できる。

　しかし、ここで何らかの「約束」を地域住民と取り交わすこと自体は、厳に慎まなければならない。ここで、興味深い事例がある。

【事例 1‐2】

東京地判平成 15・8・29 平成 14 年（ワ）13987 号公刊物未登載〔28300435〕

転出補償金請求事件：控訴棄却（平成15年（ネ）4869号）、上告棄却（平成16年（オ）749号）により確定（公刊物未登載のため、筆者が東京地裁にて判決原文を閲覧して確認）。

地権者が準備組合との間で転出補償金に関する「約束」を書面で交わしても、法定手続によらない転出補償金の合意は無効とされた事例

事案の概要

　組合施行の第一種市街地再開発事業に関し、準備組合のコンサルタントが、同準備組合の関係者として転出補償金に関する合意をしたとしても、転出補償金は都市再開発法の手続を経ることによって発生するものであり、この手続を経ないでその金額を確定する権限は誰にもないことから、当該合意に基づく請求は認められないとされた事例。

当事者の気持ち（主張）

原　告：準備組合は、同組合のコンサルタントを代理人ないし使者（表見代理人）として、原告との間で 1 億7400万円の転出補償金を支払う旨の約束書を取り交わしており、準備組合の権利義務を包括的に承継した再開発組合は、原告にこの金額を支払う義務がある。

被告（組合）：コンサルタントは準備組合の代理人ではないし、仮に準備組合が何らかの義務を負担していても、これを組合が承継することもない。都市再開発法の手続に従った転出補償金額は2314万2000円であり、これを超えて支払う義務はない。

準備組合が、転出補償金に関して、地権者と合意することの法的拘束力

都再法71条1項、80条1項、73条1項17号、91条1項

　「本件約束書は、都市再開発事業についての専門家であるSが作成したものであるから、当然前記の転出補償金の金額の確定手続を想定して記載したものである。また、原告代理人も弁護士であるから、当然都市再開発手続きについて理解した上で交渉しているはずである。そうすると、この約束書での当事者の合意が、合意によって転出補償金債権（債権者を原告、債務者は将来の施行者）を発生させようとしたものでないことは明らかである。原告の請求原因は、転出補償金の支払を求めるものであるが、その発生要件として都市再開発法が定める法律要件によっているわけではないから、やはり当事者間の合意で債権が発生したものと主張している。そうだとすれば、甲1の約束書の文言から見て、当事者に債権の発生を目的としているとは言えないので、この点からみて原告の主張は理由がない」

　「前記のとおり、転出補償金は、都市再開発法の手続を経ることによって発生するものであるから、この手続きを経ないで転出補償金の金額を確定する権限は誰にもないといわなければならない。すなわち、転出補償金の額が法定の手続きで決定した場合、これと異なる当事者間の合意による転出補償金の存在が許容される余地はない。すなわち、仮に被告と原告との間で転出補償金として被告が原告に一定の金額を支払う合意をしたとしても、事柄の性質上、原告の被告に対する請求権は発生しないという意味で無効と言わざるを得ない。このことは、不能な内容を目的とする法律行為という意味で無効と言ってもよいし、被告の法人としての権限に属さない事項についての法律行為であるという意味で無効と言ってもよい」

　「以上のことは、本事例とは逆に不動産価額が急騰している状況下で、転出補償金について合意をし、組合がこの合意を盾にして、他の転出者に比べて低い水準の転出補償金を法的に強いることができるかどうかを考えれば容易に分かることである。このような合意に拘束力がないことは多言を要しない」

　「原告は、本件約束書に従って権利変換計画を策定する義務を被告が負ったと主張する。しかし、この議論も本件の解決には何ら役立たない。その義務と金銭の支払義務とはどのように関連するのか不明である」

　「原告は、平成7年に先行転出者に転出補償金が仮払されていることを根拠に、合意によって転出補償金の支払が可能であると主張する。都市再開発法には、転出補償金の仮払いを許容する規定はないが、これを禁止する規定もない。しかし、法80条によらずに補償金の額を決定することはできないというべきである。先行転出者への仮払いが、清算をせずにそのまま確定してしまうということがない限り、原告主張の根拠とはできない。そもそも、先行転出者の問題は、事業の都合上、不動産価格が高い時期に代替物件を取得し、不動産価格が安くなってから従前の権利をその時価で売却しなければならないという問題があるのであり、原告の事例と同一に論じることが相当とは思われない」

　「以上検討したとおり、本件約束書を法的拘束力がある文書と理解することはできない」

解　説

　第一種市街地再開発事業における転出補償金は、再開発組合により権利変換計画に記載され（都再法73条1項17号）、同組合の総会の議決を経て（同法30条8号）、審査委員の過半数の同意又は市街地再開発審査会の議決（同法84条1項）及び都道府県知事の認可（同法72条1項）を経なければならないのであり、準備組合が任意にその金額を定められるわけではない。

　本判決は、この当たり前の事項を確認したにすぎず、地権者が準備組合と転出補償金に関して何らかの合意をしていたとしても、地権者はその転出補償金を再開発組合に請求することはできない。

本判決は、転出補償金に関する約束であったが、では、準備組合が示す事業の進行スケジュールが将来の約束という評価まで受けることがあるだろうか。

　この点について、東京地判平成29・5・30裁判所HP〔28261239〕【事例5－5】は、準備組合が提示したスケジュール実現について注意義務を負っているか否かという論点も問題となった興味深い事例である。

　同裁判例は、「第一種市街地再開発事業は、多数の関係権利者との利害調整等を図りつつ実施される事業であり、再開発組合設立認可や権利変換計画認可の段階において一定数以上の組合員の同意が必要とされているなど、必ずしも施行者の意向のみで進められるものではないことからすれば、第一種市街地再開発事業において施行者側がスケジュールを示したとしても、それは飽くまで一応の予定あるいは目標が示されたにすぎないものというべきところ、本件スケジュールも本件準備組合としての一応の予定あるいは目標を示したにすぎないものであり、本件準備組合において本件スケジュールのとおりに本件事業を進めることを確約したというような事情も見当たらない以上、本件準備組合に、原告が主張するような本件スケジュールの実現可能性を見極める注意義務があったということはできない」としており、第一種市街地再開発事業において施行者が提示するスケジュールの法的位置付けについて実態に即した判断をしている。

　この点と関連して、組合設立の認可処分や権利変換処分に対する差止処分を求める際、「処分の蓋然性」という考え方をもって、組合設立認可申請や権利変換計画の認可申請よりも前に差止めの訴えを提起できるであろうか。

　たしかに、国土交通省の解説書[1]によれば、都市再開発法に基づく第一種市街地再開発事業については、「都市再開発法の定めるところに従って権利変換手続を進めるならば、自然に第一種市街地再開発事業が完遂されるといった、一連の手続の推進に係る事業」であると評価されている。その点では、手続さえ踏んでいれば、あたかも「自然に」完遂されるという表現はで

1　『都市再開発法解説』371頁参照。

きないこともないであろう。

　しかし、本書後半で取り扱うように、第一種市街地再開発事業といえども、さまざまな理由により中途でとん挫する事例があるのみならず、本書の多くの裁判例が事業完成までの間のリスクを勘案した判断をしているように、事業の現場は常に事業未完成リスクを抱えて走り続けているような状況にあるといえる。

　そうであるとすれば、上述のように、認可申請前から、当該認可に基づく処分について差止請求をするということは、紛争の成熟性（訴えの利益）の観点から、認めがたいと考えざるを得ないだろう。

　なお、本件は東京高裁へ控訴（東京高判平成16・2・5平成15年（ネ）4869号公刊物未登載〔28300436〕）、最高裁へ上告（最決平成16・6・24平成16年（オ）749号、平成16年（受）763号公刊物未登載〔28300439〕）されたが、いずれも請求を認めなかった。

施行者に求められる紛争予防のための注意点など

　準備組合が、地域住民との間で転出補償金に関して何らかの「約束」を取り交わしたとしても、それは何の効力も生じない。再開発に同意できない住民の最大の関心事が最終的に転出補償金の額になることは容易に想像できるところであり、この事例は、再開発のコンサルタントが、再開発組合の代理人ないし使者のような形で地権者への1億7400万円もの転出補償金を約束することで、当該地権者の同意を取り付けようとした点に大きな問題がある。

　準備組合側としては、同意率を上げたいと思っても、準備組合の段階では将来の転出補償金に関する約束はできないことを意識すべき事例といえる。

　しかし、この事例は最高裁まで争われて時間がかかったものの、民事事件の争いで済んだという点では、まだよかったのかもしれない。

　次の【事例1-3】は、都市再開発法に基づく贈収賄事件として刑事事件化しかねなかった、地権者間の合意に関して争われた非常に微妙な事例である。

【事例1‑3】

東京地判平成28・9・29平成27年（ワ）34012号公刊物未登載〔29019981〕

地権者間において、地権者の賛成同意の取りまとめの謝礼金を支払う旨の約束が有効であり支払請求が認められた事例

事案の概要

　組合施行の第一種市街地再開発事業に関し、地権者（原告）が、別の地権者（被告）との間で、対象地区内の賛成同意を取りまとめて同事業を推進する対価として、6000万円の協力金の支払を受けることを内容とする覚書を作成し、2500万円までは受領したが、残金3500万円が支払われないとして請求したところ、その請求が認められた事例。

当事者の気持ち（主張）

原　告：本件協力金は、事業を円滑に推進するための立退料的趣旨を含めつつ、外形的には地権者の取りまとめと事業の積極的な推進協力依頼の対価である。したがって、原告の提供すべき役務は、①本件事業の対象地区の権利者全員の同意の取りまとめ、②本件事業につき指導的かつ中心的立場に立って推進することであり、これが完遂されたから請求権が認められる。

被　告：一部の地権者に多額の対価を支払って本件事業の推進を図ることは社会通念上許されるものではなく、しかも原告が本件組合の理事長に就任していたものであり、本件覚書は公序良俗違反により無効である。また、本件事業の推進に対する対価であれば、本件組合の理事長に就任した原告に対して支払うことはまさに贈収賄に該当するので支払えない。

法律上の論点

地権者の同意の取りまとめについて、地権者間で交わされた覚書に基づく金銭の支払請求が認められるか

関連法令

都再法140条、141条

判　旨

「原告と被告は、平成18年12月13日付けで本件覚書を締結しているところ、（中略）原告と被告は、同年10月30日に本件協力金を支払うことを合意（以下『本件合意』という。）しており、その後に支払方法等に関するやり取りをしたため、本件覚書の締結自体は前記日付けとなったことが認められる。

　そして、前提事実のとおり、本件事業に関し、準備組合が設立されたのは平成18年12月20日であるものの、本件組合が設立されたのが平成24年5月31日であることや、本件覚書が締結されるまでに、原告が本件組合の設立時にその理事長に就任することが予定されていたとか、原告ないし被告がこれを認識していたといった事情は見当たらないから、原告と被告が、本件合意をし、本件覚書を締結した時点で、贈収賄の認識があったとか、本件合意や本件覚書の締結が、贈収賄を企図したものであったとは認められない」

「被告が原告に対し本件協力金を支払うこととした趣旨は、本件組合の対象地区の地権者の一人であった原告が、同地区内に有していた建物が木造家屋であるので、他の地権者と比べて立ち退きの補償額が低額となることが予想され、本件事業への同意に難色を示していたため、その追加補償の意味合いを有するものであることが認められるところ、前提事実のとおり、本件覚書によれば、本件協力金は、原告が本件事業の対象地区内の権利者全員の再開発（本件事業）に対する賛成同意を取りまとめ、今後の本件事業において指導的かつ中心的立場に立って本件事業の推進にあたることへの対価としての性質を有していることが明らかである」

「被告の原告に対する本件協力金の支払義務は、原告が本件組合の理事長に就任したことにより、本件合意や本件覚書の締結時には想定されなかった事情変更があったと考えられ（中略）原告及び被告の関係者がともに都市再開発法違反（贈収賄）の嫌疑により事情聴取を受けたことからしても（中略）被告は、原告に対し、原告が本件組合の理事の地位にとどまる限り、本件協力金の支払義務を負担しないこととなったと解するのが相当である」。

　もっとも、「原告と被告が本件合意をし本件覚書を締結したことが贈収賄を企図したものであったとは認められず（中略）本件組合は平成28年9月6日に解散し、原告は理事としての地位を喪失したことに加え、原告が本件組合の理事長として在職中に被告から請託を受けて職務上不正の行為をしたり相当の行為をしなかったことを示す証拠は見当たらないから、本件組合の解散により、被告が原告に対し本件協力金の残金を支払うに関する障碍はなくなったということができ」、被告は、原告に対し、本件協力金の残代金を支払うべきである。

解　説

　都再法140条1項によれば、組合の役員が職務に関して賄賂を収受したときは、3年以下の懲役に処するとされている。

　本判決は、地区内地権者全員の取りまとめをするにあたって、地権者間で交わされた、合意の取りまとめに対する対価支払の約束について、各地権者が贈収賄の疑いで取調べを受けるほどの事態にまで至ったという点で緊張感のある事案である。すなわち、捜査機関としては、原告としての理事長の職務に関した賄賂ではないかとの疑念をもって捜査にあたっていた可能性がある（なお、被告は事業推進の対価を支払おうとしている点で、通常の地権者とは異なり、再開発事業者であった可能性は排除できない）。

　ただ、合意の時期が、組合設立認可申請よりも5年半も前のことであり、支払を受ける地権者（原告）が「組合の役員」に就任するかどうかも全くわからなかった時点での合意であったため、贈収賄の故意の立証が難しいとされた可能性が高い。

　一方、裁判所は、地権者間の合意が有効であることを前提としている。そのうえで、①原告が本件組合の理事長に就任したこと、②本件合意時に想定されなかった事情変更があったことを理由として、原告が理事職にとどまる限り、支払義務はなく、組合が解散して原告が理事職を辞した後は、法律上の障碍がなくなったとして支払義務を認めた。

　しかし、本判決は、原告だけが木造家屋であったことから、その追加補償の趣旨も含まれていたことを被告が立証できれば、【事例1-2】で判示されているように、法定手続を経ない実質的な補償額増額の約束であったとして、被告勝訴になった可能性もあったかもしれない。ただ、要件事実のみをみて、「業務委託契約における業務を遂行した」という点だけをとらえれば請求認容判決も不合理とはいえないと評価できる。

施行者に求められる紛争予防のための注意点など

　同意の取りまとめを第三者（ないし準備組合に参加する地権者）に依頼すること自体、通常の準備組合業務の中では通常行われていることであろう。なぜならば、地域の事情に精通した地区内の地権者こそ、当該事業が当該地区にとってどのようなメリット・デメリットがあるかを真剣に考え、行動できる立場にあり、その地域の発展のために地区内の他の地権者に対して説得する言葉をもち得るからである。

　本件の特殊性は、取りまとめの受託者が組合理事長に事後的に就任した点、取りまとめの対価としての根拠が強調された点の2点にある。

　準備組合や推進側地権者としては、組合役員の負う責任をしっかりと認識したうえで、安易な金銭支払の合意を絶対にしてはならない。

　以上のように、準備組合の段階で焦って同意率を上げようとするあまり、一線を越えることがないように十分な注意が必要である。

　では、この地権者の「同意」というのは、都市再開発法上、どのような意味をもつのであろうか。次の【事例1-4】は、都再法14条に関して実体法上の法的意味付けをした唯一の裁判例であると考えられるので、ここで紹介する。

【事例1‐4】

奈良地判平成15・2・26判例地方自治259号57頁〔28100258〕

都再法14条に基づく同意は、公法上の意思表示であって、民法の意思表示に関する規定が当然に適用されるものではないとした事例

事案の概要

　市街地再開発事業の地区内の地権者が、市街地再開発組合に対する補助金の支出について差止めを求めた訴えの中で、組合設立認可申請時の同意が錯誤無効ないし取消し・撤回されたと主張したのに対して、都再法14条に基づく同意が公法上の意思表示であって、民法の意思表示に関する規定が当然には適用されないとして、原告の主張を排斥した事例。

法律上の論点

都再法14条に基づく同意について、錯誤無効の主張や、取消し・撤回が可能か

関連法令

都再法14条

判旨（要旨）

　「原告らは、本件設立認可申請時に同意した者のうち2名の同意が錯誤による無効、ないし、取り消されあるいは撤回されたとして、これらの者についても同意した者の数に算入することはできない旨主張する。確かに」証拠「によれば、平成11年3月24日付で2名の者が、被告宛てに『同意の無効ないし撤回の通知』と題する書面を送付したこと、これに対し、奈良県土木部都市計画課課長補佐が、同年4月5日付で、上記書面による申出には応じられないと回答の上、上記書面を返送していることが認められる。しかし、市

街地再開発組合の設立認可申請に当たって必要とされる都市再開発法14条所定の同意は、当該組合の定款及び事業計画に対する同意であることはもちろんのこと、実質的にみても、当該組合の定款及び事業計画を承認した上で、それに基づく組合が設立され、再開発事業を行うことについての同意としての意味があるというべきであって、これを基礎として、知事による設立認可がなされ、これにより、組合設立の効力が発生し、新たな公法上の法律関係を形成させるものと解される。そうすると、同条所定の同意は、公法上の意思表示であって、民法の意思表示に関する規定が当然に適用されるものではないし、行政処分の公定力や法的安定性の見地からすれば、仮に、錯誤により同意がなされたとしても、当然にそれに基づく無効主張が可能であるとはいえないし、瑕疵ある意思表示による取消主張についても同様のことがいえるというべきである（なお、本件においては、『同意の無効ないし撤回の通知』の書面を被告宛に送付した同意権者らが錯誤、あるいは、詐欺により同意の意思表示をしたと認めるに足りる証拠はない。）。また、都市再開発法14条の規定上も、同条の同意は、組合の設立認可申請時に所定の要件をみたしていることが必要であり、かつ、それで足りるというべきであるから、認可申請後は、同意の撤回は認められないというべきである」

解　説

　第一種市街地再開発事業においては、当該地域における、全土地所有権者の3分の2以上、全借地権者の3分の2以上、そして宅地と借地の総面積の3分の2以上を保有する者ら、それぞれの同意が揃えば、法律上は再開発組合の設立が可能となる（都再法14条）。

　この同意の対象となる「組合の設立について」とは、「定款及び事業計画又は定款及び事業方針の作成について」であるとされる[2]。

　この規定について、筆者が収集できた都市再開発法の解説書をみる限りは、手続上の解説しか存在せず、この同意の実体法上の意味付けについて説

2　『都市再開発法解説』196頁

明した文書は、おそらくこの裁判例が唯一のものである。

　この同意の性質を、都市再開発法上の手続のもとでみれば、都再法14条の地権者の同意及びその他の要件がすべて満たされた場合、都道府県知事は羈束的処分として再開発組合の設立を認可しなければならない（都再法17条）。

　すなわち、個々の地権者の同意が、再開発組合設立効果に密接に関連する以上、判旨の示すとおり、行政処分の公定力及び法的安定性の見地から、安易にその意思表示の瑕疵を主張することが許されるべきではないであろう。

　もっとも、判旨が民法上の意思表示の規定を排斥する理由付けとして「公法上の意思表示」であるとする点については、今後議論を深める必要がある。

　この「公法上の意思表示」という言葉は、第一法規株式会社の判例データベース「D1-Law.com　判例体系」のフリーワード検索をすると、

- 母体保護法14条１項所定の同意（東京地判平成28・７・20平成27年（ワ）33790号公刊物未登載〔29019486〕）
- 税務申告（神戸地判平成25・３・29税務訴訟資料263号12190順号〔28232371〕）
- 健康保険法に基づく薬価基準収載品目削除願の提出（東京地判平成25・２・28裁判所HP〔28210784〕）
- 国籍法17条１項及び３項の「届出」（東京地判平成24・３・23判タ1404号106頁〔28210808〕）

等、税務訴訟を中心に38件の裁判例（2022年１月時点）に使われていることがわかる。

　また、この意思表示の内実について、（名古屋地判平成14・１・30裁判所HP〔28071132〕）は、「一般に、公法上の意思表示についても、その性質に反しない限り、私法上のそれに関する法理が類推適用されるべきものであるが、前者においては取引の安全の確保の要請が後退する反面、公法秩序の早期安定の要請が強く働くので、意思表示の欠缺、瑕疵に関する法理をそのまま持ち込むことは相当でない。例えば、表意者に錯誤が存したからといって直ちに無効をもたらすものではなく、その錯誤の内容の重大性と効力を否定した場合の公法秩序の動揺を比較衡量し、効力を維持することが正義に反すると考

えられる場合に限って無効と解するのが相当である」と判示する。

　ただし、都再法14条の同意が、この「公法上の意思表示」に該当するという実質的な理由付けについては、さらに検討が必要であろう（ここでは問題点の指摘にとどめる）。

施行者に求められる紛争予防のための注意点など

　本判決を額面どおりに受け取ると、どんな形でも同意さえとってしまえば、事後的な撤回は難しいとも受け取れる。

　しかし、行政主体としての役割を果たす施行者としては、事後的な誹りを受けるような同意の取得方法をとることは決してするべきではない。施行者は、地権者に対して適切な情報を提供し、十分に検討の機会を与えたうえで、自由な意思で同意するか否かを選択してもらう必要がある。

　本判決も、「当然にそれに基づく無効主張が可能であるとはいえない」と判示するにとどめており、同意取得前の情報提供の状況、同意取得の経緯、同意権者の認知能力等を総合的に勘案して、同意の事後的な無効、取消しや撤回を認め得る場合があることを留保しているようにみえる（都再法67条は、事業認可公告後の周知義務を規定するが、同法14条の同意の際にも（むしろ同条の同意取得の際にこそ）、都市再開発法の趣旨は果たされていなければならないであろう）。

　特に、後述する都市再開発法制定時の参議院の附帯決議[3]の１つには、「市街地再開発組合の設立にあたっては、事業内容等を周知徹底し、同意を得られない者の立場も十分に考慮して、極力円満に設立手続を進めるよう指導すること」とされている。この附帯決議の法的な効果を認めるとすれば、設立手続にあたって、①事業内容等を周知徹底していなかった場合や、②同意を得られない者の立場に対する十分な考慮を踏まえた同意取得手続をとらなければ、法的な瑕疵が認められる可能性もある。

　この点については、十分な注意が必要であろう。

3　第61回国会参議院会議録第19号（昭和44年4月18日）36頁

2 準備組合段階での「同意率」と行政指導

　この準備組合段階での同意率を上げることについて、準備組合の方々との議論の中では、行政上の運用が問題になることが多い。

　前記【事例1-2】でも裁判所が認定している事実として、「組合設立の認可のためには、権利者の3分の2以上の同意が法律上の要件であるが（法14条）、実務の運用ではより多くの同意を取ることを求められていた」とされているからである。

　この「実務の運用ではより多くの同意を取ることを求められていた」の意味付けを考える必要がある。

　一般的に、都市再開発法上の認可権者は都道府県であるが、特に東京23区内においては、再開発事業の遂行にあたって、事実上、3分の2以上（具体的には5分の4以上）の同意を求める事例があると側聞する（ただし、地方公共団体によって、その数値は異なるようである。都市再開発法ではないが、防災街区整備事業では、法律上の要件とは異なり、地方公共団体から「全員同意」を求められたと側聞したこともある）。

　この「事実上、3分の2以上の同意を求める」ことの意味を法律的に考えた場合、それが法令や条例で定められているわけではないことからすれば、この地方公共団体の行為は、行政指導として理解せざるを得ない。

　そこで、この行政指導について、ここで検討を加える。

　まず、行政指導の基本論点から確認する。

　行政指導とは、「行政機関がその任務又は所掌事務の範囲内において一定の行政目的を実現するため特定の者に一定の作為又は不作為を求める指導、勧告、助言その他の行為であって処分に該当しないものをいう」（行政手続法2条6号）。

　許認可権限を保持する行政からの事実行為としての行政指導は、私人にとっては脅威であり、あくまでも「行政指導に対する任意の受諾」という形をとりながら、実態としては「不本意ながら従わざるを得ない」となることが往々にして生じていた。

　そのため、法律による行政の原理（法治主義）が、私人の自発性の名のも

とに空洞化されかねないという危険性を踏まえつつ、その有用性も認めたうえで、適切な運用を確保するための必要な規律として[4]、平成5年に行政手続法が制定された。

　同法32条は、行政指導の一般原則として、「行政指導にあっては、行政指導に携わる者は、いやしくも当該行政機関の任務又は所掌事務の範囲を逸脱してはならないこと及び行政指導の内容があくまでも相手方の任意の協力によってのみ実現されるものであることに留意しなければならない」（1項）とし、「行政指導に携わる者は、その相手方が行政指導に従わなかったことを理由として、不利益な取扱いをしてはならない」（2項）と規定する。

　また、同法34条は、許認可に関する行政指導について、「許認可等をする権限又は許認可等に基づく処分をする権限を有する行政機関が、当該権限を行使することができない場合又は行使する意思がない場合においてする行政指導にあっては、行政指導に携わる者は、当該権限を行使し得る旨を殊更に示すことにより相手方に当該行政指導に従うことを余儀なくさせるようなことをしてはならない」と規定する。

　これらの規定との関係で、都再法14条の要件に関する行政指導をどのように理解すればよいのであろうか。

　まず、都市再開発法上、市区町村は、行政手続法34条の「許認可等をする権限又は許認可等に基づく処分をする権限を有する行政機関」ではない。都市再開発法上、組合設立認可権限を有するのは、あくまでも都道府県知事であるから（都再法17条）、市区町村による「3分の2以上の同意を取得するように」との行政指導は、行政手続法34条の適用の範囲外にあると考えられる。

　したがって、準備組合に対して「3分の2以上の同意を得るように」要請する市区町村の事実上の行為は、行政手続法上の一般原則である同法32条に戻り、所掌事務の範囲を逸脱してはならず、相手方の任意の協力によってのみ実現するものであって、行政指導への不服従を理由として不利益な取扱いをすることは認められないこととなる。

4　櫻井敬子＝橋本博之『行政法〈第6版〉』弘文堂（2019年）129頁

また、都再法17条の許認可権者である都道府県知事ですら、「当該権限を行使し得る旨を殊更に示すことにより相手方に当該行政指導に従うことを余儀なくさせるようなことをしてはならない」（行政手続法34条）とされているのであるから、その認可権限のない市区町村による行政指導においても、同じことがいえるはずである。

　そうであるとすれば、実務上、市区町村が準備組合に対して要求する都再法17条の要件を加重するかのような行政指導は、法律による行政の原理の大原則からすれば、極めて微妙な法的位置付けを有するものであろう。

　この微妙な法的位置付けは、平成11年法律25号の都再法17条の改正により、さらに鮮明になる。

3　都市再開発法平成11年改正・自由裁量から覊束裁量への改正

　都市再開発法立法当時、都再法17条は、「その認可をすることができる」とされ、都道府県知事の自由裁量行為とされていた。当時、この事業認可が自由裁量であるとされていた趣旨は、「組合による事業遂行の法制上の担保の最初の関所にあたる規程」[5]とされていたことによる。

　しかし、そもそも事業遂行能力については、同法7条の14第5号又は17条4号の事業を「的確に遂行するために必要なその他の能力が十分でない」か否かの判断で検討すればよいのであり、わざわざ行政指導によって追加的に担保することは法律上予定されていないと解釈できる。

　また、トラブル回避を希望する公共団体において、法定の合意形成水準である3分の2を著しく超えた水準の同意率（9割、なるべく全員等）を求める運用があったとされ、それが結果として、かえって一部権利者によるゴネ得を招致する等事業が進まない原因になっていたとされる[6]。

　そのような不都合を克服するため、平成11年の都市再開発法改正時に、都再法17条の「認可できる」規定を「認可しなければならない」として、自由裁量から覊束裁量に変更した。

5　『都市再開発法解説』212頁
6　『都市再開発法解説』212頁-213頁

　以上のような平成５年の行政手続法制定に基づく行政指導の法的性質及び平成11年の都市再開発法改正の趣旨を踏まえたとき、平成15年の【事例１－２】の判決において裁判所が認定した「実務の運用ではより多くの同意を取ることを求められていた」ということ自体が、法律上許されるのかという、（行政にとっては）非常に微妙な問題が立ち現れてくる。すなわち、認可権者でない市区町村が、羈束裁量とされる都再法17条の要件の１つである同法14条の同意率について、事実上、準備組合に対して要件加重を求めることは、法律による行政の原理に適合するのかということが問題となる。

　平成11年の都市再開発法改正に際して、当時の建設省も、当然この「微妙な問題」についての認識は有していたものと考えられる。すなわち、平成10年７月７日建設省都再発75号・建設省住街発73号「都市再開発法の認可に関する適正な手続の確保について」という通達を出し、都再法14条の要件（３分の２以上の同意があれば適法な申請である）に釘を刺している。しかし、現実の都市再開発の現場では、【事例１－２】が示したとおりの運用が続行されているのである。

　準備組合側の立場に立てば、後述の都市計画決定のイニシアティブを握っている行政の担当者に対して、正面切って「その行政指導は適法でしょうか？」とまさか聞くわけにもいかないであろう（もちろん、正面切って議論を仕掛けてもよいが、現状の日本の法文化・行政文化において、必ずしも好まれる手法ではない）。

　かといって、その行政指導に従うばかりでは、行政の求める同意率の達成が難しい地域であればあるほど、事業を進めることができないというジレンマに陥ってしまう。少なくとも本書の執筆時点で実務上筆者が確認する限り、そのような行政指導がなされているようである。

　そこで、なぜ地方公共団体がこのような行政指導を行おうとするのか、その根本的な問題について、都市再開発法の立法過程の議論に切り込んでいくこととする。

4 都市再開発法の立法過程を振り返る

　都市再開発法は、昭和44（1969）年に制定され、2019年でちょうど施行50周年を迎えた。ここで、半世紀前、日本の都市再開発において、どのような議論を経て都市再開発法が成立したのかを考えることは、上述の行政指導の意味を理解するのみならず、今後の都市再開発を考えるうえで1つの議論の土台を提供することになるであろう。

　都市再開発法は、参議院先議で法案審議が始まったが、当時の佐藤榮作総理大臣も建設委員会に出席して審理が行われるなど、目玉法案であったことがうかがえる。参議院本会議では、賛成・反対両方の立場からの討論が行われたうえで、反対討論の意見を尊重して、参議院の附帯決議[7]がなされた（この附帯決議は、今後の議論の中でも何度か顔を出すことになる）。

　ここで附帯決議の内容を念のため確認しておく。

一、市街地再開発事業により建設される住宅については、国民生活の実態に応じて利用ができるようなものとするよう指導すること。

一、市街地再開発組合の設立にあたっては、事業内容等を周知徹底し、同意を得られない者の立場も十分に考慮して、極力円満に設立手続を進めるよう指導すること。

一、市街地再開発事業の実施に伴い、権利を失うこととなる零細な居住者の補償等について、十分に配慮すること。

一、従来の防災建築街区造成事業が行われていたような地方の中小都市においても、市街地再開発事業が積極的に推進されるよう指導すること。

一、市街地再開発事業は、機能の低下した中小商店街並びに建築用途の混在している都市環境が不良な地区等について優先的に行うよう措置すること。

一、市街地再開発事業の推進を図るため、補助、融資等の助成措置について特段の配慮をすること。

の以上6点の附帯決議がなされた。

7　第61回国会参議院会議録第19号（昭和44年4月18日）36頁

　参議院から送付を受けた衆議院では、6回の建設委員会における審議の末、当時の社会党及び共産党の議員の激しい抵抗の中、いわゆる強行採決によって採決が行われ可決した。

　当時の会議録をみると、強行採決直前の場面では「聴取不能」や「発言するもの多し」との文言が多数記載され、最後は「議場騒然、聴取不能」とされていることから、怒号の中で採決されたようであり、最近の日本の国会ではみられなくなった「荒れた国会」であったことがうかがえる。

　しかも、この建設委員会での強行採決後、衆議院本会議では建設委員会委員長の解任動議まで提出されるなど、最後の最後まで与野党の攻防がなされた法案であり、まさしく「産みの苦しみ」を経てようやく成立した法律であった。

　なぜこのような荒れた国会になったのか。

　もっとも根本的な問題は、都再法14条に規定された「3分の2以上」の要件にあった。当時の社会党及び共産党、そして当時野党だった公明党も含め、こぞって「多数決による少数者の切り捨てだ」として激しく抵抗をした。

　これに対して、政府は、以下のように国会答弁を行って審議を切り抜けた。

　ここは重要な部分なので、少し長くなるが、引用して紹介する。

(1)　零細地権者等への配慮

　まず、立法当時の建設委員会において、坪川信三建設大臣は、少数者の中に含まれ得る零細な住民の犠牲に対する生活保障をどうするのかを質され、以下のように答弁した。

　すなわち、「こうした大きな仕事をいたさせていただく場合におけるところのとうとい犠牲といいますか、小さないろいろな犠牲でありますけれども、私は非常に多くのとうとい犠牲をお願いしなければならぬという事態に対するところの行政の配慮、政治の配慮ということは、非常に重要な問題だと私は考えております。したがいまして、それまでに至るまでの段階において十分理解と納得と、そうして小さい多くの犠牲を出していただく側の立場

になって配慮もいたしたい」[8]、「いわゆるこの法の適用によってお気の毒な犠牲者といいますか、その裏に生活をせなければならぬというような不幸な面が出てくることのなきよう、われわれといたしましても最善の配慮をいたしてまいりたいと、こう考えておる次第であります」[9]と答弁した。

このように、行政の担当大臣として、都市再開発法に基づき、「とうとい犠牲」ないし「お気の毒な犠牲」は生じざるを得ないのであり、その「とうとい犠牲」に対して、行政と政治が可能な限り配慮する運用を進めたいと決意表明した。

そして、その具体的な配慮方法として、一般的な補償基準に加え、公営住宅に対する優先入居権や優先貸付の制度なども含めて対応する旨の説明が繰り返しなされている[10]。これらの行政上の配慮を尽くすことは、今後も継続されるべきであろう（公営住宅法22条1項、公営住宅法施行令5条）。

前述の都市再開発法立法時の参議院での附帯決議[11]の1つでも、「市街地再開発事業の実施に伴い、権利を失うこととなる零細な居住者の補償等について、十分に配慮すること」とされていることは、この建設大臣及び建設省各局長の答弁を踏まえて、参議院が具体的な運用の注文をしたものととらえることができ、一定の法的効果を生じさせるものと考えることができる。

⑵　3分の2以上の要件の検討

また、組合設立同意が、宅地の所有者及び借地権者の同意の3分の2以上で足りるとされる都再法14条についても、多数決による少数者の財産権の制限になるとして、国会審議において繰り返し問題視された。

8　第61回国会参議院建設委員会会議録第10号（昭和44年4月15日）

9　第61回国会参議院建設委員会会議録第8号（昭和44年4月8日）

10　第61回国会参議院建設委員会会議録第9号建設省住宅局長答弁（昭和44年4月10日）・同第10号建設省都市局長答弁（昭和44年4月15日）、第61回国会衆議院建設委員会会議録18号建設省住宅局長答弁（昭和44年5月14日）

11　第61回国会参議院会議録第19号（昭和44年4月18日）36頁。なお、この附帯決議は、参議院建設委員会においてなされたものであり、国土交通省のホームページにおいて、昭和44年12月23日都再発87号建設事務次官通達別紙にてその重要性が確認できることから、都市再開発法の運用にあたってはこの附帯決議を十分に参酌すべきである。

　この点について、政府はその必要性を説いたうえで、従前の立法を踏まえて許容されるものであるとの認識を明らかにした。ここも少し長いが、重要な部分なので政府答弁を引用する。

　まず、3分の2以上という要件の必要性について、当時の建設省都市局長は、まとまった街区形成をする力を組合に与えるという政策的な目的があることを以下のように明言した。

　「基本は、やはり住宅政策と都市の構造改善、この二つの目的を持っておるわけです。そういう意味合いにおきまして私どもは再開発法の提案をしておるわけです。したがいまして、公共団体や国なりが全部、たとえば東京都内の再開発をやっていくということは不可能に近い、しかも民間自体が、自分の資金力を持ち、エネルギーを持って小さなビルは建てておるわけです。したがって、それを何とか計画的に誘導したいということで、権利者の組合が中心になってそれをやっていくような法制をとったらどうか。これはいろいろなやり方がございまして、アメリカのように、土地は公共団体が買って、清掃しまして、それをデベロッパーに売るという方式もございますけれども、日本の場合には土地建物についての権利者の執着心も強うございますし、また、そこから出ていって生活できないという問題もございますので、できる限り現地の権利者は現地の土地で収容する、このためには組合方式がいいのではないかということで、組合方式というものを進めていきたいということで提案しておるわけであります。ただその場合に、<u>いままで防災等でやりました経験によりますと、そこに少数の反対者がいるために、まとめて街区形成ができないということがございますので、まとめて街区形成ができる力を組合に与えたい、それが3分の2の同意という制度でございます。</u>その3分の2自体につきまして御意見もございましたけれども、結局は、そういう背景に、3分の2でもできるということによりまして権利者が全部を説得してやることができるようになるのではないかということで、そういうような制度もこの中に御提案申し上げておる次第です」[12]（下線筆者）

12　第61回国会衆議院建設委員会議録第19号建設省都市局長答弁（昭和44年5月16日）

次に、３分の２以上の法的な根拠については、特別多数決という重みを強調したうえで、従前の耐火建築促進法、防災建築街区造成法、区画整理法において、権利者の３分の２以上に法的効果を付与していることに着目して定めたことを説明している。

　この部分も引用すると、「耐火建築促進法の第12条におきまして、公共団体の長が緊急に防火建築帯を造成する必要があります場合には、所有権者、借地権者の３分の２以上の申し出に基づいて、公共団体がみずから耐火建築物を建築するためにその敷地として必要な土地の使用ができる、こういう規定がございます。それから、現在の防災建築街区造成法におきましても、権利者の３分の２以上の申し出があります場合には、公共団体が委託によって防災建築街区造成事業をやることができる、こういう規定がございます。さらにまた、区画整理法におきましても、組合で行います場合には３分の２以上の同意があれば区画整理組合が結成できる。土地改良法も同じでございます。ほかの立法例はそういうことでございます。

　考え方といたしましては、組合が仕事を進めてまいります場合に、特に組合の存立に影響があるというようなものにつきましては、この法律でも特別議決にかけることにいたしております。つまり３分の２以上の議決がなければその件についてはきめられない、という規定がございます。したがいまして、同様の考え方で、定款と事業計画を添えて組合結成の認可手続をとるわけでございます。その定款及び事業計画を変更いたします場合にも３分の２という規定がございまして、特別議決を３分の２がいいのか４分の３がいいのかという問題になろうかと思いますけれども、通常こういうような過半数よりもさらに加重して、特別議決をするという場合には３分の２というのが、ほかの法律等におきましてもこういうふうになっておりますので、特別議決という意味でこれを３分の２にいたした、こういうわけでございます」[13]

　以上の必要性及び他の立法例による許容性から、都再法14条は「３分の２

13　第61回国会参議院建設委員会会議録第11号建設省都市局長答弁（昭和44年４月17日）

以上」という要件にまとめたものといえる。では、この判断に憲法上の許容性まで認めることができるのか。次に、この点について検討する。

(3)　憲法上の議論のまとめ

　都市再開発法立法時の参議院建設委員会では、当時の佐藤榮作総理大臣も出席し、建設省所管の法律について、総理大臣が直接答弁に何度も立っている。しかも、正面から憲法論について長尺の答弁で触れたのは佐藤総理大臣だけである。

　まず、佐藤総理大臣は、外国人の土地所有問題に絡めてすべての土地を国有にすべきではないかという国会質問に対し、都市問題が土地問題であるという認識を明らかにしたうえで、以下のように答弁した。

　「いわゆる所有権、そういうものがもう何ら制限を受けない、こういうものであってはならないと思います。また同時に、国有地や公有地というものが簡単に払い下げをされる、こういうことがあってはならないと。むしろいろいろな理由から、国有地や公有地、これが拡大される方向で扱うべきじゃないかと、こういう基本的な考え方はしております。でありますから、所有権をやはり制限する方向、やはりこれが社会奉仕、あるいは公共の土地というか、そういうような意味から制限さるべき方向にいくべきだと。あまりにも所有権万能、そういう方向でいっているところに問題があるように思う。もちろん、ただいまの状態ですから、所有権に制限を加えるにいたしましても、納得のいく法制のもとにおいて初めて可能なことでありますけれども、しかしどうしてもその制限すべき方向じゃないか。まだ、いま言われるような完全国有、ちょっと踏み切りにくいものがある、かように思います。（中略）

　とにかく根本の問題であります。それだけに簡単には結論は出せないと思います。まあただいま出し得ることは、とにかく所有権、私有権、それが無制限、完全私有ではないんだ、これには必ず制限が加えられる。これは民主的な方法で法律を整備して、そういう方向へいきたい。また、国有の土地や公有の土地の払い下げ、これは慎重にさるべきである」[14]

　以上のように、佐藤総理大臣は、所有権絶対の原則に対する私権の制限的

な解釈を目指すべきであるという根本的な認識をまず明らかにした。これに対して、都市再開発法を制定すると都市計画決定や事業計画決定に対する抗告訴訟の中で憲法違反が主張されるのではないかという疑問が提起された。

この質問に対し、佐藤総理大臣は、正面から下記のように答弁した。

「いま御審議をいただいております都市再開発法はずいぶんくふうして、ただいまのような問題［筆者注：憲法訴訟］を起こさないようにというくふうのもとに実は案をつくっておるのであります。大多数の方、3分の2以上が賛成しないというものはできないとかいうのでございますから、これができ上がると、おそらくいま問題になっておるような事件はあまり起こらないで済みはしないかと思っております。その意味でも再開発法には一つの救済というか、そういうものがあるのだということを御理解いただきたいと思います。また一部だけの者がどうしても賛成しない場合に一体どうなるか、結局そういう地区はあと回しにせざるを得ない、こういうことにもなるだろうと思います。したがいまして、今日の再開発法でまず大多数の方が賛成され、おそらく不平はよほど解消するのじゃないか。あとの救済なども十分考えられておる。土地の所有者はもちろんのこと、借家の方にも十分の救済の手を伸ばしておる。また組合の形成等についてもくふうした等々の問題がございますので、ただいま御指摘になりました点［筆者注：憲法訴訟］は、十分考慮したつもりではあります。しかしなおまだ問題が残る。こういうことだと、今後は都市開発のほうから見て不十分な目的を達しないものにもなるということにもなりますので、そこらのところを一体どういうように考えますか、まず一応住民の利益を考えてこの法案を通していただいて、そうしてその上でどうも都市開発に十分の効果をあげない、こういうような結果が出ればさらにまた私どももくふうしたい、かように思います」[15]

以上のように、佐藤総理大臣は、憲法訴訟の提起予想に対して、十分な補償がなされる予定であるから、憲法上の論点にはなり得ないであろうとの見通しを示し、むしろ、都市再開発法の原案では再開発の目的が達成できない

14　第61回国会参議院建設委員会会議録第11号佐藤総理答弁（昭和44年4月17日）
15　前掲注11

可能性があるので、今後、その目的達成ができない場合に更なる法改正を考えていると答弁した。

これに対し、さらに具体的に、憲法29条の解釈に対する質問が出された。この中で、零細地権者・借家権者のような人々に対して社会保障制度の充実をすべきではないかとの指摘に対して、佐藤総理大臣は以下のように答弁した。

「憲法の問題でありますが、憲法上もいまの新しいものをやろうとしても、憲法29条の違反じゃないか。本法も、本条のこれに違反していろいろな改革をするわけにはいかない。しかし、第2項、第3項等がうまく利用されれば、憲法違反なしに済むのじゃないか。そこらに今回のくふうした点もあるのであります。したがいまして、見方によると、この程度の弱いものでは、十分の効果をあげないのではないか。先ほど私はそういう疑問も投げかけて一応この法律を通してください、そうしてこれでひとつやってみましょう。それで十分の効果があがらなければ、そのときにもう一度考えてみよう、こういうことを申したのも、そこなんです。とにかくわれわれはいまの憲法を守って、憲法の上で可能なこと、その点をただいまの再開発法でやる」[16]

したがって、佐藤総理大臣としては、都市再開発法に基づく事業対象地区内に対してなされる私権の制限は「公共の福祉に適合する」ものであり（憲法29条2項）、同地区内の地権者及び借家権者の財産は、正当な補償のもとに、これを公共のために用いられる建付けとした（同条3項）ことに、自信をもっていたことがうかがえる[17]。

(4) 都市再開発法に関する裁判所の憲法判断

以上のような議論を経て、憲法上の議論もなされたうえで、正当な補償（憲法29条3項）を行うという前提で、零細事業者の「とうとい犠牲」を正面から受け止めつつ、多数決による法定再開発事業の推進を認めることとなった。この議論を踏まえれば、法定再開発には公共性が付与されているからこ

16　前掲注11
17　市街地再開発の借家人保護について、少し古い文献であるが、社会計画及び比較法の視点から考察した文献として、大橋洋一「市街地再開発と社会計画（Sozialplan）(1)―都市法と社会法の接点に関する一考察」自治研究70-3（1994年）80頁-98頁

そ、当時の建設大臣が言うところの「とうとい犠牲」を認める根拠になるはずであろう。

　では、このような国会での議論を踏まえて、裁判所はどのような判断をしているのであろうか。ここで、都市再開発法の違憲性（憲法29条3項違反）が主要論点となった2つの裁判例（同一事件の地裁判断と高裁判断）をみると、いずれも私有財産に対する正当な補償があるものとして違憲の主張を排斥している。裁判所としては思い切った判示をしている部分もあり、双方の裁判例を検討することで高裁判旨がよりよく理解できることから、地裁・高裁の両裁判例について、憲法上の論点に限った判旨部分をそれぞれ紹介する。

　まず、福岡地判平成2・10・25判時1396号49頁〔27808980〕【事例3-2】の第一審判決）は、以下のように判示して、都市再開発法の憲法違反の主張を排斥した。

　「私有財産を正当な補償の下に公共のために用いることは憲法自体が容認するところであり（憲法29条3項）、これを受けて『都市計画の内容及びその決定手続、都市計画制限、都市計画事業その他都市計画に必要な事項を定めることにより、都市の健全な発展と秩序ある整備を図り、もって国土の均衡ある発展と公共の福祉の増進に寄与することを目的』として都市計画法が制定され（同法1条）、『市街地の計画的な再開発に関し必要な事項を定めることにより、都市における土地の合理的かつ健全な高度利用と都市機能の更新とを図り、もって公共の福祉に寄与することを目的』として都市再開発法が制定されているのである（同法1条）。憲法の定める『公共のために』とは、当該私有財産の所有者のみの利益を超えた、より広い範囲の国民一般又は一定地域内の住民一般の利益を図ることを指すと解すべきであり、現在のわが国の国土の状況一般取り分け都市部への過度の人口の集中の状況に照らすと、都市計画法及び都市再開発法がその立法目的として揚げるところは、いずれも憲法の定める『公共のため』という趣旨に合致するものである。そして、憲法29条3項の趣旨は、正当な補償が与えられるならば、その所有者の意思に反しても当該私有財産を公共のために用いることができるというものであるから、都市再開発法が都市再開発の要件及び手続を定めるに当たって

は、憲法上、その対象となる地域内の権利者の合意を得ることは必ずしも必要ではなく、もっぱら再開発の内容が公共性を持つこと及び右権利者に正当な補償がされることを確保するために要件及び手続を定めれば足りると解すべきである。

　このような観点から、本件で問題となっている第一種都市再開発事業のうち地方公共団体である福岡市が施行者として行うものの要件と手続を検討する。

　この種事業は、おおよそ、〈1〉市による基本計画の策定、〈2〉高度利用地区の都市計画決定、〈3〉再開発事業の都市計画決定、〈4〉施行規程の決定、〈5〉事業計画決定、〈6〉権利変換計画と権利変換処分、〈7〉工事着手、という手続で行われる。

　このうち、〈1〉は市内部の意思決定の段階にすぎないし、〈2〉及び〈3〉については、予めその案が公衆の縦覧に供されるものの（都市計画法17条、なお、同法16条により公聴会が開催される場合もあるが、必要的なものではない。）、その決定は、〈2〉については市が県知事の承認（県知事は予め都市計画地方審議会の議を経なければ承認できない。）を受けて行い（同法19条）、〈3〉については県知事が関係市町村の意見を聴きかつ都市計画地方審議会の議を経て行うものである（同法18条）。〈4〉は、市議会が条例の形式で定め（都市再開発法52条）、〈5〉は、市がその案を作成し、これを予め公衆の縦覧に供し、関係権利者はこれに対し意見書を提出することができ、この意見書の審査については行政不服審査法の異議申立ての審理に関する規定が準用されるが、市はこれに拘束されるわけではなく、意見書を採択しない場合にその旨通知し、原案どおり決定することができる（同法53条と同条による同法16条の準用。）。ただ、事業計画決定のうち、『設計の概要』については県知事の認可を受けねばならず、認可後、事業計画は公告される（同法51条、54条）。

　このように、〈1〉から〈5〉までの手続には、再開発事業の施行区域内の権利者の同意は、法律上全く必要とされていないし、事実上その意見を反映させる可能性も〈5〉の段階で初めて制度的に保障されているにすぎない。しかし、これらの段階は、再開発事業を行うか否かという場合にその内

容を決定する段階であるから、その決定は、もっぱら公共性の観点からされるべきであり、施行区域を含む当該再開発により影響を受ける地域全体の民意を代表する市や県知事が行うのにふさわしい事項といえるのであって、もとよりこの段階で施行者が施行区域内の権利者の合意を得るよう努力することは、再開発の円滑な実施を図る上で望ましいことではあるが、これを法律上の要件とまですることはそれらの者らの利害のみにこだわることによりかえって公共性の判断を誤らせる原因にもなるといわざるを得ない。したがって、これらの段階に、施行区域内の権利者の同意が要求されず、その意見の反映される保障がされていないとしても、特に憲法上の問題は生じない。

　そして、〈6〉の段階では、権利変換計画の案を施行者である市が作成し、権利者がこれに対し意見書を提出し得ることは〈5〉の段階と同じであるが、法はこの段階がまさに施行区域内の権利者に正当な補償が与えられるか否かが決まる時期であることに鑑み、権利変換計画は従前の土地等の価額と権利変換後の床の価額が照応しかつ不均衡がないように定めなければならないとし（同法77条2項）、転出希望者への補償金や（同法91条）、土地明渡しに伴う占有者に対する補償（同法97条）についても別途規定しているほか、右意見書の採否及び権利変換計画の決定には市街地再開発審査会の議決を経なければならないとしており（同法84条）、右審査会の構成は〈4〉の施行規程で定められるが、法律上施行区域内の宅地について所有権又は借地権を有する者を加えなければならないから（同法52条、57条）、これらの者の意思が権利変換計画に反映される途が制度的に保障されていることとなるし、意見書が不採択となった場合には、その提出者は従前の土地等の価額について収用委員会の裁決を求めることができ（同法85条）、その裁決に不服のある者はさらに行政訴訟を提起することも可能である。これらに鑑みると、都市再開発法は、権利変換計画の要件とその手続の両面から施行区域内の権利者が正当な補償を受け得るように十分な規定を置いているということができる。

　以上によると、都市再開発法等の定める手続は、前記の憲法上の要請を十分に満たしており、憲法違反の問題はないといえる」（下線筆者）

　次に、控訴審である福岡高判平成5・6・29判時1477号32頁〔27817052〕

【事例3-2】は、以下のように判示して、都市再開発法の憲法違反の主張を排斥した。

「1　都市再開発法の違憲性の有無

私有財産を正当な補償の下に公共のために用いることは憲法自体が容認するところであり（憲法29条3項）、これを受けて『都市計画の内容及びその決定手続、都市計画制限、都市計画事業その他都市計画に必要な事項を定めることにより、都市の健全な発展と秩序ある整備を図り、もって国土の均衡ある発展と公共の福祉の増進に寄与することを目的』として都市計画法が制定され（同法1条）、『市街地の計画的な再開発に関し必要な事項を定めることにより、都市における土地の合理的かつ健全な高度利用と都市機能の更新とを図り、もって公共の福祉に寄与することを目的』として都市再開発法が制定されているのである（同法1条）。憲法の定める『公共のため』とは、当該私有財産の所有者のみの利益を超えた、より広い範囲の国民一般又は一定地域内の住民一般の利益を図ることを指すと解すべきであり、現在のわが国の国土の状況一般取り分け都市部への過度の人口の集中の状況に照らすと、都市計画法及び都市再開発法がその立法目的として掲げるところは、いずれも憲法の定める『公共のため』という趣旨に合致するものである。

2　もっとも他方では、右の都市計画や都市再開発は、当該施行区域及びこれに密接に関係する周辺地域の住民全体の福利の向上に資するものでもなければならないものというべきであるから、単に、当該施行区域の住民に対する正当な補償がなされれば足りるということにはならず、右住民らの総意ができる限り計画に反映されるような手続的保障があることが要請される。

3　ところで、この種事業は、おおよそ、(1)市による基本計画の策定、(2)高度利用地区の都市計画決定、(3)再開発事業の都市計画決定、(4)施行規程の決定、(5)事業計画決定、(6)権利変換計画と権利変換処分、(7)工事着手、という手続で行われる。

このうち、(1)は市内部の意思決定の段階にすぎないし、(2)及び(3)については、予めその案が公衆の縦覧に供されるものの（都市計画法17条、なお、同法16条により公聴会が開催される場合もあるが、必要的なものではない。）、その決定

は、(2)については市が県知事の承認（県知事は予め都市計画地方審議会の議を経なければ承認できない。）を受けて行い（同法19条）、(3)については県知事が関係市町村の意見を聴きかつ都市計画地方審議会の議を経て行うものである（同法18条）。(4)は、市議会が条例の形式で定め（都市再開発法52条）、(5)は、市がその案を作成し、これを予め公衆の縦覧に供し、関係権利者はこれに対し意見書を提出することができ、この意見書の審査については行政不服審査法の異議申立ての審理に関する規定が準用されるが、市はこれに拘束されるわけではなく、意見書を採択しない場合にその旨通知し、原案どおり決定することができる（同法53条と同条による同法16条の準用。）。ただ、事業計画決定のうち、『設計の概要』については県知事の認可を受けねばならず、認可後、事業計画は公告される（同法51条、54条）。

　このように、(1)から(5)までの手続には、再開発事業の施行区域内の権利者の同意は、法律上全く必要とされていないし、事業上その意見を反映させる可能性も(5)の段階で初めて制度的に保障されているにすぎない。

　そして、(6)の段階では、権利変換計画の案を施行者である市が作成し、権利者がこれに対し意見書を提出し得ることは(5)の段階と同じであるが、法はこの段階がまさに施行区域内の権利者に正当な補償が与えられるか否かが決まる時期であることに鑑み、権利変換計画は従前の土地等の価額と権利変換後の床の価額が照応しかつ不均衡がないように定めなければならないとし（同法77条2項）、転出希望者への補償金や（同法91条）、土地明渡しに伴う占有者に対する補償（同法97条）についても別途規定しているほか、右意見書の採否及び権利変換計画の決定には市街地再開発審査会の議決を経なければならないとしており（同法84条）、右審査会の構成は(4)の施行規程で定められるが、法律上施行区域内の宅地について所有権又は借地権を有する者を加えなければならないから（同法52条、57条）、これらの者の意思が権利変換計画に反映される途が制度的に保障されていることとなるし、意見書が不採択となった場合には、その提出者は従前の土地等の価額について収用委員会の裁決を求めることができ（同法85条）、その裁決に不服のある者はさらに行政訴訟を提起することも可能である。

　このように、都市再開発事業の手続における住民参加のための手続的保障
は決して十分でないにせよ、それでも⑵以降（就中⑸及び⑹）の段階におい
てはそれなりの機会が保障されているものということができる。そして、当
該施行区域の住民の総意といっても、その人数が相当多数にのぼるために意
識や意向も様々であり、しかも、往々にして利害が複雑に絡み合い、場合に
よっては鋭く対立したりすることさえ十分予想されるのであるから、住民参
加にもおのずから限界があることもやむを得ないところである。
　4　そうすると、都市再開発法は憲法に違反するという控訴人らの前記第一
及び第二の主張は採用することができない」（下線筆者）
　以上2つの裁判例を分析すると、前掲平成2年福岡地判〔27808980〕で
は、そもそも施行地区内の地権者の合意を得ることは必要ないとしたうえ
で、制度上、その意見が反映されなくとも問題ないとして少数者の意見を無
視するかのような姿勢をみせている。これに対して、平成5年福岡高判
〔27817052〕では、少なくとも住民の総意ができる限り反映されるべきであ
るとしている点で、根本的な姿勢に差異がみられる。
　のみならず、福岡地裁は、施行地区内の地権者の意思の反映の問題に限局
しているが、福岡高裁は、当該施行区域及びこれに密接に関係する周辺地域
の住民全体として、施行地区外の人々の意思反映についても配慮をしてお
り、対象となる「住民」の範囲も異なっていることに注意する必要がある。
⑸　都再法14条における行政指導の意義
　少し遠回りになったが、ここまでの流れを踏まえると、現在の再開発の最
前線においてなお、行政側が住民の意見反映のために、法的に非常に微妙な
行政指導（具体的には都再法14条の要件をはるかに超える同意率の要求）を行おう
という気持ちになることも理解できないわけではない。
　立法過程における零細地権者保護のための議論における「行政の配慮、政
治の配慮」の必要性（建設大臣答弁）、福岡高裁の指摘する「住民参加のため
の手続的補償は決して十分ではない」との判旨内容を踏まえたとき、行政手
続法及び都再法17条の改正（自由裁量から覊束裁量への改正）の基本的考え方
を乗り越えてでも、最前線で指導にあたる市区町村こそ、この未同意地権者

の気持ちを代弁して確認する役割が求められているのだという行政マンの矜持が、そこにはあるのかもしれない。

　ただ、法律による行政の原理という行政の基本原理を踏まえれば、この不健全な状態を肯定することは、法律家としては非常に悩ましい問題をはらむ。建前論である行政手続法上の適法性を厳しく詰めたときのハレーションは非常に大きい。したがって、この問題は、行政現場の実務状況や、対象となる施行地区の同意率ないし再開発反対運動の動向なども踏まえて、個別具体的に熟慮すべき問題である。

　逆に、再開発事業者側が、この行政指導を潜り抜けるためか、一筆の土地を細分化して多数の地権者を生み出すことで、「同意率」を仮装しているのではないかと疑われるような事例が雑誌メディアやインターネット上で指摘されている事実も、再開発に携わる当事者全員が重く受け止めなければならないことであろう（【事例3-3】参照）。

　もし行政として高い同意率を求めるのであれば、最初から法的整備を行う必要が高い一方、高い同意率を求めても土地の細分化などによる同意率の仮装という潜脱行為が容易になされては法律上の規制も全く意味をなさない。

　再開発に携わる当事者を、①再開発推進の立場、②再開発慎重の立場、③行政の三者に分けて考えてみると、①再開発推進側としては、法律上の同意率以上の同意率を求められることに対する抵抗感が大きいと考えられる。

　一方、②再開発慎重の立場をとる人々にとっては、上記行政指導は歓迎するべき事態といえるかもしれないが、もしその行政指導の適法性に疑問が付くのであれば、その行政指導自体を「歓迎」してよいかは別問題であろう。

　さらに、③行政の立場からすると、行政手続法の規定及び組合設立認可が覊束裁量であっても、微妙な行政指導を行い続けるインセンティブはどこにあるのか。筆者が推測するのは、再開発事業という事業の特殊性にあるものと考えている。すなわち、行政にとっては、①再開発推進側であろうと、②再開発慎重側であろうと、その地域に住まう「住民」であり、日本における不動産に対する人々の思いの強さを踏まえれば、長期にわたる再開発によって住民対立が煽られるような事態は、公的な観点から絶対に避けたいと考え

るであろう。

　また、もしこの住民対立が法廷に持ち込まれるとすれば、以下に検討する
ように、都市計画決定に対する抗告訴訟や住民訴訟など、当該地方公共団体
を直接の訴訟当事者とする訴訟が提起されることになるのであり、その対応
に膨大な時間を割く必要が出てくる。行政の担当者としては、そのような訴
訟の対応をしたいはずもなく、個人的にも、高い同意率を求めたくなるとい
うのが、人情であろう。

　以上のような、③行政の立場を考えるとき、再開発慎重側の人々が法廷で
どのような主張をし、裁判所がそれに対してどのように回答してきたかを知
ることは、都再法14条に関わる行政指導を考えるうえで有益であろう。

　そこで、第2章では、都市再開発法に関する裁判例を中心として都市計画
決定を、第7章では、住民訴訟に関する裁判例を概観していくこととする。

　なお、準備組合の裁判例として、準備組合の破産に絡んだ興味深い事例が
あるので、本章の最後に紹介する。

【事例1‒5】

津地判平成23・5・12判時2117号77頁〔28173935〕
市長が準備組合に対してなした補助金交付決定を取り消したことで同準備
組合が破産したとして、建設会社及びコンサルタント会社の原告らが、市
に対してなした国家賠償ないし損失補償請求が棄却された事例

事案の概要

　組合施行で予定されていた第一種市街地再開発事業に関し、市が主導して
事業推進を図った事業が一度とん挫し、再度民間主導での再開発事業が計画
され、平成20年2月20日に都市計画決定がなされ、同月29日付で市が準備組
合に対して6600万円の補助金交付決定等をした。ところが、事業収支で組合
員間での議論が紛糾して収支計画が議決できなくなったことから、市は同年

11月21日付で準備組合に上記補助金を取り消し、結果として当該準備組合は立ち行かなくなり、平成21年7月17日に破産手続開始の申立てを行った。これに対して、準備組合の債権者である原告ら（建設会社及びコンサルタント会社）が、債権侵害の不法行為があったとして国家賠償請求（及び損失補償請求）をしたところ、その請求が棄却された事例。

　なお、本件準備組合の組合員でもあった市は、平成20年9月11日、本件準備組合の組合員に対して、「確約書（案）」として、「準備組合の運営については、現在の運営資金の欠損額等を明らかにした上で、その処理方法等を明確にし、権利者・関係者は運営に協力します。仮に、不足額が生じた場合には、公平公正な負担割合のもと運営費等の一切の費用に対する負担を行い精算します」「本組合設立後万一、本再開発事業において負債が生じた場合には、組合員及び参加組合員が公平公正に負担します」などと記載された書面を交付して意見を求めていた。

当事者の気持ち（主張）

原告ら：本件補助金交付取消しは、被告である市による本件確約書の強要と不可分一体であるから、その違法性を引き継ぎ、それ自体違法となるのであり、その違法な補助金不交付によって原告らの債権が破産債権として回収できなかったこととの間には因果関係がある。

被告（市）：そもそも本件再開発事業の遂行が不可能になったのは、本件準備組合や原告らが組合員の責任について合理的な説明をしなかったことが原因であり、本件確約書とは因果関係がない。また、本件補助金取消しは平成20年9月度事業収支計画の実現性が乏しかったことによるものであって、適法である。

法律上の論点

市による補助金取消しの決定は違法か

国家賠償法 1 条 1 項、憲法29条 3 項

判　旨

「本件再開発事業を開始した経緯、その後の事実経過、被告を取り巻く政治的情勢を前提とすれば、被告が、本件準備組合員に対し、平成19年確約書の内容を具体的に明確化した本件確約書の作成を要求したことやその内容の変更に応じなかったことが、違法である又は不合理であるとまではいえないというべきである。

　原告らは、転出組合員に対して再開発事業から生じた負債に対する責任を負わせる可能性がある条項を含むことは、再開発事業に関する基本的理解を欠くとか、著しく不合理であるなどと主張するが、市街地再開発事業が、原告らの主張するようなスキーム以外のスキームを法律上許さないものとはいえず、再開発事業から生じた負債を公金の投入によって解消することを暗黙の前提としているものであるともいえない（そのような例が多々見られることは当裁判所に顕著な事実であるが、全ての再開発事業がそのような暗黙の前提の上に成り立っているとは解されず、本件再開発事業についても、そのような暗黙の前提があったことなどを認めるに足りる証拠はない。）から、原告らの主張は、その前提を異にしており、採用できない。また、本件確約書の内容変更を提案したにもかかわらず、これを全て拒絶したのは不合理な態度である旨も主張するが、本件準備組合による修正案はいずれも、被告の財政的負担の増大がどの程度に留まるのかが明確ではなく、かつ、被告のみが本組合設立後の負債を負担する可能性も残る文面であったから、上記のような経緯、情勢などを前提とすれば、これを被告が拒否したとしても、そのことが違法である又は不合理であるとまではいえず、原告らの主張は採用できない」

　「平成19年度補助金交付決定の取消しについては、既に認定したとおり、平成19年度補助金の交付は、平成21年度への繰越しが事実上不可能であったから、本組合が平成20年度中に設立されることが必要であったところ、上記

のとおり、第3回臨時総会の時点で、被告が本件確約書の作成を要求したこととは無関係に、既に本組合設立が平成20年度中に間に合わなかった可能性が十分にあることが露呈しており、上記取消しがされた同年11月25日の時点では、本組合が平成20年度中に設立されることが困難となっていた（原告らが実現可能と主張するスケジュールを前提としたとしても、同年11月上旬の段階で事業推進の合意ができた場合であっても、設立認可公告が平成21年3月中旬の見込みであり、本組合の設立自体は平成21年度にならざるを得なかったから、上記スケジュールの基準時よりもさらに時間が経過した平成20年11月25日の時点では、本組合を平成20年度中に設立することは非常に困難であったと認められる。）から、本組合設立が間に合わないことを理由として、平成19年度補助金交付決定を取り消したことには、何ら不合理な点はなく、それが、被告が本件確約書の作成を要求したことと関連しているともいえないから、原告らの主張はその前提を異にし、採用できない。

　また、平成21年度以降の補助金交付方針の撤回については、上記のとおり、平成20年度末までに本組合が設立できる状況になく、平成19年度補助金を交付することができない状況となっていたことに加え、上記認定のとおり、本件準備組合の収入（2億1197万3567円）の約3割を平成19年度補助金（6,600万円）に依存していることが認められるところ、上記のとおり、平成20年11月時点で既に、平成19年度補助金の交付を受けられないことがほぼ確定的であったことを併せ考慮すれば、平成20年度末の時点で本件準備組合の収支が成り立たなくなり、その後の事業続行も不可能となる蓋然性が高いと容易に推認できるから、そのような事業に対して補助金を交付することができないのは当然である。そうすると、本組合の設立がされていないことや事業の実現性が乏しいことを理由に、平成21年度以降の補助金交付方針を撤回したとしても、そのことに何ら不合理な点はないのであって、平成21年度以降の補助金交付方針を撤回したことと被告が本件確約書の作成を要求したことが関連しているともいえないから、原告らの主張はその前提を異にし、採用できない」（下線筆者）

解　説

　まず、本件の原告ら（建設会社及びコンサルタント会社等）は、準備組合に対して3社合計で1億2000万円以上の債権を有していたとする。この事実からすると、これら3社は、準備組合との関係では「事務局」として機能していたのではないかと考えられる。

　もし、この3社が準備組合の事務局の立場であったならば、そもそも論として、準備組合が組合設立に至らなかったのは、これら「事務局」の各社の責任でもある可能性が極めて高い。したがって、組合員としての立場も有する市としては、その責任を市にのみ負わせようとする原告らの請求は到底受け入れ難いものであることが容易に推測される（実際、裁判所の争点整理では過失相殺も論点として挙がっており、市が原告らの責任追及をしていた様子がうかがえる）。

　しかも、準備組合の組合員となった民間事業者と三重県警は、原告のコンサルタント会社から「事業が円滑に進めばリスクはない旨の説明を受けていた」とされている。リスクのない再開発事業などおよそ存在しないにもかかわらず、そのような説明をすること自体、準備組合事務局コンサルタントとして非常に拙劣であろう。

　加えて、補助金取消決定自体、原告らの主張する市による「確約書（案）」とは無関係になされていることが明らかであり、法的な理屈付けとしても、なぜ原告らがこのような無理な訴訟を提起したのか判然としない（もしかすると、表に出てこない何らかの事情があったのではないかと邪推したくなるほど、首をひねりたくなるような請求原因である）。

　いずれにしても、本件は、準備組合の破産という珍しい事情に基づき訴訟となった事例であり、参考に値する。

施行者に求められる紛争予防のための注意点など

　まず、基本中の基本であるが、事業収支計画は最初から綿密に作成する必要がある。

すなわち、本事例では極めて杜撰な収支計画であったものと考えられる。

　まず、都市計画決定日である平成20年2月20日付で準備組合が作成した総事業予定費用は93億7093万9000円であった。ところが、同年3月31日には、「建設資材の高騰等の社会経済状況を受け」たためとして、準備組合は総事業予定費を104億5269万円の事業収支計画を作成して市に提出している。わずか1か月で10億円以上、10％もの事業費が増額されること自体、もはや最初の計画は何だったのかという印象をもたせるものであり、到底その収支計画には信用性がないと思われても仕方なかったと評価できる。

　一方、本件では、裁判所が、「再開発事業から生じた負債を公金の投入によって解消することを暗黙の前提としているものであるともいえない（そのような例が多々見られることは当裁判所に顕著な事実であるが、全ての再開発事業がそのような暗黙の前提の上に成り立っているとは解されず、本件再開発事業についても、そのような暗黙の前提があったことなどを認めるに足りる証拠はない。）」と判示しているところが注目を引く。第一種市街地再開発事業が補助金を得ることが「暗黙の前提ではない」としている点は、実際の再開発事業の現場の感覚とは若干異なるかもしれない。しかし、本件の原告らの請求自体の筋の悪さが、裁判所をしてここまで言わしめたのではないかと感じられる判決内容である。

　再開発事業者としては、他山の石とするべき事例である。

第2章

都市計画決定について

第1章における行政指導の適否にかかわらず、対象地区内の同意率が十分に高まり、市区町村又は都道府県において都市計画決定に踏み切ることができるほどにまで再開発の機運が住民間で高まっていると評価できる段階に至ると、当該地方公共団体において、都市計画法に基づき、地区計画の変更や高度利用地区の指定等、市街地再開発事業の前提となる都市計画決定の手続に入る（都市計画法12条1項、都再法2条の2、3条、6条参照）。

第一種市街地再開発事業を施行するにあたっては、

① 都市計画法等に基づき、高度利用地区等の区域の指定を受けた地域内において施行しなければならず（都再法2条の2）、

② 市街地再開発事業の施行区域においては、市街地再開発事業は、都市計画事業として施行する（都再法6条1項）

と定められている。

したがって、第一種市街地再開発事業においては、再開発組合を設立する前段階として、必ず都市計画法等に基づく都市計画の決定が先行する。特に、第一種市街地再開発事業は、

① 市街地再開発促進区（都再法7条1項）

② 高度利用地区

③ 都市再生特別地区

④ 特定用途誘導地区

⑤ 高度利用地区と同等の建築制限が行われている地区計画等の区域

の中で行わなければならない（都再法3条1号）。

これらのメニューは、一般的な都市計画に対し、容積率、建ぺい率等の規制を緩和することで、建物の高度化、土地利用の合理化を進めやすくするというメリットがある。そして、その選択肢は、都市再開発法施行後、順次改正により幅が広がってきており、今後も必要に応じて立法によりさらに追加される可能性がある。

組合施行の場合、繰り返し確認するように、最終的に多数決で事業推進が可能な仕組みを採用しているため、関係権利者の権利制限にあたっては事業の公共性は必要不可欠な要素となる。その点で、行政における都市計画決定

を必ず先行させることで、公にその公共性を認定していると考えることができる[1]。

　これらの都市計画決定について、住民が意見を述べる機会は、①都市計画法に基づく公聴会、②公告の縦覧・意見書の提出、③各地方公共団体における審議会の各段階において、保障されている。

　すなわち、都市計画決定にあたっては、

①　都市計画の案の作成段階において、公聴会の開催等による住民意見の反映手続がとられ（都市計画法16条）、

②　都市計画案の公告・縦覧に対して、縦覧期間中に住民の意見書を提出することができ（同法17条）、

③　専門家が参加する都市計画審議会を経て、上位機関の同意を踏まえて都市計画が決定される（同法18条、19条）。

　このように、都市計画決定の手続においては、住民参加手続が重視されているだけでなく、審議会における専門家の関与も重視されており、多様な意見を踏まえて地方公共団体が決定する点に大きな特色がある。実際、住民の関心の高い市街地再開発事業予定地区においては、公聴会は熱気を帯びており、推進意見や慎重意見について発言が活発になされるだけでなく、縦覧期間中の意見書も相当量の書面が提出されることがある。

　一方、国土交通省が定める都市計画運用指針においては、その基本的考え方として、「総合性・一体性の確保」が第 1 項目として挙げられており、単眼的な視点ではなく、多様な視点から総合的な判断を踏まえて都市計画を定める必要がある。

　加えて、社会経済状況の変化に対応して変更が予定されることも当然であり（都市計画法21条）、さまざまな判断要素のうえに都市計画が成り立っていることがわかる。

　このように、手続面だけでなく、都市計画の中身（実体面）においても、多様な視点から不断の見直しを加える必要があるという点で、都市計画決定

1　『都市再開発法解説』66頁参照。

はダイナミックな（動的な）行政作用であるといえる。

　さらに、都市計画決定の効果は、都市計画決定対象地区内の不特定多数者に対する一般的抽象的なものにすぎないものと考えられている（最判昭和57・4・22民集36巻4号705頁〔27000089〕）。

　このように、都市計画決定は、民主的な手続を経た、専門家の知見を踏まえた総合的な判断であること、そして何より法的効果が一般的抽象的なものにすぎないものであるから、その当否を裁判所が事後的に判断することは、一般的に適切ではないとされている。

　そのため、都市計画法に基づく都市計画決定自体について、事後的にその当否を裁判所で争うことは、現在のところ、極めて難しいと考えるべきであろう。

　以上を踏まえて、第一種市街地再開発事業に関する都市計画決定を争った事例について裁判所が原告の訴えを斥けた事例を検討する。

【事例2‐1】

東京地判平成20・12・19判タ1296号155頁〔28151694〕

第一種市街地再開発事業に関する地区計画変更決定及び都市計画決定は、いずれも抗告訴訟の対象となる処分にあたらず、同事業の施行地区外の住民による当事者訴訟についても、訴えの利益がないとされた事例

事案の概要

　組合施行が予定されている第一種市街地再開発事業に先立ち行われた地区計画の変更決定及び都市計画決定が処分性を有するとして、原告が両決定の違法性を主位的に主張し、処分性が認められなかったとしても予備的に当事者訴訟に基づき違法確認を求めた事例。

法律上の論点

① 　地区計画変更決定及び都市計画決定が処分性を有するか

② 　再開発事業の施行区域外の住民による当事者訴訟に訴えの利益が認められるか（結論として、いずれも認められず訴え却下。第一審で確定）

関連法令

都市計画法12条、行政事件訴訟法3条2項、4条

判　旨

1　論点①の地区計画変更決定について

「抗告訴訟の対象となる行政庁の処分とは、行政庁の法令に基づく行為のすべてを意味するものではなく、公権力の主体たる国又は公共団体が行う行為のうち、その行為によって、直接国民の権利義務を形成し、又はその範囲を確定することが法律上認められているものをいう」

「そして、地区計画は、『建築物の建築形態、公共施設その他の施設の配置等からみて、一体としてそれぞれの区域の特性にふさわしい態様を備えた良好な環境の各街区を整備し、開発し、及び保全するための計画』（都市計画法12条の5第1項柱書き）であり、同法12条の4第1項1号の規定に基づく地区計画の決定及び同法21条の規定に基づくその変更決定は、区域内の個人の権利義務に対して具体的な変動を与えるという法律上の効果を伴うものではなく、抗告訴訟の対象となる処分には当たらないと解するのが相当である（最高裁平成5年（行ツ）第48号同6年4月22日第二小法廷判決・裁判集民事172号445頁参照）。

したがって、本件訴えのうち、本件変更決定の取消しを求める部分は不適法である」

「これに対し、原告らは、本件変更決定がされたことにより、本件変更決定に係る地区計画の区域内において開発行為ができなくなる（都市計画法29条1項）と主張するが、同項の規定する開発行為の許可は、都市計画区域

（同法5条）又は準都市計画区域（同法5条の2）の指定がされた区域内の開発行為を対象とするもので、本件変更決定がされたことに伴ってその許可を要することになるものではないから、原告らの上記主張は採用することができない」

2　論点①の都市計画決定について

「第1種市街地再開発事業に関する都市計画は、市街地開発事業の種類、名称、施行区域、施行区域の面積、公共施設の配置及び規模並びに建築物及び建築敷地の整備に関する計画を定めるものであり（都市計画法12条2項、都市計画法施行令7条、都市再開発法4条1項）、都市計画は、総括図、計画図及び計画書によって表示されるものである（都市計画法14条1項）ところ、同法12条1項4号の規定に基づく第1種市街地再開発事業に関する都市計画の決定は、個人の権利義務に対して具体的な変動を与えるという法律上の効果を伴うものではなく、抗告訴訟の対象となる処分には当たらないと解するのが相当である（最高裁昭和59年（行ツ）第34号同年7月16日第二小法廷判決・判例地方自治9号53頁参照）。

　したがって、本件訴えのうち、本件計画決定の取消しを求める部分は不適法である」

「これに対し、原告らは、最高裁平成17年（行ヒ）第397号同20年9月10日大法廷判決・判例時報2020号18頁を援用して、本件計画決定に処分性があると主張するが、そもそも、上記大法廷判決は、市町村の施行に係る土地区画整理事業の事業計画の決定につき、その施行地区内の宅地所有者等は、同決定がされることによって各種の規制を伴う土地区画整理事業の手続に従って換地処分を受けるべき地位に立たされることなどを理由として、同決定が抗告訴訟の対象となる処分に当たると判断したもので、本件とは事案を異にするものである」

3　論点②について

「本件各決定は直ちに第1種市街地再開発事業の手続の現実的かつ具体的な進行を開始させるものではなく、本件各決定によって原告らの権利又は法的地位に具体的な変動を与えるという法律上の効果が生ずるものではなく、

原告らの法的地位に係る不安が現に存在するとまではいえないこと、また、本件各決定の違法確認を求める訴えは、過去の法律関係の確認を求めるものであって、原告らの現在の権利又は法的地位の確認を求める訴えではないことなどに照らすと、本件各決定の違法確認の訴えについては、確認の利益を認めることができない（なお、最高裁平成13年（行ツ）第82号同17年9月14日大法廷判決・民集59巻7号2087頁参照）」

解　説

　本判決は、多数の市街地再開発事業を手掛ける日本有数の会社が、地方公共団体の行った都市計画決定に異議を述べている点で特徴的な訴訟である。

　本判決の背景は判決文のみからは不明であるものの、都市計画法に基づく第一種市街地再開発事業に関する都市計画決定に処分性が認められないことは、最高裁も過去に判断した点であり（最判昭和59・7・16判例地方自治9号53頁〔29012173〕）、本件は若干無理筋の訴訟であることは否定できない。

　ただ、本判決の係属中に遠州鉄道事件大法廷判決（最判平成20・9・10民集62巻8号2029頁〔28141939〕）が出され、最高裁が土地区画整理事業の事業計画決定に処分性を認めたことから、本件でも裁判所がこの点を意識して詳細な判断をしている点が注目される。

　裁判所は、土地区画整理法に基づく土地区画整理事業の事業計画決定（以下「前者」という）と、都市再開発法に基づく第一種市街地再開発事業の前段階としての都市計画決定（以下「後者」という）の差を強調して、遠州鉄道事件大法廷判決の射程の範囲外であると判示した。

　すなわち、①前者では、事業計画決定により地権者への影響が具体的に予測することが可能になるのに対し、後者では、市街地再開発組合の設立認可段階に至らなければそのような予測ができないこと、②前者では、事業計画決定がなされると、特段の事情がない限り、手続が進行して換地処分が当然に行われるのに対して、後者では、都市計画段階ではいまだに施行者さえ決まっておらず、組合設立認可の要件となる地権者の3分の2以上の同意が得られるかも不透明であること、③前者では、事後手続の取消訴訟を提起して

も事情判決が出される可能性が高い一方で、後者では、市街地再開発組合の設立認可取消訴訟により実効的な権利救済の可能性が認められることの3点を判示して、原告の主張を斥けた。

なお、第一種市街地再開発事業の施行地区内の地権者（駐車場事業者）による同様の訴えを却下した事例として、東京地判平成25・2・28平成24年（行ウ）52号公刊物未登載〔29025801〕及び東京地判平成26・12・19平成24年（行ウ）163号公刊物未登載〔29045200〕がある。

また、第一種市街地再開発事業に関する国家戦略特別区域法9条1項に基づく区域計画の認定（これにより都市計画決定がされたものとみなされる）について、当該再開発事業に係る部分の取消しを地権者が求めた訴訟においても、裁判所は抗告訴訟の対象となる処分にはあたらないとした（東京高判平成31・1・17平成30年（行コ）248号公刊物未登載〔28270738〕）。

これらの裁判例の集積からすると、第一種市街地再開発事業に関する都市計画決定（地区計画の変更を含む）を訴訟（抗告訴訟ないし当事者訴訟）で争うことはできないものと考えるべきであろう。

施行者に求められる紛争予防のための注意点など

施行者は、都市計画決定の手続に積極的に関与することはできない。

ただ、既に準備組合が成立して相当程度事業進捗の可能性が高まっているからこそ、地方公共団体としても都市計画決定の手続に安んじて入ることができる。したがって、未同意地権者の納得を得られるように、説明会や「再開発ニュース」等の機関紙の発行等により十分な周知活動を継続することが大切であろう。

また、未同意地権者によるさまざまな運動が展開されている地区においては、準備組合の構成員と未同意地権者との間で感情的な対立になっていることもある。このような場合にこそ、焦らず、じっくりと未同意地権者の対応にあたる必要がある。上記のように、地方公共団体による都市計画決定に対しては未同意地権者が事後的に争うことは法律上できないのであるから、施行者となる見込みの準備組合構成員としては、当該地方公共団体が安んじて

手続を進められるように、側面からその手続を支えることが肝要であろう。例えば、都市計画決定策定に至る住民説明会などには積極的に参加して、未同意地権者の不安や疑問点を踏まえつつ前向きな意見・質問をするなどの事実上の活動も大切である。

前述のように、準備組合構成員での同意率が十分に高まって、当該地域内であれば相当の確率で再開発事業が見込めると行政が考えれば、ここで都市計画法に基づく都市計画決定がなされ、再開発事業の対象となる範囲が確定することになる。

この都市計画決定の手続が進まなければ再開発事業にたどりつくことができない以上、準備組合側としては、地方公共団体からの行政指導により法定要件以上の同意率を求められれば同意率を上げざるを得ないのに対し、地方公共団体としても、できる限り同意率が上がっていないと都市計画決定をしても事業がとん挫するリスクを背負うことになるので、勢い慎重にならざるを得ないという関係にある。

その点を意識しすぎると、例えば、タウンハウス型の既存建物の一部と残部に施行地区の内外を画する都市計画の線引きすることもあり得るであろう。

一般論としては、一棟の建物の内部に（施行区域と一致する）都市計画決定の線を引くこと自体が許されないということはなく、現に一棟の建物の内部に都市計画決定の線引きがなされることがある。

しかし、事後処理に手間がかかる可能性も高く、可能な限り避けるべきであろう。

なお、この場合、土地収用等の場合に用いられる残地補償的な考え方を援用して、一棟のための全体を施行地区内にあるものとして権利変換処分をする可能性を認めた文献として、「市街地再開発」（（公社）全国市街地再開発協会）105号（1979年）18頁、同169号（1984年）38頁を参照のこと。

そのほか、都市計画を定めるにあたっては、その地区のポテンシャルや事業の採算性などを勘案しながら、具体的にその内容を詰めていく必要がある。特に、大都市部と地方都市とでは、おのずからその都市計画の内容は全

く異なる様相をもつであろう。

　一方、大都市部と地方都市での再開発の手法が異なることは、制度的にも裏付けられている。すなわち、都再法5条は、住宅不足の著しい地域（東京・大阪・名古屋の大都市圏や人口増加が著しい地方の都市部）における市街地再開発事業では、住宅建設の目標設定を義務付けている。この目標設定がなされた場合には、参加組合員の事業への参加を促す制度の建付けとなっている（都再法13条）。

　したがって、大都市圏や地方都市の一部では、市街地再開発事業にはある程度の規模の住宅建設が当然に予定されているし、そこには保留床を取得・売却する参加組合員の事業参加が必然的に見込まれる。

　これに対して、地方都市での再開発では必ずしも住宅建設が主眼とはならず、地域のコミュニティの再生、賑わいの創出といった公益的観点が前面に立った施設建築物を建設する動きもあり、保留床の取得・処分を行う参加組合員の事業参加が当然には予定されていない。

　さらに、個別利用区の制度を利用する場合、都市再開発法上は事業計画において定められることとなっているものの（都再法7条の11第2項）、実質的には都市計画段階から個別利用区制度の利用を織り込んで手続を進める必要があることにも十分注意が必要であろう。

　施行者としては、それぞれの地域の実情に応じた都市計画を見込んで、都市再開発法の目的達成のために手続を進めることとなる。

第3章

事業計画決定／
組合設立認可段階

本章では、第一種市街地再開発事業の手続を確認しつつ、これらの訴訟要件について検討することとする。なお、本章の最後では、第二種市街地再開発事業についても言及することで、第一種市街地再開発事業の理解を深めることも試みる。

　まず、第一種市街地再開発事業における組合施行の場合、施行地区内の宅地について所有権又は借地権を有する者が5人以上共同して、定款及び事業計画を定め、都道府県知事の認可を受ければ、市街地再開発組合（法人）を設立することができる（都再法11条、8条）。ただし、組合は都道府県知事の全面的な監督権に服さなければならず（同法124条）、最終的には都道府県知事が組合解散の認可権限をもっている（同法45条4項）。

　第一種市街地再開発事業においては、当該地域における、全土地所有権者の3分の2以上、全借地権者の3分の2以上、そして宅地と借地の総面積の3分の2以上を保有する者ら、それぞれの同意が揃えば、法律上は再開発組合の設立が可能となる（都再法14条）。この借地権については、既登記であることは少ないことから、原則として市町村長に借地権の申告手続をとらなければならない（同法15条）。ただし、期限内申告がない場合でも、施行地区内の宅地について借地権を有しているのであれば強制的に組合員となり（同法20条）、設立認可申請時の頭数にカウントされないという効果を生じるだけである（同法15条2項、7条の3第4項）。

　組合設立認可申請にあたっては、原則として定款及び事業計画を定めて申請することとなるため（同法11条1項）、都道府県知事は、この事業計画を2週間公衆の縦覧に供し、意見書の処理をすることとなる（同法16条）。

　なお、前倒し組合（同法11条2項）においては、組合設立後に作成される事業計画について、その事業計画案を説明会の開催等で周知させ（同法15条の2第1項）、組合員は、これについて意見があれば組合に意見書を提出することができる（同条2項）。

　これらの手続を経て、最終的に都道府県知事による認可処分がなされるが、認可処分は覊束裁量であり、以下の各項目に該当しない場合には、都道府県知事はその設立を認可しなければならない（同法17条）。

① 申請手続が法令に違反していること。

② 定款又は事業計画若しくは事業基本方針の決定手続又は内容が法令（事業計画の内容にあっては、16条3項に規定する都道府県知事の命令を含む）に違反していること。

③ 事業計画又は事業基本方針の内容が当該第一種市街地再開発事業に関する都市計画に適合せず、又は事業施行期間が適切でないこと。

④ 当該第一種市街地再開発事業を遂行するために必要な経済的基礎及びこれを的確に遂行するために必要なその他の能力が十分でないこと。

　組合設立認可がなされると、認可公告がされ（同法19条）、この公告日から起算して30日以内に最初の総会が招集されて（同法31条7項）、最初の理事及び監事が選挙されて、組合事業が具体的に動き出すこととなる。

　一方、第二種市街地再開発事業は、権利者の数が多い大規模な市街地の区域の再開発の場合には第一種市街地再開発事業のような権利変換手続では権利の調整に多くの時間を要することから、大規模で公益性及び緊急性の高い再開発事業（同法3条の2参照）の円滑な実施を図ることを目的として導入された制度である。その手続は、都市再開発法の第4章により行われ、施行者が従前の宅地等を収用又は任意買収によりすべて取得するものとしたうえ、施行地区内に残留等をすることを希望する者に対しては、収用等に係る従前の宅地等の対償に代えて新しく建築される建築施設の部分を給付する管理処分手続の手法を用いるものである（【事例3-4】、【事例3-5】参照）。

COLUMN　組合は「公法人」か

　『都市再開発法解説』[i] によれば、組合は、「認可の日から公法人として存在するようになる」として、公法人であるがゆえに税法上の有利な措置がなされていると説明され、「公法人」であることに一定の法的な意味付けがなされているようである。

　しかし、行政法の講学上、「公法人」については明確な定義がないのが現状であろう。たしかに、市街地再開発組合は、都道府県知事の認可により成立し、知事の強力な監督下に置かれながら事業を遂行するのみならず、権利変換処分通知という行政処分を行う主体であり、関係簿書の無償取得権限（都再法65条）まで認められるように、公的色彩が極めて強い団体であることは間違いない。

　また、組合施行の場合、最終的に多数決で強制的な事業推進が可能な仕組みを採用しているため、関係権利者の権利制限にあたっては都市計画法等に基づく事業の公共性が当然に要請されることは、本書で繰り返し確認しているとおりであり、組合が公共性をもった法人であることも疑いない。

　ただ、一方で、民間の確認検査機関が建築基準法上の建築確認（行政処分）を行っている事例のみをとっても明らかなように、行政処分の主体であることが「公法人性」を基礎付けているわけではない。また、同様に「公法人」として認識されている土地区画整理組合（土地区画整理法22条、23条）においても、「公法上の法人」と仕分けすること自体に意味がないという批判もあり、税法上の特典は租税法律主義に基づき、「公法上の法人であるから当然非課税となるのではなく、各税法に非課税の規定があるからである」と解釈することができる[ii]。

　このように、組合の公法人性については講学上の議論が交わされてい

---

i 『都市再開発法解説』183頁、215頁
ii 大場民男『条解・判例　土地区画整理法』日本加除出版（2014年）117頁

るところ、裁判例においては、【事例7‐2】が、市街地再開発組合が工事又は役務を発注するには、原則として競争入札によるべきであるとの組合契約規程について、「公法人としての性質上、できる限り競争原理を働かせて経費の節減を図るとともに、透明性の高い手続を確保しようとする目的に出たものと考えられ、その趣旨において、地自法234条と共通する」との実質的な解釈論を展開している。

　したがって、少なくとも裁判実務においては再開発組合の「公法人性」は具体的な解釈論にあたって重要なファクターになっていることがわかる。また、例えば、断行の仮処分における保全の必要性においても、公的な存在としての再開発組合が求める仮処分であるという視点は、実質的に裁判所の判断に大きな影響を与えるものと考えられる[iii]。

　本書では、以上の議論を踏まえつつ、市街地再開発組合が「公法人」として特殊な地位を与えられているという立場には与しないものの、「公的色彩の強い法人」であることを前提として、公金を取り扱う主体としての特殊性を踏まえた法解釈をするべきであると考える。

---

iii　江原健志＝品川英基編著『民事保全の実務〈第4版〉（上）』一般社団法人金融財政事情研究会（2021年）参照。

【事例3‐1】

東京高判平成25・9・25裁判所HP〔28222503〕

第一種市街地再開発事業における組合設立認可に対する抗告訴訟の原告適格は、施行地区内の住民に限られるとした事例

事案の概要

組合施行による第一種市街地再開発事業における組合設立認可に対して、施行地区外の住民である原告らが違法な処分であるとして提起した抗告訴訟について、原告適格を認めず請求を却下した事例。

当事者の気持ち（主張）

原告ら：当該再開発事業は、11.2haに及ぶ巨大再開発であり、その事業による建物の圧迫感、洪水被害の危険性、大気汚染の発生、風害の発生、景観利益の侵害、日照権の侵害が発生し得るので、東京都環境影響評価条例に基づいて定められた関係地域に居住する住民には原告適格が認められる。

施行者：東京都知事が定めた関係地域は、「環境に著しい影響を及ぼすおそれがある地域」として定められたものであり、関係地域内に居住する者であるからといって、「当該事業が実施されることにより健康又は生活環境に係る著しい被害を直接的に受けるおそれのある者」に該当するわけではなく、原告らに原告適格は認められない。

法律上の論点

原告適格の有無

関連法令

行政事件訴訟法9条

「周辺住民に市街地再開発組合の設立認可の取消訴訟における原告適格を認めるためには、当該第一種市街地再開発事業に関する都市計画の内容や市街地再開発組合の事業計画の内容に照らして、それらの内容が都市再開発法及び都市計画法の規定に違反することにより当該組合の事業の施行に起因して健康又は生活環境に係る著しい被害を直接的に受けるおそれがあると認められることを要するというべきであるが、東京都知事が定める関係地域は、本件条例〈1〉によれば、対象事業の実施が環境に著しい影響を及ぼすおそれがある地域として定められるものであるから、関係地域内に居住する者であるからといって、当然に、健康又は生活環境に係る著しい被害を直接的に受けるおそれがあると認めることはできない。

また、前記引用に係る原判決の前提事実に記載されたとおり、東京都知事は、計画建物による日照阻害、電波障害及び景観の影響を考慮して、関係地域を決定したのであるから、控訴人らが、本件設立認可により権利侵害が深刻になると主張する圧迫感、洪水被害、大気汚染及び風害との関係においては、関係地域内に居住することは、原告適格を基礎付ける根拠とはならない。控訴人らが本件設立認可により権利侵害が深刻となると主張する景観利益の侵害については、上記のとおり関係地域を定める際に景観の影響が考慮されているが、後記(7)記載のとおり、景観の破壊による被害を受けないという利益については、都市再開発法及び都市計画法の規定が、施行区域の周辺に居住する個々の住民に対して、そのような被害を受けないという利益を専ら一般的公益の中に吸収解消させるにとどめず、それが帰属する個々人の個別的利益としてもこれを保護すべきものとする趣旨を含むと解することはできないから、関係地域の決定において景観に影響があるとされた地域内に居住する者についても、景観利益の侵害を根拠に原告適格を認めることはできない。

そして、日照阻害については、控訴人らは、個々の控訴人ごとに生じる本件市街地再開発事業による日照阻害について、具体的な主張立証を行ってい

ないから、日照阻害を根拠として原告適格を認めることもできない。

　以上のとおり、関係地域に居住する控訴人らに原告適格が認められるべきであるとの控訴人らの主張は、採用することができない」

解　説

　抗告訴訟における原告適格については、行政事件訴訟法９条１項に規定があり、同条２項で解釈指針が示されている。

　本判決のような、当該行政処分の当事者以外の第三者の原告適格の問題について、小田急鉄道事件（最判平成17・12・7民集59巻10号2645頁〔28110059〕）は、「同条１項にいう当該処分の取消しを求めるにつき『法律上の利益を有する者』とは、当該処分により自己の権利若しくは法律上保護された利益を侵害され、又は必然的に侵害されるおそれのある者をいうのであり、当該処分を定めた行政法規が、不特定多数者の具体的利益を専ら一般的公益の中に吸収解消させるにとどめず、それが帰属する個々人の個別的利益としてもこれを保護すべきものとする趣旨を含むと解される場合には、このような利益もここにいう法律上保護された利益に当たり、当該処分によりこれを侵害され又は必然的に侵害されるおそれのある者は、当該処分の取消訴訟における原告適格を有するものというべきである。

　そして、処分の相手方以外の者について上記の法律上保護された利益の有無を判断するに当たっては、当該処分の根拠となる法令の規定の文言のみによることなく、当該法令の趣旨及び目的並びに当該処分において考慮されるべき利益の内容及び性質を考慮し、この場合において、当該法令の趣旨及び目的を考慮するに当たっては、当該法令と目的を共通にする関係法令があるときはその趣旨及び目的をも参酌し、当該利益の内容及び性質を考慮するに当たっては、当該処分がその根拠となる法令に違反してされた場合に害されることとなる利益の内容及び性質並びにこれが害される態様及び程度をも勘案すべきものである（同条２項参照）」と端的に判示した。

　本判決でも、原告らは、処分の根拠となる法令としての都市再開発法のみならず、都市計画法及び東京都環境影響評価条例の趣旨を踏まえた詳細な主

張を展開したが、第一審も控訴審も、いずれも原告ら主張の各権利について詳細な検討を加えたうえで、原告らの原告適格を否定した点で参考になる事例であろう。

　第一種市街地再開発事業の組合設立認可について、施行地区外の周辺住民がその取消しを求める訴えを提起したが、原告適格がないとして本件と同様に訴えが却下された事例として、以下の各裁判例も参照のこと。

①　原審：東京地判昭和58・2・9判タ497号134頁〔27604086〕、控訴審：東京高判昭和58・11・16判例地方自治4号126頁〔27682474〕

②　東京地判平成20・4・25判タ1274号129頁〔28141901〕

③　名古屋地判平成22・9・2判例地方自治341号82頁〔28171687〕

④　東京地判平成25・11・7平成25年（行ウ）3号公刊物未登載〔29026510〕

　なお、本判決の対象地区である二子玉川東地区の再開発事業をめぐっては、差止請求の訴えも提起されており、原告らは本判決と同様の権利侵害を主張していたが、裁判所によりすべて斥けられている（東京地判平成20・5・12判タ1292号237頁〔28151017〕）。

施行者に求められる紛争予防のための注意点など

　第一種市街地再開発事業だけをみれば、本判決ほか多数の裁判例が示すように、当該施行地区外の住民が当該再開発事業について訴訟上争うことはできないものと考えられる。

　しかし、原告らも主張するように、都市計画法上は当然周辺住民の意見聴取の機会があるのみならず、各地の条例においても周辺住民に配慮した規定があるであろう。したがって、周辺住民への配慮は常に意識されるべきことであろう。

　特に、近年の再開発事業においては、再開発後の「まちづくり」の視点から、エリアマネジメントの考え方に基づき、周辺地域の住民と一体となって当該施行地区に限られない幅広い地域コミュニティの形成によって活性化を図る手法が取り入れられていることからも、事後に禍根を残さないように長期的な視点に立った周辺住民への説明が求められることにも注意が必要であ

る。

【事例 3 - 2 】

福岡高判平成 5 ・ 6 ・29判時1477号32頁〔27817052〕

市施行の第一種市街地再開発事業について事業計画決定に処分性を認めた
事例

事案の概要

　市施行が予定される第一種市街地再開発事業において、当該事業の事業計
画決定は、憲法違反の違法なもので取り消されるべきであると原告（地権者）
が主張する抗告訴訟に対し、事業計画決定に処分性を認めつつ、都市再開発
法及び同決定の違憲性を認めず請求を棄却した事例。

当事者の気持ち（主張）

原告ら：そもそも都市再開発法自体が憲法に違反しているのみならず、本件
　　　　事業自体も地域住民の生存基盤を根底から破壊するなど適正手続に
　　　　反しており、本件市街地再開発事業の事業計画決定は取り消される
　　　　べきである。

施行者：都市再開発法は憲法に合致しており、本件事業について原告主張の
　　　　ような事実もない。また、そもそも事業計画決定に処分性は認めら
　　　　れず訴えは却下されるべきである。

法律上の論点

①　事業計画決定に処分性が認められるか

②　都市再開発法は憲法に違反するか

関連法令

都再法51条

判　旨

1　論点①の事業計画決定の処分性ついて（第1審判決の読み替え部分について筆者が適宜修正した）

「第一種市街地再開発事業においては、施行区域内の宅地所有者等の権利者は、事業計画決定の公告後30日以内に、施行者に対し、権利変換又は新たな借家権の取得を希望しない旨申し出ることにより、他へ転出して権利変換計画の対象者から除外されるか否かの選択を余儀なくされる（都市再開発法71条）。そして、この段階では、施行区域内に建築される再開発ビルその他の施設、道路などの概要が具体化し、そこで展開されることになる営業や住居環境等をある程度予測することも可能になるのであるから、右の選択を迫ることもあながち不当なこととはいえないが、このように、<u>事業計画決定は、その公告により、施行区域内の宅地所有者等の権利者の法的地位を右の限度で変動させる効果を有するものといえる。しかも事業計画が適法として施行されることになるのであれば、権利変換処分を希望せず、他へ転出したいと考える権利者にとっては、この段階で右事業計画決定の効力を争うことができるのでなければ争う実益がないことにもなりかねない。そうすると、事業計画決定自体の処分性を認め、右決定についての取消訴訟を認めるのが相当である</u>」（下線筆者）

2　論点②の違憲性について

（憲法29条3項において、私有財産は正当な補償の下に公共のために用いることができることを前提としつつ）、「都市計画や都市再開発は、当該施行区域及びこれに密接に関係する周辺地域の住民全体の福利の向上に資するものでもなければならないものというべきであるから、単に、当該施行区域の住民に対する正当な補償がなされれば足りるということにはならず、右住民らの総意ができる限り計画に反映されるような手続的保証があることが要請される」

（再開発事業は）「おおよそ、(1)市による基本計画の策定、(2)高度利用地区の都市計画決定、(3)再開発事業の都市計画決定、(4)施行規程の決定、(5)事業計画決定、(6)権利変換計画と権利変換処分、(7)工事着手、という手続で行われる。

　このうち、(1)は市内部の意思決定の段階にすぎないし、(2)及び(3)については、予めその案が公衆の縦覧に供されるものの（都市計画法17条、なお、同法16条により公聴会が開催される場合もあるが、必要的なものではない。）、その決定は、(2)については市が県知事の承認（県知事は予め都市計画地方審議会の議を経なければ承認できない。）を受けて行い（同法19条）、(3)については県知事が関係市町村の意見を聴きかつ都市計画地方審議会の議を経て行うものである（同法18条）。(4)は、市議会が条例の形式で定め（都市再開発法52条）、(5)は、市がその案を作成し、これを予め公衆の縦覧に供し、関係権利者はこれに対し意見書を提出することができ、この意見書の審査については行政不服審査法の異議申立ての審理に関する規定が準用されるが、市はこれに拘束されるわけではなく、意見書を採択しない場合にその旨通知し、原案どおり決定することができる（同法53条と同条による同法16条の準用。）。ただ、事業計画決定のうち、『設計の概要』については県知事の認可を受けねばならず、認可後、事業計画は公告される（同法51条、54条）。

　このように、(1)から(5)までの手続には、再開発事業の施行区域内の権利者の同意は、法律上全く必要とされていないし、事業上その意見を反映させる可能性も(5)の段階で初めて制度的に保障されているにすぎない。

　そして、(6)の段階では、権利変換計画の案を施行者である市が作成し、権利者がこれに対し意見書を提出し得ることは(5)の段階と同じであるが、法はこの段階がまさに施行区域内の権利者に正当な補償が与えられるか否かが決まる時期であることに鑑み、権利変換計画は従前の土地等の価額と権利変換後の床の価額が照応しかつ不均衡がないように定めなければならないとし（同法77条2項）、転出希望者への補償金や（同法91条）、土地明渡しに伴う占有者に対する補償（同法97条）についても別途規定しているほか、右意見書の採否及び権利変換計画の決定には市街地再開発審査会の議決を経なければ

ならないとしており（同法84条）、右審査会の構成は(4)の施行規程で定められ
るが、法律上施行区域内の宅地について所有権又は借地権を有する者を加え
なければならないから（同法52条、57条）、これらの者の意思が権利変換計画
に反映される途が制度的に保障されていることとなるし、意見書が不採択と
なった場合には、その提出者は従前の土地等の価額について収用委員会の裁
決を求めることができ（同法85条）、その裁決に不服のある者はさらに行政訴
訟を提起することも可能である。

　このように、都市再開発事業の手続における住民参加のための手続的保障
は決して十分でないにせよ、それでも(2)以降（就中(5)及び(6)）の段階におい
てはそれなりの機会が保障されているものということができる。そして、当
該施行区域の住民の総意といっても、その人数が相当多数にのぼるために意
識や意向も様々であり、しかも、往々にして利害が複雑に絡み合い、場合に
よっては鋭く対立したりすることさえ十分予想されるのであるから、住民参
加にもおのずから限界があることもやむを得ない」

解　説

　裁判例においては、過去、第一種市街地再開発事業に関する事業計画決定
に処分性を否定した高裁判例もあり（大阪高判昭和56・9・30行裁例集32巻10号
1741頁〔27603964〕）、下級審において判断が分かれていた（肯定例として、福岡
地決昭和52・7・18判時875号29頁〔27603615〕）。

　平成に入り、第二種市街地再開発事業について、その事業計画に処分性を
肯定した最高裁判例が現れた（【事例3-4】参照）。この最高裁判例が第二種
市街地再開発事業の事業計画決定に処分性を認めた理由は、①市区町村が事
業計画決定の公告により、土地収用法上の事業認定に基づく収容権限を取得
すること、②施行区域内の地権者は、当該公告のあった日から起算して30日
以内にその対象の払渡しを受けるのか、又はこれに代えて建築施設部分の譲
受希望の申出をするかの選択を余儀なくされる、という2つの理由付けをも
って、地権者の法的地位に直接的な法的効果を及ぼすものとした。

　本判決では、第一種市街地再開発事業に関する事業計画決定について、上

記②の部分に着目して、都再法71条により、金銭給付の申出（地区外転出申出）を30日以内に行わせ、そうでない場合には権利変換を選択させるという直接の法的効果を及ぼすことを理由に、処分性を基礎付けたものと評価できる（判例時報1477号32頁解説参照）。

　素朴に考えても、事業計画決定が出た途端に30日以内にその地区内にとどまって新しい再開発ビルに権利変換処分を受けて入居するのか、金銭給付を希望して補償金を得て地区外に転出するのかという人生の決断を地権者（ないし借家人）に迫ることは、期間の切迫性からして、強い法的効果が直接地権者に及ぶと考えられることから、事業計画決定の段階に至って処分性を認める判断は妥当であろう。

　ただし、都市再開発法は、施行者がこの切迫性をいきなり地権者や借家人に対して押し付けるような事態にならないように、事前に事業計画の内容について2週間の縦覧に供して意見書の募集をするなど、十分に説明をする機会を設けている（都再法16条、53条、67条等）。

　一方、地方公共団体施行の場合の事業計画決定（組合施行の場合には組合設立認可）は、羈束裁量と考えられていることから（同法17条参照）、形式的な要件を満たしている場合、実体法上は裁量権行使の余地がほとんどないものと考えられ、よほどの手続違反がない限り、裁量権の逸脱・濫用などを根拠として行政事件訴訟法上の実体的な違法事由（行政事件訴訟法30条）を主張することは極めて難しいものと考えられる。

　そうすると、事業計画決定（ないし組合設立認可）に処分性が認められて訴訟要件を満たしたとしても、その実体法上の違法事由を主張する余地は非常に小さく、本判決のように都市再開発法自体の憲法違反や都市再開発法に基づく処分の違憲性を主張するしかなくなるものと考えられる。

　その点で、行政訴訟の対象として事業計画決定（ないし組合設立認可）自体を地権者が訴訟で争うことは、極めて難しいといえる。

　なお、独立行政法人都市再生機構が施行する第一種市街地再開発事業に係る施行規程及び事業計画についての変更について、新たな施行地区の編入を伴わない場合にはその処分性を認めなかった事例として、東京高判平成21・

9・16裁判所HP〔28161705〕がある。この事例では、都再法60条2項5号の解釈から、すべての変更認可に処分性が認められるのではなく、新たな施行地区の編入に係る事業計画の変更の認可公告があった場合についてのみ処分性を認めている点に意義がある（同裁判例の原審として東京地判平成20・12・25判タ1311号112頁〔28151442〕も参照のこと）。

施行者に求められる紛争予防のための注意点など

施行地区内に非常に強硬な姿勢をもつ地権者がいる場合、施行者の一挙手一投足（若しくは片言隻句）を訴訟上の問題点として挙げて、手続の違法性を主張することがある。このような場合、大きな枠の中では都市再開発法上の手続は進められるという自信をもって対応することが重要であろうが、一方で、未同意地権者の気持ちにも寄り添い、その未同意地権者の主訴がどこにあるかを見極めることも重要といえる。

本判決の第一審の裁判例（福岡地判平成2・10・25判時1396号49頁〔27808980〕）では、原告の非常に詳細な主張が判決文に示されている。その中で原告は、憲法論、都市再開発法の立法事実、本件における都市再開発法上の手続に関する主張など、フルスケールで法律上の主張をしており、施行者にとっては、未同意地権者がどのようなポイントを基礎に据えて主張するのかを検討するうえで参考になるといえよう。

特に本判決では、そもそもの市街地再開発事業の発端となるヒアリング作業の部分から掘り起こして主張がなされており、施行者としては、連綿と続く再開発事業のすべてにチェックを入れて確認作業がなされることを十分意識して1つひとつの手続を丁寧に積み上げていることが求められる。

COLUMN　都再法67条説明会の重要性

　【事例3-2】の解説において示したように、都市再開発法上は、事業計画決定から30日以内に金銭給付等の申出を行うか否かを地権者や借家人に求める建前となっている（都再法71条）。

　生活再建の観点から考えれば、わずか30日で将来の住居又は事業の場所を決めなければならないということは非常にタイトなものであり、それよりも前からの丁寧な情報提供は非常に重要である。

　事業進行上、地元に対する周知方法としては、都市再開発法に規定された周知措置にとどまることなく、「再開発ニュース」等の広報紙の作成・配布や、権利の種類によって個別説明会の実施などを実施することも検討するべきであろう。

　この中で、例えば借家人・抵当権者向けに都再法67条に基づく事業概要説明会を実施したとして、欠席者があった場合のフォローをどこまで行うかは、事業のリソース配分の中で議論が生じ得る。

　地区によっては、欠席者対応として欠席者へ手紙やスケジュール表を投函する等してフォローを行うこともあろうが、欠席者数が多い場合などはどうしても対応が後手に回る可能性もある。しかし、そのような場合でも、せめて何月以降、個別に説明に伺うなど記載した手紙の投函をするなどのフォローは必要であろう。

　『都市再開発法解説』372頁においても、両者の関連性について重要な意味をもつことが明記されており、わずか30日という借家権消滅希望申出書の届出期間の短さに鑑みて事前の周知は極めて重要であると認識されている。

　また、都市再開発法の施行時における建設事務次官通達においても、「3　市街地再開発事業の施行が予定される地区については、法定手続に入る前に説明会の開催等により、法の趣旨及び当該地区における再開発計画の概要を関係権利者に十分かつ具体的に周知させ、事業に対する

積極的な協力態勢が確保されるように努めること」ⁱとされているうえ、
これを具体化した都市局長通達においては、「4　関係権利者への事業
の内容の周知徹底について　市街地再開発事業の施行にあたっては、関
係権利者に事業の概要を周知させることとなっているが（法第67条）、説
明会は、必要に応じて、随時開催するとともに、事業の内容を説明した
図書の配付、掲示等を行ない、関係権利者への事業の内容の周知徹底を
図ること」とされているⁱⁱ。

　したがって、欠席者へのフォローをしないということは、少なくとも
国土交通省の方針である「周知徹底」を図っていないと評価せざるを得
ないだろう。市街地再開発事業自体が、少数／零細関係権利者の「とう
とい犠牲」のうえに成り立っているという立法時の議論を踏まえても
（本編第 1 章 4 参照）、欠席者フォローをしないということは、事後的に少
なからず問題のある対応として指摘される可能性を覚悟しなければなら
ない。

i　昭和44年12月23日都再発87号建設事務次官通達「都市再開発法の施行について」
（https://www.mlit.go.jp/notice/noticedata/sgml/044/77000139/77000139.html）参照。
ii　昭和44年12月23日都再発88号建設省都市局長・建設省住宅局長通達「都市再開発法の施
行について」（https://www.mlit.go.jp/notice/noticedata/sgml/044/77000140/77000140.html）参照。

【事例 3 - 3】

東京地判平成 26・12・19 平成 24 年（行ウ）97 号等公刊物未登載〔29045201〕

組合施行の第一種市街地再開発事業について組合設立認可に処分性を認めた事例

事案の概要

　組合施行が予定される第一種市街地再開発事業において、当該事業についての組合設立認可は、違法なもので取り消されるべきであるとした抗告訴訟について、組合設立認可の処分性を認めたうえで、組合設立認可手続に法令上の違法はないとして請求を棄却した事例（なお、その前提として、都市再生特別地区変更の適法性も争われたが、裁判所は処分性を認めず却下した）。

当事者の気持ち（主張）

原告ら：本件では、組合設立認可の 5 か月前にペーパーカンパニーと疑われる30社が新たに設立され当該地区の地権者となっており、組合設立認可に違法性があるのではないか。

施行者：本件再開発の手続に何ら違法性はない。

法律上の論点

①　組合設立認可に処分性が認められるか

②　組合設立認可手続に違法性はあるか

関連法令

行政事件訴訟法 3 条 2 項、都再法14条、17条

1　組合設立認可に処分性が認められるか

「(1)　本件抗告訴訟は、行政事件訴訟法3条4項の無効等確認の訴えとして提起されたものであるところ、同項にいう処分とは、公権力の主体たる国又は公共団体が行う行為のうち、その行為によって直接国民の権利義務を形成し又はその範囲を確定することが法律上認められているものをいうと解される（最高裁昭和37年（オ）第296号同39年10月29日第一小法廷判決・民集18巻8号1809頁参照）」

「イ　都道府県知事のする市街地再開発組合の設立の認可は、第一種市街地再開発事業に関する都市計画の施行区域内の宅地について所有権又は借地権を有する者が5人以上共同して定款及び事業計画を定めてした設立の認可の申請に係る市街地再開発組合を法人として成立させ（都市再開発法8条1項、11条1項、18条）、これに第一種市街地再開発事業を施行する権限を与えるものであり（同法2条の2第2項）、市街地再開発組合が成立すると、当該組合が施行する第一種市街地再開発事業に係る施行地区内の宅地について所有権又は借地権を有する者は、全てその組合の組合員となる（同法20条1項）。そして、市街地再開発組合の設立の認可によりこれが成立すると、その業務は組合の役員である理事の互選により定められる理事長に総理されるとともに、それを補佐する理事に掌理され（同法23条、27条）、定款の変更、事業計画の決定、賦課金の額及び賦課徴収の方法、権利変換計画等の当該事業の施行に係る重要な事項については、総組合員で組織する総会の議決を経なければならないものとされているところ（同法29条、30条）、組合員は、組合の役員の選挙権、被選挙権及び解任請求権（同法24条1項、26条1項、37条1項）、総会及びその部会の招集請求権（同法31条3項、34条3項）、総会及びその部会における議決権（同法32条1項、34条3項、37条1項）等の権利を有するとともに、総会の議決の結果に応じその意思のいかんに関わらず当該組合の事業に要する経費に充てるため賦課金を納付する義務を負うことになる（同法39条1項）。

ウ　前記イで述べたところによれば、市街地再開発組合の成立に伴い、当該組合が施行する第一種市街地再開発事業に係る施行地区内の宅地について所有権又は借地権を有する者は、法律上当然に上記のような組合員たる地位の取得を強制されることになるのであるから、当該組合の設立の認可は、これらの者の権利義務を形成し又はその範囲を確定することが法律上認められているものであるというのが相当である。したがって、市街地再開発組合の設立の認可は、前記(1)で述べた処分に該当するというべきである。

　エ　これに対し、被告は、市街地再開発組合の設立の認可等については行政不服審査法による不服申立てをすることができない旨を定める都市再開発法127条の規定を根拠に、権利変換に関する処分より前の段階にある手続は前記(1)で述べた処分に該当しないと解すべきであるとして、市街地再開発組合の設立の認可は前記(1)で述べた処分に該当しない旨を主張するが、行政不服審査法による不服申立てをすることが法律上認められているか否かによって当然に前記(1)で述べた処分に該当するか否かの判断が左右されるものと解すべき根拠は格別見当たらず、採用することはできない。

　オ　以上によれば、本件組合設立認可は、前記(1)で述べた処分に該当するものというべきである」（下線筆者）

2　組合設立認可手続に違法性はあるか

　「都市再開発法17条（認可の基準）は、都道府県知事は、同法11条1項の規定による認可の申請があった場合において、〈1〉申請手続が法令に違反していること、〈2〉定款又は事業計画の決定手続又は内容が法令等に違反していること、〈3〉事業計画の内容が当該第一種市街地再開発事業に関する都市計画に適合せず、又は事業施行期間が適切でないこと、〈4〉当該第一種市街地再開発事業を遂行するために必要な経済的基礎及びこれを的確に遂行するために必要なその他の能力が十分でないことのいずれにも該当しないと認めるときは、その認可をしなければならない旨を定めている」

　「本件組合設立認可申請は、本件再開発事業決定に係る都市計画の施行区域内の宅地について所有権又は借地権を有する者が、5人以上共同して、定款及び事業計画を定め、J区長を経由して東京都知事にしたものであると認

められ、他に本件組合設立認可申請に係る申請手続が法令に違反していることをうかがわせる証拠ないし事情等は格別見当たらない（同法17条1号参照）」

「本件組合設立認可は、都市再開発法16条所定の事業計画の縦覧及び意見書の処理の手続を経た上でされたものであると認められ、他に本件組合設立認可の手続が法令に違反していることをうかがわせる証拠ないし事情等は格別見当たらないから、本件組合設立認可は、適法であるというべきである」

「なお、原告らは、ウーレ合同会社等は明らかにペーパーカンパニーである上、ウーレ合同会社等がそれぞれ（住所略）6番9及び同27から55までの30筆の土地に設定した借地権は、都市再開発法15条2項の規定により準用する同法7条の3第3項の規定に基づく申告期限の後にされたものであるし、まっとうな建物所有を目的とするものでもないから、ウーレ合同会社等を借地権者として取り扱うべきではなく、本件組合設立認可申請に係る申請書とともに提出された事業計画については、同法14条所定の宅地の所有者及び借地権者の同意を得たものとはいえない旨を主張する。しかし、同法15条及び同条2項の規定により準用される同法7条の3第2項から4項までの規定が特に未登記の借地権の申告の手続を定めていることからすると、<u>同法14条にいう『借地権を有する全ての者』とは、市街地再開発組合の設立の認可の申請時において既登記の借地権を有する全ての者及び同法15条2項の規定により準用される同法7条の3第3項に定める期間内に所定の申告がされた未登記の借地権を有する全ての者をいい、これに当たるか否かは、登記又は所定の申告の有無によって定まるべきものであると解するのが相当である。</u>また、前記イ（イ）で認定したとおり、ウーレ合同会社等が設定した借地権はいずれも既登記のものであるから、これらについて同法15条2項の規定により準用される同法7条の3第4項の規定の適用はないというべきである。その上で、本件全証拠に照らしても、原告らの上記主張は、直ちには採用することができないというべきである」（下線筆者）

解　説

1　組合設立認可に処分性が認められるか

本判決では、まず組合設立認可に処分性が認められるかが問題となったが、市街地再開発組合の成立に伴い、施行地区内の地権者は、法律上当然に上記のような組合員たる地位の取得を文字どおり強制されることになる。これは、とりもなおさず、「公権力の主体たる国又は公共団体が行う行為のうち、その行為によって直接国民の権利義務を形成し又はその範囲を確定することが法律上認められているもの」そのものであり、処分性が当然認められるものといえる。

2　組合設立認可手続に違法性はあるか

　本判決では、平成24年11月7日及び同月20日、計30の新会社が設立され、同年12月13日に各会社が施行地区内の建物の持分権を取得したうえで同月14日に借地権登記手続をしたところ、平成24年12月14日（借地権登記と同日）に、組合設立認可申請がなされた点を原告らは特に問題視していたようである。

　原告らは、この借地権の存否の判断について、都再法15条2項が準用する同法7条の3第3項に基づく借地権の申告期限後であるから、借地権として認められないと主張した。これに対し、裁判所は、同法14条の解釈により、借地権の存否の判断は、市街地再開発組合の設立認可の申請時を基準として判断するべきとし、その適否も登記又は所定の申告の有無という形式的審査のみで判断するべきと判示した。

　本判決は極めて特殊な事例であると考えられるが、法解釈の一般論に踏み込んで判断している点で今後の都市再開発法の手続に一石を投じるものと評価できる。

　なお、本判決は、【事例2-1】（都市計画決定の裁判例）の解説において言及した東京地判平成25・2・28平成24年（行ウ）52号公刊物未登載〔29025801〕及び東京地判平成26・12・19平成24年（行ウ）163号公刊物未登載〔29045200〕と並行して進められた訴訟（以下「別訴」という）であり、当事者もすべて同一である。

　本件原告らは、別訴と同様に、本件でも都市再生特別措置法に基づく都市再生特別地区変更についてその違法性を問題として無効確認訴訟（行政事件訴訟法3条4項）を提起していたが、裁判所は処分性を認めずその点につい

ては却下した。

　この無効確認訴訟の中で問題とされた手続として注目されるのは、原告らの代理人弁護士が、都市計画法17条に基づく都市計画の案の縦覧において、同案の謄写又は写真撮影を求めたところ、区がこれを認めなかった点に違法性があると主張している点である。

　この点について、裁判所は、「原告らは、縦覧に供された本件再開発事業決定に係る都市計画の案の謄写又は写真の撮影が許されなかったことから、本件再開発事業決定は都市計画法17条に違反し、違法である旨を主張するが、同条1項は、都市計画の案を公衆の縦覧に供しなければならない旨を定めているにすぎず、他に都市計画の案の縦覧の際に謄写又は写真の撮影を許さなければならないと解すべき根拠は格別見当たらないから、原告らの上記主張は、採用することができない」として、その違法性を認めなかった。

　この判断は、同様に縦覧手続について規定している都市再開発法でも応用が利くものであり（事業計画の縦覧につき都再法16条、53条、権利変換計画の縦覧等について同法83条等）、参考となる。

　また、権利変換計画の縦覧について他の権利者の閲覧を拒否する運用について、地権者がその違法性に基づき権利変換処分の取消しを求めた抗告訴訟において、裁判所は「重大明白な瑕疵であるとはいえない」として権利変換計画の無効事由にあたらないとした事例がある（東京地判平成18・6・16判タ1264号125頁〔28140987〕。ただし、この裁判例は、平成17年都市再開発法改正前の事例であることに注意が必要である）。平成17年改正により、都再法134条2項において、利害関係人による閲覧又は謄写請求があった場合、施行者は、正当な理由がない限り、これを拒んではならないとされている。今後は、この「正当な理由」についての検討が必要となる事例が増えることが予想されるが、個人情報保護法の趣旨も含めて、具体的に判断していくことになるであろう。

施行者に求められる紛争予防のための注意点など

　本判決では、組合の設立認可申請に添付された権利者集計表では、借地権

者が50名、借地権者の同意率が80％とされていたのであり、もし原告がペーパーカンパニーと疑う30社が全く法人格を有していなかったとすると、借地権者20名、同意率が50％になっていた可能性もゼロではないという点で、極めて微妙な事例である。

　本判決は、原告らの主張が、当該再開発の高い公共性に対して無理筋の主張である可能性が高いと判断されたがゆえに、裁判所が形式的な審査でよいとしたものであるように考えられる事案であったが、今後の再開発事業において、同様の事例が出てきた場合に、本当に零細な個人が原告として切々と裁判所に訴え出たとき、裁判所が一歩踏み出して判断をする可能性も否定できないと筆者は考える。

　都市再開発法に基づく第一種市街地再開発事業は、公共性の高さゆえに細かい手続規定を設けて手続保障をしつつ、不十分ながら未同意地権者への配慮をする中で生まれた法定事業であったという国会審議の過程を振り返ると（本編第1章4参照）、万が一にも、このような誤解を受けるような手続に施行者の関与が疑われることがないようにしなければならない。

【事例3‐4】
最判平成4・11・26民集46巻8号2658頁〔25000031〕
第二種市街地再開発事業について事業計画決定に処分性を認めた事例

事案の概要

　都市再開発法に基づく第二種市街地再開発事業の事業計画決定に処分性を認めた事例。

当事者の気持ち（主張）

原告ら：本件事業計画決定は、第二種市街地再開発事業の法定要件を満たしておらず、手続的にも住民意思を無視しているから、取り消される

べきである。

施行者：そもそも事業計画決定に処分性は認められず訴えは却下されるべき
　　　　である。また、本件事業計画決定には法的に何ら瑕疵はない。

法律上の論点

第二種市街地再開発事業について、事業計画決定に処分性が認められるか

関連法令

都再法51条、54条

判　旨

「都市再開発法51条1項、54条1項は、市町村が、第二種市街地再開発事
業を施行しようとするときは、設計の概要について都道府県知事の認可を受
けて事業計画（以下『再開発事業計画』という。）を決定し、これを公告しなけ
ればならないものとしている。そして、第二種市街地再開発事業について
は、土地収用法3条各号の一に規定する事業に該当するものとみなして同法
の規定を適用するものとし（都市再開発法6条1項、都市計画法69条）、都道府
県知事がする設計の概要の認可をもって土地収用法20条の規定による事業の
認定に代えるものとするとともに、再開発事業計画の決定の公告をもって同
法26条1項の規定による事業の認定の告示とみなすものとしている（都市再
開発法6条4項、同法施行令1条の6、都市計画法70条1項）。したがって、再開
発事業計画の決定は、その公告の日から、土地収用法上の事業の認定と同一
の法律効果を生ずるものであるから（同法26条4項）、市町村は、右決定の公
告により、同法に基づく収用権限を取得するとともに、その結果として、施
行地区内の土地の所有者等は、特段の事情のない限り、自己の所有地等が収
用されるべき地位に立たされることとなる。しかも、この場合、都市再開発
法上、施行地区内の宅地の所有者等は、契約又は収用により施行者（市町村）
に取得される当該宅地等につき、公告があった日から起算して30日以内に、
その対償の払渡しを受けることとするか又はこれに代えて建築施設の部分の

譲受け希望の申出をするかの選択を余儀なくされるのである（同法118条の2第1項1号）。

　そうであるとすると、公告された再開発事業計画の決定は、施行地区内の土地の所有者等の法的地位に直接的な影響を及ぼすものであって、抗告訴訟の対象となる行政処分に当たると解するのが相当である」（下線筆者）

解　説

　本判決は、第一審では事業計画決定の処分性が否定され、控訴審ではそれが肯定されたことから、施行者（大阪市）側のみが上告したところ、最高裁が処分性を認めたものである（第一審：大阪地判昭和61・3・26民集46巻8号2676頁〔27803894〕、控訴審：大阪高判昭和63・6・24民集46巻8号2701頁〔27801986〕）。

　本判決は、①第二種市街地再開発事業の事業計画決定を、土地収用法上の事業認定と同一の法律効果を有するものとしたうえで、その効果について「自己の所有地等が収用されるべき地位に立たされる」という点、②事業計画決定から30日という短期間で金銭給付を受けるか再開発後の建物の譲受を受けるかという選択を迫られるという2点において、「公権力の主体たる国または公共団体が行う行為のうち、その行為によつて、直接国民の権利義務を形成しまたはその範囲を確定することが法律上認められているもの」（最判昭和39・10・29民集18巻8号1809頁〔27001355〕）に該当すると判断した。

　ただし、①の判断については、土地収用法上の事業認定自体について最高裁が過去に処分性を認めたことはないことから、実質的には本判決により、土地収用法の事業認定についても処分性を認めたものと評価されている（福岡右武『最高裁判所判例解説民事篇〈平成4年度〉』法曹会498頁）。

施行者に求められる紛争予防のための注意点など

　第二種市街地再開発事業の位置付けを確認すると、①都市計画に関する法体系の総則としての都市計画法があるとすれば、②その特則として都市再開発法に基づく市街地再開発事業（及び市街地再開発促進区域）があり、この市

街地再開発事業の中でも、立法当初から原形型として定められた第一種市街地再開発事業に対して、③昭和50年の法改正により、大規模で公共性及び緊急性の高い事業に対処するために第二種市街地再開発事業の制度が導入され、その施行者は地方公共団体又は四公団公社に限られる（福岡・前掲491頁以下参照）。

そのような経緯からすれば、その公共性と緊急性の高さに鑑みて、より強力な法効果が生じるのは自然であり、法文の建付けからしても、その事業計画決定に処分性が認められることは、いわば当然のことといえる。

本判決は、控訴審が処分性を認めて原審に一部差戻し、一部却下した後に上告したのが施行者側のみであり、この最高裁判断で確定判決となったため、結果として実体判断はなされなかったが、施行者としては、万が一にも地権者から違法の誹りを受けないように確実な手続の履践が求められる。

その視点から、次に、第二種市街地再開発事業について、管理処分計画の決定の適法性が争われた事件について検討する。

【事例 3 - 5】
東京地判平成22・7・8 裁判所HP〔28170360〕
第二種市街地再開発事業に関し、管理処分計画の決定について処分性を認めず訴えを却下した事例

事案の概要

第二種市街地再開発事業の施行地区内の地権者が、その事業計画決定及び管理処分計画決定について違法性があるとして抗告訴訟を提起したが、事業計画決定については出訴期間が経過しており、管理処分計画の決定については処分性が認められないとして訴えが却下された事例。

原告ら：施行地区内に公共性のない営業棟を建築する必要性はなく事業計画
　　　　決定は違法であり、また管理処分計画に基づき譲り受ける予定の建
　　　　築施設部分では生活が成り立たないので違法である。

施行者：そもそも事業計画決定に対する抗告訴訟は出訴期間が経過してお
　　　　り、管理処分計画の決定については処分性が認められない。

法律上の論点

① 　出訴期間経過の有無
② 　管理処分計画の処分性

関連法令

都再法51条、118条の10、86条1項

判　旨

1 　出訴期間経過の有無

　事業計画決定から6年後の訴訟提起であり、行政事件訴訟法14条1項・2
項の出訴期間を明らかに経過しているうえ、同項ただし書に規定する正当な
理由についても主張しないので、不適法である。

2 　管理処分計画の処分性

　「市街地再開発事業は、市街地の土地の合理的かつ健全な高度利用と都市
機能の更新とを図るための建築物及び建築敷地の整備並びに公共施設の整備
に関する事業並びにこれに付帯する事業をいい、第一種市街地再開発事業と
第二種市街地再開発事業とに区分される（都市再開発法2条1号）。

　このうち、第一種市街地再開発事業は、同法第3章の規定により行われ、
施行地区内に存在する宅地、建築物等についての種々の権利を、新たに建築
される施設建築物及びその敷地に関する権利に変換し、又はこれを消滅させ
て金銭補償に転化させる権利変換手続の手法を用い、権利変換計画（同法72

条以下）に基づいて従前の土地等を権利変換期日において一斉に新しい資産に変換するものであり（同法87条等）、施行者は、権利変換計画等の認可を受けたとき等は、遅滞なく、その旨を公告し、及び関係権利者に関係事項を書面で通知しなければならないものとされ（同法86条1項）、権利変換に関する処分は、同項の通知をすることによって行うものとされているところ（同条2項）、これは、権利変換手続において、上記の関係権利者に対する通知をもって行政処分として、関係権利者に対して不服申立ての機会を与えることとしたものと解される。

　ウ　これに対し、第二種市街地再開発事業は、権利者の数が多い大規模な市街地の区域の再開発の場合には上記のような権利変換手続では権利の調整に多くの時間を要しがちとなることから、大規模で公益性及び緊急性の高い再開発事業（同法3条の2参照）の円滑な実施を図ることを目的として導入された制度であり、同法第4章の規定により行われ、施行者が従前の宅地等を収用又はいわゆる任意買収によりすべて取得するものとした上、施行地区内に残留等をすることを希望する者に対しては、収用等に係る従前の宅地等の対償に代えて新しく建築される建築施設の部分を給付する管理処分手続の手法を用いるものである。

　すなわち、地方公共団体が施行する第二種市街地再開発事業における事業計画の決定の公告（同法54条1項）があったときは、施行地区内の宅地の所有者、その宅地について借地権を有する者又は施行地区内の土地に権原に基づき建築物を所有する者は、その公告があった日から起算して30日以内に、施行者に対し、その者が施行者から払渡しを受けることとなる当該宅地、借地権又は建築物の対償に代えて、建築施設の部分の譲受けを希望する旨の申出（以下『譲受け希望の申出』という。）をすることができ（同法118条の2第1項）、上記の建築物に借家権を有する者は、上記の期間内に、施行者に対し、施設建築物の一部の賃借りを希望する旨の申出をすることができる（同条5項）。譲受け希望の申出をした者等は、同条1項の期間を経過した後においては、施行者の同意を得た場合に限り、その譲受け希望の申出等を撤回することができ（同法118条の5第1項）、この場合、施行者は、事業の遂行に重大

な支障がない限り、同意をしなければならない（同条2項）。施行者は、同法
118条の2の規定による手続に必要な期間の経過後、遅滞なく、施行地区ご
とに管理処分計画を定め、この場合においては、国土交通大臣の認可を受け
なければならず（同法118条の6第1項）、この認可を受けたときは、遅滞な
く、その旨を公告し、及び関係権利者に関係事項を通知しなければならない
（同法118条の10、86条1項）。管理処分計画においては、配置設計、譲受け希
望の申出をした者で建築施設の部分を譲り受けることができるものの氏名又
は名称及び住所、その者が施行地区内に有する宅地、借地権又は建築物及び
その見積額並びにその者がその対償に代えて譲り受けることとなる建築施設
の部分の明細及びその価額の概算額等を定めなければならず（同法118条の
7）、譲受け希望の申出をした者に対しては建築施設の部分を譲り渡すよう
に定めるなどしなければならない（同法118条の8）。そして、施行者は、管
理処分計画において建築施設の部分を譲り受けることとなる者として定めら
れた者（特定事業参加者を除く。以下『譲受け予定者』という。）に対しては、そ
の者が施行地区内に有する宅地、借地権又は建築物が、契約に基づき、又は
収用により、施行者に取得され、又は消滅するときは、その取得又は消滅に
つき施行者が払い渡すべき対償に代えて、当該建築施設の部分が給付される
ものとされ（同法118条の11）、施行者は、施設建築物の建築工事が完了した
ときは、速やかに、その旨を公告するとともに、譲受け予定者等に通知しな
ければならず（同法118条の17）、その公告の日の翌日において、譲受け予定
者等は管理処分計画において定められた建築施設の部分を取得するものとさ
れている（同法118条の18）。

　　エ　このように、第二種市街地再開発事業にあっては、事業計画の決定の
公告があると、施行地区内の宅地等の所有者等は、後に施行者が契約に基づ
くなどして当該宅地等を取得するなどしたときに当該宅地等の対償の払渡し
を受けることとなることを基本とした上で、当該所有者等は、その後の一定
の期間内に譲受け希望の申出をすることができるものとし、管理処分計画に
おいてその者が譲り受けることとなる建築施設の部分の明細等が定められて
も、事業の遂行に重大な支障がない限り上記の申出を撤回することができる

ものとしているのであって、建築施設の部分による対償の給付について、当該所有者等と施行者との間における契約の締結に類似する仕組みを採用しているということができる。そして、管理処分計画が決定されると、後に施行者が契約に基づくなどして当該宅地等を取得するなどしたときに譲り受けることとなる建築施設の部分が特定されるが、この点をひとまず除くと、管理処分計画が決定されることにより、直接当該所有者等の権利義務が形成され又はその範囲が確定されるというべき法令上の根拠は見当たらない。

　ところで、管理処分計画を定めるに当たっては、都市再開発法118条の10の規定により、第一種市街地再開発事業における権利変換計画の決定の基準として同計画は関係権利者間の利害の衡平に十分考慮を払って定めるべきものとする同法74条2項の規定や、譲受け希望の申出をした者に対して与えられる建築施設の部分等について、権利変換の対象となる者が権利を有する施行地区内の土地等の位置、地積又は床面積、環境及び利用状況とそれらの者に与えられる施設建築物の一部の位置、床面積及び環境とを総合的に勘案して、それらの者の間に不均衡が生じないように、かつ、その価額と従前の価額との間に著しい差額が生じないように定めなければならないとする同法77条2項の規定が準用されるが、第一種市街地再開発事業においては、権利変換期日に権利変換計画に基づき一斉に権利変換がされることを基本に、権利変換計画において施行地区内の宅地等の価額を定めた上で上記のような考量をすべきものとされているのに対し（同法73条1項2号参照）、第二種市街地再開発事業においては、施行地区内の宅地等の所有者等に払い渡される当該宅地等の対償の金額は後に施行者が契約に基づくなどして当該宅地等を取得するなどしたときにその契約等によって確定されることとなることを基本にしており、このことを受けて、管理処分計画においては、当該宅地等の見積額等が記載されるにとどまり（同法118条の7第1項3号参照）、両者の間においては、前提となる事情に相違がみられる。また、上記の準用に係る同法74条2項や77条2項に掲げられた考量についても、第二種市街地再開発事業においては、考量の基礎となる対償の金額がいまだ確定していないことを踏まえると、やはり確定的な性格のものとしてこれを行うことには困難を伴うと

いうべきであり、このようなやむを得ない限界があることを受けて、第二種市街地再開発事業においては、管理処分計画が定められた後にあっても、譲受け希望の申出をした者は任意にその撤回をすることができ、施行者は事業の遂行に重大な支障がない限りこれについての同意をしなければならないものとして、調整を図る仕組みを採用しているものと解される。

　その上で、同法118条の10の規定は、第一種市街地再開発事業においては権利変換計画等の認可を受けた施行者が関係権利者に対して関係事項の通知をすることによって権利変換に関する処分が行われるものとする旨の同法86条2項の規定を準用しておらず、同法においては、第二種市街地再開発事業において定められる管理処分計画について、行政処分の取消しの訴え等について定める行政事件訴訟法の適用はないこととする立法政策を採用したものと解される。そして、施行地区内の宅地等の所有者等であって譲受け希望の申出をした者について、管理処分計画により、後に施行者が契約に基づくなどして当該宅地等を取得するなどしたときにその者が譲り受けることとなる建築施設の部分が特定され、その者にとって将来譲り受けることとなる建築施設の部分の位置等がどのようなものであるかは高い関心の対象であろうことは否定し難いものの、その者がその時点で現に当該宅地等について有する権利義務に関しては、上記のように特定されることにより直接その内容が新たに形成され又はその範囲が確定されるものではないこと、既に述べたような第一種市街地再開発事業における権利変換計画と第二種市街地再開発事業における管理処分計画との間における内容や性格等の相違、譲受け希望の申出の撤回以外の方法による利害の調整の困難さ等を考慮すると、上記のような立法政策上の判断をもって、立法政策上の裁量権の範囲から逸脱している等とまでいうことは困難というべきである。

　そうすると、第二種市街地再開発事業における管理処分計画の決定は、行政事件訴訟法3条2項にいう『行政庁の処分その他公権力の行使に当たる行為』に当たらないと解するのが相当である。したがって、本件訴えのうち本件管理処分計画の決定の取消しを求める部分は、不適法である。上記の判断は、本件管理処分計画につき原告に対して送付された通知書における教示に

係る記載のいかんによって、直ちに左右されるものではない」（下線筆者）

解　説

　本判決において裁判所は、第一種市街地再開発事業と第二種市街地再開発事業を具体的に比較検討しながら、第二種市街地再開発事業における管理処分計画の決定には処分性が認められないことを非常にわかりやすく判示している。

　すなわち、前者においては、原則として、申出をした権利者が転出扱いになるのに対し、後者においては、原則として、申出をした権利者が新たな施設建築物の一部に権利を取得するという点で、全く異なる制度を採用していることがわかる。

　そして、後者においては、権利者は原則としていつでもその申出を撤回することができるのであり、管理処分計画の決定時点ではいまだに概算額しか固まっていない状態であることをも踏まえると、権利者と施行者との契約類似状態であると評価できることを根拠に、処分性を認めるとは到底いえないと評価した。

　しかも、管理処分計画の決定については、権利変換処分と異なり、都再法86条2項の「通知」について準用されていないことから、この「通知」に処分性を認める権利変換処分と異なって（本編第4章参照）、「第二種市街地再開発事業において定められる管理処分計画について、行政処分の取消しの訴え等について定める行政事件訴訟法の適用はないこととする立法政策を採用した」と言い切ったうえで、立法裁量にまで言及して、「上記のような立法政策上の判断をもって、立法政策上の裁量権の範囲から逸脱している等とまでいうことは困難というべきである」と断じている点で、裁判所の非常に強い態度がうかがえる。

　裁判所も判示するように、そもそも第二種市街地再開発事業自体が、大規模で公益性及び緊急性の高い再開発事業（都再法3条の2参照）の円滑な実施を図ることを目的として導入された制度であることに鑑みれば、最終的に地域に残りたい地権者のために調整の余地を最後まで残した都市再開発法の建

付けは合理的なものと評価できる。

　本判決は、今後の第二種市街地再開発事業における地権者の判断材料として非常に大きな影響を与えるものと考えられる。

　なお、本判決は、却下判決であるにもかかわらず、「念のため」、本案についても判断している部分が注目される。その中で裁判所は、本件の具体的事案として原告が年金生活者で将来の生活に不安を抱いていることに対して理解を示しつつ、原告が取得されることが想定される部分の価額の概算額の合計が1億2000万円であること、資産運用用の住宅の価格の概算額も5300万円であることにわざわざ言及していることにも注意が必要であろう。

施行者に求められる紛争予防のための注意点など

　そもそもの第二種市街地再開発事業の成り立ちからすれば、施行者は公益性及び緊急性をもって事業に邁進せざるを得ないところである。そのような緊急性の高い公共事業にあってその地域にとどまりたい地権者のために最後まで調整を続ける努力を続けることは非常に重要である。零細な地権者であろうと、年金生活者ではあるが資産家の地権者であろうと、誠実に対応を続けてきたと考えられる本件被告の職員のような対応こそ、模範とすべきものであると考える。

第4章

権利変換処分

1 権利変換計画の決定基準

無事に組合設立認可（又は事業計画決定認可）がなされると、次に権利変換手続に進むこととなる。

権利変換手続は、「立体的な区画整理事業」とも評されるものである[1]。

しかし、区画整理事業と根本的に異なるのは、その立体性から、原則として照応の原則が適用されない点にある。権利変換の基礎となる権利変換計画の決定基準は、都再法74条において定められている。

同条では、①災害を防止し、衛生を向上し、その他居住条件を改善するとともに、施設建築物、施設建築敷地及び個別利用区内の宅地の合理的利用を図るように定めなければならず（1項）、②関係権利者間の利害の衡平に十分の考慮を払って定めなければならない（2項）とされているのみであり、照応の原則を定めた土地区画整理法89条は準用されていない。

したがって、都市再開発法では、権利変換処分について、照応の原則を採用していないと解され、実体法上は災害防止、衛生向上、その他居住条件の改善とともに宅地の合理的利用を図りつつ、手続上は「関係権利者間の利害の衡平に十分の考慮を払って」定められているかどうかが基準となる。

なお、裁判例においては、施行者には「権利変換計画が法73条以下の規定との適合性、当該権利変換計画の実現可能性等の諸事情を考慮して判断する裁量がある」と解されており（【事例4-7】参照）、条文の規定以外に当該権利変換計画の実現可能性についての審査もなされることが示唆されている。

2 権利変換処分に至る手続

では、都市再開発法は、この基準を満たすため、どのような手続を準備しているのであろうか。条文に沿って、順次確認していく。

(1) 土地調書・物件調書の作成（都再法68条）

まず、権利変換の前提として、権利変換前の土地及び建物の客観的な状況とその権利関係（誰が権利者で、どのような権利が存在するのか）について正確

---

1 『都市再開発法解説』371頁

に把握する必要がある。

　そこで、都市再開発法は、60条から64条において、施行地区内の状況確認のための測量や立入り調査について規定するとともに、65条において、登記所やその他の官公署の長に対する必要な閲覧等の権限を施行者に与えている。

　施行者である組合は、この調査を前提として、組合設立認可（又は事業計画認可）の公告がなされた後、土地調書及び物件調書を作成する（都再法68条1項）。

　この土地調書及び物件調書の効力は、土地収用法38条が準用される結果（都再法68条2項）、その調書の記載事項が真実の状態を表すものと推定されることになるので、地権者にとっては自己の従前資産の状況を正確に記載してもらう必要があるという点で、非常に重要な書類となる。

　もちろん、推定効であるから、事後的に当該調書が真実に反していると立証して真否を争うことはできる。しかし、その反証は容易ではないことも想定し得ることから、真実の状態を反映していないと認識した場合には、当該調書の作成段階において異議を附記することもできる（土地収用法36条3項）。

　もし地権者やその他の関係人が抵抗して、施行者の調査に応じない場合、土地収用法37条の2が準用され、「他の方法により知ることができる程度でこれらの調書を作成すれば足りる」とされており、外観調査等のみで真実推定される調書を作成することができるので、注意が必要である。

　また、この真実推定効について争うことができるのは、権利変換処分通知の前までと解釈した裁判例があることにも注意が必要である（【事例4-4】は、真実推定効を争うことができるとする土地収用法38条ただし書について、施行者が権利変換計画を確定したものとしてこれに基づき権利変換処分を行った後においては、市街地再開発事業に準用する余地はないとする）。

　なお、土地調書及び物件調書の記載事項については、土地収用法37条及び都市再開発法施行規則別記様式第三及び第四を参照のこと。

(2)　権利変換手続開始の登記（70条登記）及び建築制限等

　次に、施行者は、組合設立認可（又は事業計画認可）の公告がなされた後、遅滞なく、施行地区内の不動産について、権利変換手続開始の登記をするこ

ととなる（都再法70条1項。以下、「70条登記」という）。

　この登記の効果は、70条登記後、登記された不動産の権利を処分する場合、施行者の承認を得なければならない点にある（同条2項）。この「処分」には、新たな借家権の設定も含まれると解される（「市街地再開発」（（公社）全国市街地再開発協会）95号（1978年））。したがって、70条登記後の借家契約の締結にも組合の承認が必要となる。

　これと同様の効果として、組合設立認可（又は事業計画認可）の公告がなされた後は、施行地区内において、事業施行の物理的障害になる行為や施行地区内の不動産の現状変更には、都道府県知事等の許可が必要となる（同法66条1項及び7項）。

　これらの制限は、都市計画事業としての制限（同条1項）とともに、権利変換の手続上、上述した土地調書及び物件調書からの変更を原則として認めないことにより権利変換手続を円滑に進める（同条7項）という趣旨によるものである。

　この点からも、上記(1)に示した土地調書及び物件調書の真実推定効は非常に重要なものであることがわかる。

　一方、組合設立認可（又は事業計画認可）の公告直後から、このような極めて重要な手続が進められることから、施行者は、この公告があったときには、関係権利者に対して、事業内容を速やかに周知する義務がある（同法67条）。この具体的な手段は、説明会の開催である（都再法施行規則22条）。

　しかし、下記(3)で説明するように、認可公告後30日以内に権利変換を希望しない旨の申出（金銭給付申出等）をしなければならないとされていることからすれば、わずか1か月で周知された内容に基づき生活の激変を受容できるはずもない。

　したがって、第一種再開発事業（組合施行）では、通常、準備組合段階から施行地区内においては、「再開発ニュース」等の配布物だけでなく、地権者の不安や疑問に答えるための説明会などを開催して、都再法67条の求める周知義務期間よりも相当早い時期から事業内容の周知が図られていることが一般的である（これについては、都市再開発法立法時の参議院附帯決議[2]でも言及さ

れている）。

　なお、都市再開発法においては、都市計画法74条に定める生活再建のための措置は準用されていないことにも留意が必要である。

(3)　権利変換を希望しない旨の申出（都再法71条）

　権利の変換を希望しない地権者ないし借家人は、組合設立認可（又は事業計画認可）の公告があった日から起算して30日以内に、金銭給付等の希望を申し出ることができる（都再法71条1項）。

　このように、法は、地区内において新しい施設建築物の床を取得しない（又は当該施設建築物に入居しない）権利者に対して、本来は権利変換で得られたであろう価値と同等の金銭を給付することで、地区外への移転をする制度を用意している。

　なお、この申出期間経過後6か月以内に権利変換計画の縦覧（同法83条）が開始されないときには、この申出手続自体がやり直される（同法71条4項）。

　すなわち、従前資産の評価の基準となる日（以下「評価基準日」という）は、上記30日間の申出期間の翌日を指すところ（同法80条及び81条）、この評価が正当性をもつのはせいぜい1年以内であると考えられている[3]。そうすると、評価基準日から半年以内に縦覧手続がなされないのであれば、権利変換処分も同日より1年以内になされる見込みはないと考えられ、結果として評価の正当性を失うため、手続のやり直しが予定されている。

　したがって、評価基準日から6か月以内に縦覧に至らない場合、従前資産評価の評価替えを行わなければならないものと解される（なお、この評価基準日の概念は、第5章で説明する補償に関する重要なキーワードとなる）。

(4)　権利変換計画の決定（都再法72条）

　次に、権利変換計画の決定過程について概観する。

ア　権利変換計画の形式

　権利変換計画については、主に4つのタイプが想定されているので、まず

2　第61回国会参議院会議録第19号（昭和44年4月18日）36頁
3　『都市再開発法解説』403頁

この点から説明する。

（ア）地上権設定型（原則型）

まず、都市再開発法が立法当初に原則として想定していた権利変換の形式は、地上権設定型である。

この方式は、土地を一筆化して従前の土地所有者の共有としたうえで（都再法75条1項）、一筆化された土地上に新たな施設建築物の所有を目的とする地上権を設定するものである（同条2項、88条1項）。

（イ）地上権非設定型（例外①）

次に、旧市街地改造法（都市再開発法により廃止）において行われていた手法が都市再開発法に引き継がれた方式として、地上権非設定型がある。

この方式は、地上権設定型で権利変換計画を定めることが適当でないと認められる特別の事情があるときに、地上権を設定しない形で権利変換計画を定めるものである（都再法111条）。

すなわち、旧市街地改造法による事業スキームが、土地の収用をしたうえで現物として新たな建築物により補償するというものであったため、この場合には、新たな建築物については「地上権」が介在せずに土地上に存在することとなっていた。そのため、これを引き継いだ都市再開発法においても、この形式を残すこととしたものである。

（ウ）全員合意型（例外②）

さらに、防災建築街区造成法（都市再開発法により廃止）において行われていた手法が都市再開発法に引き継がれた、全員同意型がある。

この場合、地権者全員が同意しているという点で、法律上の強制力を働かせる必要はないことから、任意にその権利変換計画を定めることができるとされている（都再法110条）。

（エ）施設建築敷地を一筆の土地としない場合（例外③）

最後に、平成28年の法改正により創設された権利変換方式として、1個の施設建築物に係る施設建築敷地が2筆以上になる権利変換計画が認められた。

すなわち、施行地区内の宅地の所有者の数が僅少であることその他の特

別の事情がある場合において、土地を一筆としなくとも権利変換計画が定められることが適当である場合には、1個の施設建築物の敷地が2筆以上の土地になる権利変換計画を定めることが認められている（都再法110条の4）。

イ　権利変換計画の決定

施行者は、組合設立認可（又は事業計画認可）から30日経過後の評価基準日を迎えると、遅滞なく、権利変換計画を定めなければならない（都再法72条）。

ウ　権利変換計画の内容

権利変換計画には、都再法73条及び都再法施行規則27条で示された内容を定めなければならない。この権利変換計画に定められた内容こそ、第一種市街地再開発事業における最も中核的な権利関係を示すものであり、極めて重要な意味をもつ。

なお、もし宅地又は建築物に関する権利について争いがある場合には、

①　権利の存否が確定しないときは、当該権利が存するものとして、

②　権利の帰属が確定しないときは、当該権利が現在の名義人に属するものとして、

それぞれ権利変換計画を定めなければならないものとされている（都再法73条4項）。

ただし、借地権以外の土地利用権（地役権や使用借権等）については、権利変換期日においてその権利が消滅して（同法87条1項後段）、補償金が与えられることから（同法91条）、これらの権利については権利喪失を前提とした形で権利変換計画に記載されることとなる（同法73条1項17号）。

(5)　権利変換計画の縦覧（都再法83条）

施行者において権利変換計画を決定する前の手続として重要なのが、権利変換計画の縦覧である。

この手続の趣旨は、権利変換計画に関する意見書を提出する機会を保障することにあり、そのために2週間の期間を定めて公衆の縦覧に供することが義務付けられている。

ここで意見書の提出が認められる主体は、施行地区内の土地又は土地に定着する物件に関し権利を有する者及び参加組合員又は特定事業参加者である（同条2項）。

　この意見書の内容については、①施設建築物（従後建物）への権利変換による移転先（取得する床の位置等）についての意見と、②従前資産の評価額に関する意見の2つに大別することができる。

　このうち、①取得する床の位置等に関する意見については、審査委員の過半数の同意を前提として（同法84条2項）、施行者が採否を決定する。これに不服がある場合、地権者は行政不服審査法に基づく審査請求（都再法128条）をすることができ、さらに権利変換処分通知の取消訴訟を提起することもできる。なお、審査請求、取消訴訟があっても事業執行は停止しない（執行不停止の原則。行政不服審査法25条1項、行政事件訴訟法25条1項）。

　一方、②従前資産の評価額については、①と同様に審査委員の過半数の同意を前提とした施行者の判断を経た後（都再法84条2項）、収用委員会に対する裁決申請及び裁決を経て（同法85条1項）、最終的には裁判所に対する出訴により決着される（同条3項、土地収用法133条及び134条）。

　なお、裁決申請又は訴訟があっても、事業執行は停止せず（都再法85条2項、行政事件訴訟法25条1項）、万が一最終結論で差額が生じた場合には、清算時に対応することとなる（都再法103条、104条参照）。

(6)　権利変換処分

ア　処分性（都再法86条）

　権利変換計画の決定手続を経て、同計画に認可がされると、施行者は遅滞なく、その旨の公告をするとともに、関係権利者に関係事項を書面で通知する（同条1項）。この通知が、権利変換処分である（同条2項、【事例4-2】）。

　このように、権利変換処分においては、「通知」という事実行為が、法律上の行政処分を構成するところ、通常の組合事務においては、主に事務局において発送作業を行うため、ともすると通知自体がなされたのかどうか曖昧な事例も出てくることがある（【事例4-2】の解説中の東京地判平成26・10・3平成26年（行ウ）10号公刊物未登載〔29045037〕参照）。この点は、組合・地権者

双方ともに十分注意すべき点となる。

　なお、この権利変換処分については、行政手続法第3章「不利益処分」の規定は適用されず（都再法86条3項）、不利益処分としての手続による保護はなされない。これは、都市再開発法独自の権利者保護手続がなされていることから、都市再開発法が政策的に保護対象としなかったものとして説明されている[4]。

　すなわち、行政手続法上の告知・聴聞の機会の代替措置として、①権利変換を希望しない旨の申出（都再法71条）、②権利変換計画の縦覧及び意見書の提出（同法83条）、③審査委員の関与（同法84条）、④従前資産評価についての収用委員会への裁決申請（同法85条）が設けられていることから、都市再開発法が行政手続法に基づく保護の必要がないと判断したものと解される。なお、この権利変換処分に対しては、不服申立てについての教示をする必要があることに注意が必要である（同法128条、行政不服審査法18条1項、行政事件訴訟法14条1項、3項参照）。

イ　権利変換処分の効果（都再法87条）

（ア）権利の変換

　権利変換処分の法的効果は、原則として、

①　施行地区内の土地は、権利変換計画の定めるところにより、新たに所有者となるべき者に帰属し、

②　施行地区内の土地に権限に基づき建築物を所有する者の当該建築物は、施行者（組合）に帰属する。

という2点である（都再法87条1項、2項）。

　特に、②について建物の所有権を施行者に帰属させる趣旨は、施行地区内の建物については施設建築物建設のため取り壊されることが予定されており、その取壊しをしやすくする点にある。

（イ）権利の消滅

　一方、権利変換の対象とならない所有権以外の権利は、原則として消滅

4　『都市再開発法解説』466頁

する（都再法87条1項後段、2項後段。ただし、借家権及び担保権については、例外的に権利変換の対象とされている（同条1項・2項にいう「別段の定め」として、同法73条1項5号及び12号、77条5項、78条参照））。

（ウ）参加組合員による保留床の取得（都再法77条1項後段）

　第一種市街地再開発事業は、長期にわたり、多数の関係者が関与して大規模な施設建築物を建築するプロジェクトであるがゆえに、事業費の捻出が非常に重要な要素となる。

　都市再開発法は、この事業費捻出の方法として、同事業が立体換地であることに着目し、新たに建築される施設建築物の床を、

①　従前の権利者に対して、当該権利相当分に対応する形で与える「権利床」

②　余剰として生じる床（以下「保留床」という）

の2つに分けたうえで、後者（②）を売却して事業費を捻出するというビジネスモデルをとっている。

　そして、この保留床をあらかじめ事業計画段階から買い取る主体として、組合に第三者的立場から参加する「参加組合員」が登場する（同法21条）。この参加組合員は、定款により、施設建築物の一部を（保留床として）与えられると定められている（同法77条1項後段）。参加組合員は、組合との間で事業費の捻出を目的とした契約を締結し、権利変換計画で与えられた保留床を自ら販売してその原資をつくることとなる。

（7）　権利変換の登記（90条登記）

　権利変換期日における権利の変換については、都再法90条に基づき、組合が登記を行う。なお、この登記の前提として、組合は、同法86条の2に基づき、組合が登記所に通知をしなければならない。

【事例4‐1】

東京地判昭和60・9・26判時1173号26頁〔27803853〕(【事例1‐1】と
同一判例)

第一種市街地再開発の事業遂行上とられた事実上の措置に不公正・不公平
があった場合、一般論として権利変換処分が違法となり得るとしたが、不
公正・不公平の違法があるとは認められないとして原告の請求が棄却され
た事例

事案の概要

【事例1‐1】を参照。

当事者の気持ち(主張)

【事例1‐1】を参照。

法律上の論点

【事例1‐1】を参照。

関連法令

都再法74条2項、86条2項

判 旨

「万一施行者において、ことさら一部関係権利者の利益を優先したり、一
部関係権利者の意見を無視するなど、客観的にみても不公平かつ不当な事業
の遂行をしたと認められるような場合においては、そのような不公平、不当
な取扱いによる事業の遂行には手続上の瑕疵があるものとして、権利変換の
処分の内容いかんにかかわらず、当該処分が違法とされることもありうる」

　【事例1-1】の解説参照（権利変換処分通知に関する裁判例として、あえて2
か所に搭載した）。

【事例4-2】

東京地判平成20・2・1平成18年（行ウ）17号公刊物未登載
〔28300437〕
権利変換処分通知に対する抗告訴訟において、同処分及び同処分の先行処
分に違法事由がないとして訴えが棄却された事例

事案の概要

　組合施行の第一種市街地再開発事業の権利変換処分そのものに違法性があ
るのみならず、その先行処分である設立認可手続にも重大な瑕疵があるとし
て、地区内地権者が権利変換処分の取消しを求めた訴訟において、訴えが棄
却された事例。

当事者の気持ち（主張）

原　告：権利変換処分に先立つ組合設立認可処分が違法であれば、その違法
　　　　性を承継した権利変換処分も違法である。本件の権利変換処分は評
　　　　価が不当であり原告の財産権を侵害している点で、価額裁決が確定
　　　　していても訴訟で争う余地がある。
施行者：権利変換処分の前提となる従前資産評価は適切であり、組合設立認
　　　　可は適法であるだけでなく、その違法事由は権利変換処分の違法事
　　　　由として主張できない。

法律上の論点

① 権利変換処分の違法性の主張をするのに、組合設立認可の違法性に基づく主張が認められるか

② 従前資産評価に関する不服審査の価額裁決が確定していても訴訟で争うことができるか

関連法令

都再法86条

判　旨

1　権利変換処分の違法性の主張をするのに、組合設立認可の違法性に基づく主張が認められるかについて

「(ア)　この点に関し、原告は、組合が都市再開発事業を施行する場合、①組合の設立認可、②事業計画の認可、③権利変換計画の認可、④権利変換処分という手続を経ることになっているが、いずれも都市再開発事業という一個の目的を達成するための一連の手続であり、この目的の実現は権利変換処分に留保され、権利変換処分によって完成するものであり、個々の先行処分の法的効果は付随的なものにすぎないなどとして、上記④の権利変換処分の取消訴訟において、上記①から③までの各処分の違法性を主張することは当然に許され、その違法は、重大かつ明白な違法に限らない旨主張する。

(イ)　そこでさらに検討を進めるに、上記①の組合の設立認可、②の事業計画の認可、③の権利変換計画の認可及び④の権利変換処分の各処分は、(中略) 手続的に段階的構造を有しているが、少なくとも上記①及び②の各処分は、(中略) 上記④の処分との関係において相互に独立した別個の処分であるというべきである。およそ一個の目的達成に向けた先行行為と後行行為という関係さえあれば、後行行為の効力を争う中で常に先行行為の効力も争うことができると考えるときは、取消訴訟の出訴期限を定めた行政事件訴訟法の趣旨が無視され、ひいては再開発事業の法的安定性を著しく損なうこ

とになるというべきであって、原告の上記（ア）の主張は、採用することが
できない。

　しかしながら、上記③の権利変換計画は、（中略）その後にされる権利変
換処分により関係権利者に与えられる補償の具体的内容を定めるものであ
り、都市再開発法73条から82条にかけて、権利変換計画の内容及び基準等が
細かく規定されているものであって、組合は都道府県知事による権利変換計
画の認可を受けたときには、これを公告するとともに、関係権利者に関係事
項を書面で通知しなければならないが、この書面による通知が権利変換処分
に相当するのである（同法86条1項、2項）。そうすると、都市再開発法の上
記諸規定に反する内容を権利変換計画に規定することが違法であることはも
ちろん、これが権利変換処分の違法でもあることはいうまでもない。したが
って、そのような違法は、権利変換計画と権利変換処分に共通するのである
から、権利変換計画の認可に対し抗告訴訟を提起してその違法を主張し得る
からといって、権利変換処分の取消訴訟においてその違法を主張することが
できないと解すべきではない。また、権利変換計画に対し、不服申立てや訴
えを提起することなく、出訴期間を徒過したときは、当事者はもはや権利変
換計画の認可に対しその取消しを請求する権利を失うのであるから、その意
味では確定的効力があるが、その確定的効力は、権利変換計画の内容に存す
る違法を違法なしと確定する効力があるものではない。そして、都道府県知
事の権利変換計画の認可の権限は、権利変換計画の内容及び手続的要件を審
査するものであるから、都道府県知事が同権限の行使を誤った結果、内容及
び手続的要件の違法な権利変換計画に基づいて権利変換処分が行われたので
あるならば、このような権利変換処分は違法であるということになる。

　したがって、上記③の権利変換計画の認可は、上記④の権利変換処分との
関係において、相互に密接に関連した処分であるということができるから、
権利変換計画と権利変換処分に共通する違法であるならば、たとえ権利変換
計画の認可につき出訴期間を徒過していても、権利変換処分の取消訴訟にお
いて当該違法性を主張してこれを争うことができるというべきである。

　（ウ）　以上のとおりであるから、原告は、本件事業計画及び被告の設立の

認可の違法事由に関しては、それが重大かつ明白な瑕疵であって当該処分を無効ならしめる違法でない限り、これを本件訴訟において本件権利変換処分の違法事由として主張することはできないというべきであるが、本件権利変換計画に関しては、権利変換計画と権利変換処分に共通する違法であるならば、これを本件訴訟において本件権利変換処分の違法事由として主張することができるというべきである」（下線筆者）

2　従前資産評価に関する不服審査の価額裁決が確定していても訴訟で争うことができるか

「本件価額裁決は確定しているのであるから、もはや、従前資産の価額を裁判手続により争う方途は尽きており、原告は、本件訴訟において、従前資産の評価額を争うことはできないといわなければならない。

しかも、前記認定事実によれば、被告は、準備組合の段階から、原告に対し、原告の家族を通じてあるいは直接的に、その都度、本件事業の実施や状況についても資料を交付するなどして説明し、また、従前資産の概算額や譲渡益課税について、あるいは権利変換手続等についても資料を交付するなどして説明していたこと、また、被告が従前資産の評価をするに当たっては、正確を期すためにも原告に立会いを求めたが、原告がこれを拒否したこと、それにもかかわらず、被告としては、でき得る限り正確に合理的に従前資産の調査をするよう務め、本件価額裁決においても相当と認められた評価方法を採用して従前資産の評価を行ったものと認めることができるのであるから、本件権利変換処分が従前資産を不当に廉価に評価したものであるということはできないというべきである。また、本件施設建築物のうち原告に与えられる部分が不当に高額に評価されていると認めるに足りる証拠もない。

したがって、以上の点を考慮すると、本件権利変換処分が従前資産を不当に廉価に評価したとか本件施設建築物のうち原告に与えられる部分が不当に高額に評価されており、財産権の侵害であるなどという原告の上記(1)②の主張は、失当というべきである。

なお、都市再開発法85条4項には、収用委員会の価額の裁決及びこれを不服とする訴えに対する裁判は、権利変換計画において与えられることと定め

られた施設建築敷地の共有持分又は施設建築物の一部等には影響を及ぼさないものとすると定めており、被告が本件事業の工事完了後に行う本件施設建築敷地及び本件施設建築物の価額の確定を行うことによって、本件権利変換処分により原告に与えられる本件施設建築物の部分の価額の総額が本件価額裁決による従前資産の価額との比較において不足の差額が生じたときには、原告は被告からその差額に相当する金員の交付を清算金として受けることができるのである（都市再開発法103条、104条。なお、その逆もあり得ることはいうまでもない。）」（下線筆者）

解　説

1　権利変換処分についての抗告訴訟の対象

　まず、最初に確認しなければならないこととして、権利変換処分に不服がある場合の不服申立ての対象は、都再法86条2項に定められた権利変換処分の「通知」である。この点を知らずに権利変換計画の「認可」を対象として抗告訴訟（差止訴訟）を提起して却下判決が下された事例があり、十分注意する必要がある。

　すなわち、裁判所は、「権利変換に関する処分は、施行地区内の土地又は建築物の所有権を元の所有者の同意なく一方的に変動させるものであるが、こうした法的効果を生じさせるのは、上記の同法86条2項の定めに照らして明らかなとおり、施行者の関係権利者に対する通知であって、権利変換計画の認可ではない。権利変換計画の認可は、都道府県知事等の施行者に対する意思表示にすぎず、それ自体としては直接施行地区内の土地又は建築物の所有者等の権利義務を形成し又はその範囲を確定することが法律上認められているものではないから、（中略）処分に該当するということはできないというべきである」として明確に「通知」に処分性を認めている（東京地判平成26・10・3平成26年（行ウ）10号公刊物未登載〔29045037〕）。

2　組合設立時の違法事由を権利変換処分の抗告訴訟で争えるか

　次に、組合設立時の違法事由の主張が権利変換処分通知に対する抗告訴訟で争うことが許されるか、公定力の例外として違法性の承継の主張がどこま

で許されるのかが問題となる。

　まず、前提として押さえておかなければならないこととして、先行処分の瑕疵が重大かつ明白で違法無効である場合には、そもそも違法性の承継の問題とはならず、後行処分も当然に違法無効となる点である。

　都市再生機構施行の第一種市街地再開発事業における事業計画の変更が違法であるとして、その後の権利変換処分の取消しが争われた事例において、東京高裁は、「先行処分である事業計画等の認可が無効となる場合には、これを前提とする後行処分である権利変換処分や明渡請求処分も適法根拠を失うこととなるから、違法性の承継の有無について論ずるまでもなく後行処分の取消訴訟において同違法を取消事由として争うことが可能であると解される」（東京高判平成21・9・16裁判所HP〔28161705〕）としていることに注意が必要である。

　次に、都市再開発法においては行政処分の積み重なりにより手続が進むという点を踏まえて、違法性の承継の問題を確認する。

　この点について、上記平成21年東京高判〔28161705〕は、「複数の行政処分によって行政目的が達成される場合であっても、それぞれの行政処分はそれぞれの審査事項と効果を有し、それぞれが抗告訴訟の対象となるものであり、各処分の違法性は各別に審査されるべきものであるから、先行処分の違法性（取消事由）は後行処分に承継されないと解される。ただし、一定の法律効果のために、複数処分が連続した一連の手続を構成し、後行処分においても先行処分と同様の違法性審査が予定される場合には、取消事由たる違法性の承継が認められると解される」としたうえで、事業計画変更認可処分と権利変換処分について「両処分は、第一種市街地再開発事業を構成する一連の手続ではあるが、それぞれが異なる法的効果を有し、先行処分の効果を確定させ、これを前提に後行処分がされる関係にあり、一定の法律効果のために、複数処分が連続した一連の手続を構成するものということはできないから、先行処分の無効は後行処分を無効ならしめるが、先行処分の取消事由が後行処分の取消事由になるものではない」としている。

　加えて、この平成21年東京高判の原審である東京地判平成20・12・25判タ

1311号112頁〔28151442〕は、権利変換処分と明渡請求処分の関係について
も判断している。すなわち、「第一種市街地再開発事業の施行者は、権利変
換期日後、事業に係る工事のため必要がある場合、施行地区内の土地又は当
該土地にある物件を占有している者に対して明渡しを求めることにより、明
渡請求処分を行う（法九六条一項）。占有者が明渡請求処分を受けたにもかか
わらず、期限までに土地等の引渡しをしない場合、施行者は、市町村長又は
都道府県知事に対して代執行を請求することができる（法九八条）。このよう
な明渡請求処分は、事業計画等の認可や権利変換処分という先行処分とは異
なる性格を有する処分であることは明らかであり、先行処分と連続した一連
の手続を構成し一定の法律効果の発生を目指しているものということはでき
ないし、実質的にみても、明渡請求処分に至る前の段階において、先行処分に
ついて抗告訴訟を提起することを期待しても何ら酷ではない。したがって、
明渡請求処分は、事業計画等の認可や権利変換処分という先行処分の違法性
を承継するものということはできず、本件明渡請求処分の取消訴訟において、
上記の先行処分の違法を主張することはできないと解すべきである」と判示
した。そして、控訴審である上記平成21年東京高判もこの平成20年東京地判を
前提として判断を積み上げており、最高裁も上告受理を申立てを受理しない
決定をした（最決平成22・8・25平成22年（行ヒ）25号公刊物未登載〔28300654〕）。
　このように、裁判例上は、組合設立認可処分と権利変換処分との関係のみ
ならず、権利変換処分と明渡請求処分との関係においても、違法性の承継が
認められないとされている。この点については、特に明渡し断行の仮処分に
おける審尋手続において大きな影響を与える判断といえる。
　なお、組合設立認可処分と権利変換処分の関係については、上記高裁判例
は、後続の裁判例でも同様に解されており、東京地判平成26・8・26平成24
年（行ウ）652号公刊物未登載〔29044931〕は、「処分性が認められる行政行
為は、いわゆる公定力を有し、正当な権限を有する機関によって取り消され
るまでは適法であるとの推定を受け、たとえこれに違法性があったとして
も、原則として、取消訴訟などによって公定力が排除されない限り、その違
法性は後行の処分には承継されず、後行処分の取消事由として主張すること

はできないと解される。そして、組合の設立認可と権利変換処分とが目的・効果を異にする別個の処分であることや、組合の設立について関係権利者への周知措置（法67条）がされた段階で、組合の設立認可が違法であると主張する関係権利者においてその認可の取消訴訟をすべきことと解したとしても、その権利の保護に欠けるものでないことに照らすと、組合の設立認可について上記原則の例外を認めるべき事情があるとはいえない。したがって、組合の設立認可に係る違法については、権利変換処分の取消訴訟における取消事由として主張することができないと解すべきである」と判示した。

　本件は、これらの裁判例の前に示された嚆矢の裁判例として位置付けられる点で、先例としての価値が認められる。

3　従前資産評価に関する不服審査の価額裁決が確定していても訴訟で争えるか

　これは判旨が示すとおりであり、判決文による説明に尽きるものと考える。

施行者に求められる紛争予防のための注意点など

　まず、権利変換処分の「通知」については、多くの場合、郵送や組合事務局事務員が地権者に手渡しで通知していることが多いものと考えられる。地区内地権者に対する連絡については緊張感をもって通知していることが通常であろうが、特に権利変換処分については、その通知が極めて重要であることを銘記すべきである（実際、前掲平成26年10月3日東京地判〔29045037〕においても、原告は「権利変換処分通知を受領していない」と争っており、受領の事実を明確に証拠上残しておくことは極めて重要である）。

　また、従前資産評価については、本判決が、「被告は、準備組合の段階から、原告に対し、原告の家族を通じてあるいは直接的に、その都度、本件事業の実施や状況についても資料を交付するなどして説明し、また、従前資産の概算額や譲渡益課税について、あるいは権利変換手続等についても資料を交付するなどして説明していたこと、また、被告が従前資産の評価をするに当たっては、正確を期すためにも原告に立会いを求めたが、原告がこれを拒否したこと、それにもかかわらず、被告としては、でき得る限り正確に合理

的に従前資産の調査をするよう努め、本件価額裁決においても相当と認められた評価方法を採用して従前資産の評価を行ったものと認めることができる」と判示しているように、準備組合の段階からの地権者への説明の努力の跡が事後的に検証できるように証拠として残すことは重要である。そのため、日常業務における地権者との何気ない接触も含めて、事後的な裁判での事実認定が可能な程度にまで資料を残しておくことは、円滑な事業遂行の観点からも非常に重要であろう。

【事例 4‒3】

最判平成5・12・17民集47巻10号5530頁〔27816966〕

第一種市街地再開発事業の施行地区内の借地権者に対する権利変換処分に対して抗告訴訟を提起した宅地所有者に原告適格が認められた事例

事案の概要

　市施行による第一種市街地再開発事業において、施行地区内の宅地所有者は、その宅地上の借地権者に対する権利変換処分について、その借地権の不存在を主張して抗告訴訟を提起することができるとした事例。なお、以下では、抗告訴訟の対象となった借地権者に対する権利変換処分通知を「処分甲」、宅地権者である原告自身に対する権利変換処分通知を「処分乙」として説明していく。

当事者の気持ち（主張）

原　告：借地契約の特約により借地権が消滅しているにもかかわらず、借地権があることを前提に借地権者になされた権利変換処分通知（処分甲）については、宅地所有権者がこれを抗告訴訟で争うことにつき原告適格が認められるべきである。

施行者：宅地所有者が権利変換処分通知を争うのであれば、自らになされた

権利変換処分通知（処分乙）を争うべきで、第三者である借地権者
への権利変換処分通知（処分甲）に対する取消訴訟を提起しても原
告適格が認められない。

法律上の論点

宅地所有権者が、その借地権者に対する権利変換処分に対する抗告訴訟で原
告適格を認められるか

関連法令

行政事件訴訟法 9 条、都再法86条

判　旨

「1㈠　都市再開発法に基づく第一種市街地再開発事業における権利変換
に関する処分は、権利変換期日において、施行地区内の宅地の所有者、借地
権者等に対し、従前の宅地、借地権等に代え、これに対応して、施設建築敷
地若しくはその共有持分又は施設建築物の一部等を与えることなどを内容と
する処分である（同法73条1項2号、12号、86条、87条1項、91条1項等）。権利
変換に関する処分がこのような内容のものであることからすると、施行地区
内の宅地の所有者が当該宅地上の借地権の存在を争っている場合に、右借地
権が存在することを前提として当該宅地の所有者及び借地権者に対してされ
る権利変換に関する処分については、借地権者に対してされた処分が当該借
地権が存在しないものとして取り消された場合には、施行者は、宅地の所有
者に対する処分についても、これを取り消した上、改めてその上に借地権が
存在しないことを前提とする処分をすべき関係にある（行政事件訴訟法33条1
項）。その意味で、この場合の借地権者に対する権利変換に関する処分は、
宅地の所有者の権利に対しても影響を及ぼすものといわなければならない。
そうすると、宅地の所有者は、自己に対する処分の取消しを訴求するほか、
借地権者に対する処分の取消しをも訴求する原告適格を有するものと解する
のが相当である。

㈡　これを本件についてみるのに、記録によれば、本件において、被上告人のした第一審判決添付別紙当事者目録記載の者（以下『Ａら八名』という。）に対する権利変換に関する処分と上告人らに対する権利変換に関する処分とは、上告人ら共有に係る第一審判決添付別紙一覧表記載の宅地（以下『本件宅地』という。）に関し、Ａら八名がそれぞれ借地権を有することを前提として行われたものであり、上告人らは、Ａら八名の本件宅地上の借地権の存在を争い、このことを理由に、Ａら八名に対してされた処分の取消しを求めていることが明らかである。そうすると、上告人らは、右訴えの原告適格を有するものというべきであり、上告人らが右訴えの原告適格を有しないとし、右訴えを不適法として却下した第一審判決を是認した原判決には、法令の解釈適用を誤った違法があるものというべきである」（下線筆者）

解　説

1　市施行での注意点

　まず、市町村施行による第一種市街地再開発事業において、施行者たる市町村の行政処分を争う場合には、取消訴訟前に都道府県知事に対して審査請求をしなければならない（都再法128条１項、地方自治法256条）。これは、組合施行の場合に、いきなり抗告訴訟を提起できる場合と異なる点であり、注意が必要である。

　本件でも、市の代理人弁護士が、原告側の質問に対して審査請求を前置することなく取消訴訟が提起可能であると回答したため、これを信じた原告は、いったんは甲・乙両処分について抗告訴訟を提起したものの、地方自治法256条に気付いて前訴を取り下げたうえで、改めて審査請求を経て甲・乙両処分に対し本件訴訟を提起した。そのため、最終的には（処分甲に対する原告適格は認められたものの）行政不服審査法所定の審査請求期間の徒過により訴えが却下されており、法曹実務家としては他山の石とすべき事例ともいえる。

2　原告適格について

　本判決は、平成16年の行政事件訴訟法の大改正前の事例ではあるが、既にもんじゅ訴訟判決（最判平成４・９・22民集46巻６号571頁〔25000022〕）におい

て原告適格について「当該行政法規が、不特定多数者の具体的利益をそれが帰属する個々人の個別的利益としても保護すべきものとする趣旨を含むか否かは、当該行政法規の趣旨・目的、当該行政法規が当該処分を通して保護しようとしている利益の内容・性質等を考慮して判断すべきである」と一般論を判示しており、この判決の後に判断されている点で、実質的に改正後の行政事件訴訟法 9 条 2 項の規範に従って判断したものとも考えられる。本判決に関する判例解説でも、これを前提に行政事件訴訟法 9 条に基づく「法律上の利益を有する者」の解釈をしていると説明されている（福岡右武『最高裁判所判例解説民事篇〈平成 5 年度〉』法曹会1052頁）。

　都市再開発法上の権利変換処分の仕組みに基づけば、第一種市街地再開発事業においては、宅地上に借地権があるものとされた場合、宅地所有者には借地権価額を除いた後の宅地価額と対応するように従後建物が権利変換される関係にあり、もし借地権が存在しなかったとすれば、宅地所有者には借地価額を除かない土地価額全額が本来権利変換される「はず」である。

　一方、借地権を主張する者にとっては、借地権が認められればその借地権価額に対応する従後建物に権利変換される。

　しかし、当該権利変換処分が事後の抗告訴訟において「借地権がない」と認定されれば、施行者は当該判決の拘束力（行政事件訴訟法33条 1 項）に基づき、当該権利変換処分通知を取り消すだけでなく、それに対応して借地権価額を控除してなされた宅地所有者への権利変換処分通知も取り消したうえで、宅地額全額（借地権価額を控除しない全額）に対応する権利変換処分通知を改めてすべきことになる。

　このように、抗告訴訟の拘束力を媒介として、借地権の存在を争う宅地の所有者は、①自身に対する権利変換処分通知の取消し、②借地権者に対する権利変換処分の取消し、③両者の取消請求の併合提起のいずれの方法によってもよいことになる（福岡・前掲1061頁-1062頁参照）。

　なお、本判決は、第一審、控訴審で原告適格が否定されたにもかかわらず、最高裁がこれを逆転して原告適格を認めた点で注目される（第一審については、大阪地判平成元・11・24判時1377号51頁〔27818754〕、控訴審については、

大阪高判平成 2・3・29判時1377号50頁〔27808364〕参照）。本判決は、東京12チャンネル最高裁判決（最判昭和43・12・24民集22巻13号3254頁〔27000869〕）が、取消判決の拘束力の考え方を基礎において事案の処理を図ったとの評価を前提として、その「延長線上に位置するもの」と評価されている点で、行政法の理論的にも非常に興味深い論点を提供している（福岡・前掲1064頁）。

施行者に求められる紛争予防のための注意点など

1　権利の存否に争いがある場合の措置

　権利の存否に争いがある場合については、都再法73条4項が「宅地又は建築物（指定宅地に存するものを除く。）に関する権利に関して争いがある場合において、その権利の存否又は帰属が確定しないときは、当該権利が存するものとして、又は当該権利が現在の名義人に属するものとして権利変換計画を定めなければならない。ただし、借地権以外の宅地（指定宅地を除く。）を使用し、又は収益する権利の存否が確定しない場合にあつては、その宅地の所有者に対しては、当該権利が存しないものとして、その者に与える施設建築物の一部等を定めなければならない」と規定している。

　したがって、権利の存否が確定していない場合には、当該権利があるものとして取り扱い、権利の帰属が確定しないときは、当該権利が現在の名義人に属するものとして権利変換計画を定めることになる。

　ただし、同項ただし書にあるように、争いの対象となる宅地に関する権利が、地役権や使用貸借権のように借地権以外の権利の場合には、これらの権利は権利変換期日において消滅し（都再法87条1項後段）、これに対応する補償金が与えられる（同法91条）こととなり、権利変換計画上はこれらの権利は存在しないものとして定められる（『都市再開発法解説』420頁-421頁参照）。

2　権利変換処分通知が取り消された場合の措置

　万が一、権利変換処分通知を取り消す裁判が確定した場合、当該権利変換処分通知は判決の確定に基づく形成力により、処分当時に遡って形成的に消滅する。そして行政事件訴訟法32条1項に基づき、この取消判決の効力は第三者（当該訴訟当事者と利益相反する第三者）に及ぶことから、施行者としては

当該裁判の判決の論理に従って、当該訴訟当事者及びその当事者と利益が相反する第三者に宛てて新たな権利変換処分通知をする必要がある。

【事例 4 - 4 】

浦和地判平成 9 ・ 5 ・19判例地方自治176号93頁〔28032790〕及び同判タ966号163頁〔28030876〕

従前資産の価額の裁決を求める収用委員会の手続においては、その対象となる宅地や建築物等をめぐる権利関係を決定できないとされた事例

事案の概要

市施行による第一種市街地再開発事業において、原告らに対する権利変換処分通知における従前資産評価が不服であるとして、これに基づく収用委員会の裁決の変更を求める訴訟の中で借地権等の存否が問題とされるとともに、当該権利変換処分通知の取り消しを求めた事例。

当事者の気持ち（主張）

原告ら：借地権等があるにもかかわらず借地権等の記載がなされておらず、収用委員会の裁決にも不服がある（争点A）。また、権利変換処分通知の前提となる物件調書の作成過程に瑕疵があり（争点B）、借地権等があるにもかかわらずそれを認めなかったから（争点C）、本件権利変換処分通知は違法である。

施行者：借地権等の存否は、裁決の変更を求める訴えの中では主張できない（争点A）。借地権等は原告らに対する調査においてもその証拠の確認ができず、原告の主張は認められない（争点B／C）。

法律上の論点

①　（争点A）収用委員会の裁決の中で権利の存否の主張が許されるか

② （争点Ｂ）権利変換処分通知の取消訴訟における物件調書の作成過程の瑕
　　疵の有無

③ （争点Ｃ）同訴訟における物件調書等の推定効を争う時的限界

都再法85条、68条２項、土地収用法38条、36条３項

1　　争点Ａ（収用委員会の裁決に対する取消しの訴えの中で権利の存否の主張が認
　　めれらるか）について

　「法によれば、施行者は権利変換計画を２週間公衆の縦覧に供しなければ
ならず、施行区域内に土地又は土地に定着する物件に関し権利を有する者
は、縦覧期間内に意見書を提出することができ、右意見書が提出された場
合、施行者は右意見書に係る意見を採択すべきであると認めるときは、権利
変換計画に必要な修正を加え、右意見を採択すべきでないと認めるときは、
その旨を意見書を提出した者に通知するものとされている（83条）。

　そして、右意見書が採択されなかった場合において、その意見が法73条１
項３号、11号又は12号の価額に関するものであるときは、右意見書を提出し
た者は、その通知を受けた日から30日以内に収用委員会にその価額の裁決を
申請することができ（法85条１項）、その裁決に不服があるときは、右申請人
又は施行者は、右裁決の変更を求める訴訟を提起できるが（同条３項、土地収
用法133条）、右裁決及び右訴訟による裁判は権利変換計画で定められた施設
建築敷地の共有持分等には影響を及ぼさないものとされている（法85条４
項）。このように、従前資産の価額に関する争いは、権利変換処分そのもの
の適否とは別に扱われ、従前資産の評価を先ず公正な評価機関である収用委
員会に委ね、その裁決に不服がある場合は、施行者と裁決申請者の間におけ
る訴訟において決定すべきものとされている。

　しかし、権利変換計画における権利或いはその変換計画に関して意見書が
提出された場合は、施行者において、これを審査し、その意見を採択すべき

であると認めるときは、権利変換計画に必要な修正を加えるけれども、採択すべきでないと認めるときは、これに修正を加えず、右権利変換計画に従った権利変換処分がなされることとなる。そして、宅地又は建築物に関する権利に関して争いがある場合は、借地権以外の宅地の使用又は収益の権利を除き、施行者は、当該権利が存するものとして、又は当該権利が現在の名義人に属するものとして権利変換計画を定めるものとされている（法73条4項）。このように、法は、権利変換計画が定められた段階で直ちに権利の存否を確定することを予定していないのであって、仮に権利変換計画における自己の権利に関する部分に不満がある場合においても、これを対象とする訴訟は許されず、その後権利変換処分がなされた段階で、なお不満がある時に、右権利変換処分に対する行政訴訟を提起することが可能となるものである。

　以上のとおり、権利変換計画に不満がある場合においても、その対象が従前資産の価額に関するか、それとも権利ないし権利変換計画に関するかによって、これを争いうる法的手続は別個のものとされており、従前資産の価額の裁決を求められた収用委員会は、その対象である宅地や建築物等を巡る権利関係までも決定する権限を有しない。それ故、当事者は、収用委員会の右価額に関する裁決の変更等を求める訴訟において、権利の存否を問題とすることは許されないと解される。

　したがって、権利変換計画に記載されていない借地権の存在を主張し、その価額の認定を求める被告らの主張は、借地権の存否について判断をするまでもなく、主張自体失当であって、採用することができない」（下線筆者）

2　争点B（土地調書・物件調書の調査方法の瑕疵の有無）について

「右認定の事実に基づけば、被告は、本件物件調書の作成に当たり原告らを立ち会わせなかったのであるが、原告らは、被告の本件借地権や（別紙11）借地権等目録記載六及び八の借家権に関する調査を強硬に拒否し、これに関する本件調書案に対しても再三その確認及び署名押印を拒み、およそ意見を述べようともせず、また本件権利変換計画の縦覧期間中右計画を縦覧した後も本件借地権や右借家権につき意見書を提出しなかったのであるから、このような原告らの態度に照らすと、たとえ原告らに本件調書を示しても、原

告らがこれに対する署名押印を拒否することは明白であったということができる。そこで、このような事実に鑑みると、被告が本件物件調書の作成の際に原告らを立ち会わせず、原告らの署名押印に代えて草加市企画財政部管財課長に署名押印させたことの違法性は軽微であって、これによって本件調書が違法或は無効になると解することはできない。

ところで、法68条2項により準用される土地収用法38条、36条3項によれば、土地調書及び物件調書の作成の際に異議を附記した施行者、土地所有者、関係人がその内容を述べる場合を除くほか、これら調書の真否について異議を述べることはできないから、施行者は、土地調書及び物件調書の右のような効力を前提として、土地調書及び物件調書に異議が附記されていないときは、これら調書の記載内容に従って権利変換計画を決定しうるものである。そこで、本件において、本件調書が違法・無効とはいえないから、被告が本件調書の記載内容に従って権利変換計画を定めた以上、本件借地権及び借家権をその対象にしていなくとも、本件権利変換計画は適法であるといわなければならない。

もっとも、施行者が土地調書及び物件調書を作成するための調査方法は、法60条において他人の占有する土地等に立ち入って測量又は調査ができる旨定められているだけであるから、施行者の広範な裁量に委ねられているものと解されるが、施行者が土地調書や物件調書を作成するに際し、右裁量権の範囲を逸脱したため、右調書に真実の権利関係を看過した瑕疵が存する場合には、右瑕疵の内容・程度によっては、土地所有者等からの異議がなくとも、右調書に基づいて作成された権利変換計画も違法となる事例が想定できなくはない。そこで、次に、本件調書にこのような瑕疵があるかどうかを検討すると、前認定のとおり、本件借地権及び（別紙11）借地権等目録記載八の借家権は、全て、原告ら親族の間の契約（原告N商店については、その代表者がその余の原告らと親族である。）によるものであったところ、原告らが右契約関係の存否及びその内容について一切の説明と資料の提供を拒んだため、被告としては、本件借地権と右借家権の存否及び内容を確認することは全く不可能であり、そこで、被告は、本件借地権に関わる宅地の所有者とその宅

地上の建物の所有者が全て親戚関係にあり（原告Ｎ商店については、その代表者がその余の原告らと親族である。）、通常そのような場合には借地権が設定されず、使用貸借関係に留まることが多いことから、本件借地権がないものとして、また右借家権は存在しないものとして本件調書を作成したものである。そうすると、右のような事情の下においては、被告としては、極めて限定された事実関係しか掌握することができず、それ故、このような限定された事実関係から合理的な推断を行う外ないところ、被告の右推断は合理性があるということができる（ちなみに、法68条の準用する土地収用法37条の2では、土地所有者、関係人その他の者が正当な理由がないのに法68条1項に規定する土地調書又は物件調書の作成のための法60条1項又は2項の規定による立入りを拒み、又は妨げたため、これらの規定により測量又は調査をすることが著しく困難であるときは、他の方法により知ることができる程度でこれらの調書を作成すれば足りるものとされている。）。したがって、被告には、調査の方法に関して裁量権を逸脱した違法はないから、本件調書に瑕疵があるということはできない」（下線筆者）

3　争点C（土地収用法38条ただし書の適用範囲）について

「土地収用法38条但書は、土地所有者等は、土地調書あるいは物件調書の記載事項が真実に反していることを立証するときは、その真否について異議を述べることができると定めており、同規定は、収用委員会における裁決手続に適用されるものであり、法68条2項は右但書の規定を準用しているところ、都市再開発事業においては、権利変換計画が縦覧され、これに対し法83条2項に該当する権利者が同条3項の規定により意見書を提出し、そこで施行者が右意見書を審査する際、意見書を提出した右権利者が異議を述べる場合において土地収用法38条但書の規定が準用されるものである。この場合、施行者が右意見を採択すべきものと判断したときは、審査委員会の同意又は市街地再開発審査会の議決を経て、権利変換計画を修正することとなる（法84条2項、但し、個人施行者の場合を除く。）。そして、都市再開発事業のように或る手続はその前の手続を前提になされ、このような手続の連続によって全体の事業が順次進展する場合には、手続の安定のため、関係権利者が異議や

主張を提出する機会も或る手続段階に制限され、その段階を過ぎると最早当該異議や主張を提出できないものとされることもあるのであって、右のような土地収用法38条但書の規定が準用される都市開発法の手続段階及びその内容、右関係権利者の意見が採択される場合の手続及び効果などに照らすと、土地収用法38条但書の規定は、施行者が権利変換計画を確定したものとしてこれに基づき権利変換処分を行った後においては、最早都市再開発事業に準用する余地はないものと解される。ところが、原告らは、本件権利変換計画の縦覧期間内に本件借地権及び借家権について意見書を提出せず、施行者である被告にこれについての異議を述べていないから、最早本訴において本件借地権及び（別紙11）借地権等目録記載八の借家権の存在を立証して本件処分の違法を主張することは許されないというべきである」（下線筆者）

解　説

　まず、本判決は、権利変換計画に不満がある地権者がとり得る法的手続を非常にわかりやすく説明している点で有益である。

　特に、不満の対象が、①従前資産の価額に関するか、それとも、②権利や権利変換計画自体に関するかによって別個の手続が定められ、前者において後者のような権利の存否を問題とすることは許されないとした点で、地権者側の代理人に立った際に気をつけるべきポイントが示されている。

　次に、施行者が物件調書作成に当たり、原告らに立会いの機会を与えないまま、都再法68条2項が準用する土地収用法36条4項の規定による吏員立会いにより物件調書を作成させた点が問題となったが、裁判所は、従前の原告らとの交渉状況を踏まえて、「違法性が軽微」と評価したうえで、当該調書自体が違法無効にはならないと判断した点が注目される。この調査方法について、裁判所は施行者に広範な裁量権を認めたうえで、その裁量権の逸脱濫用がないことを丁寧に認定しており、今後の土地調査・物件調書作成手続において参考になる。

　さらに、本判決は、土地調書及び物件調書について、都再法68条2項が準用する土地収用法38条ただし書の真実推定に対する反証規定は、権利変換計

画処分通知を行った後においては準用される余地がないと解した点で、極めて重要な意味をもつ。この判決を前提とすると、土地調書及び物件調書に対して異議があるのであれば、土地収用法36条 3 項に基づき異議を附記するか、遅くとも権利変換計画の縦覧手続において意見書を提出しなければ、その内容について事後的に争うことができなくなる。土地調書及び物件調書に基づく評価こそが、地権者の権利保障の根幹となる従前資産評価や補償額に反映されることを踏まえると、本判決の意義は極めて大きい。ただし、この点については、唯一の地裁判例ということもあり、今後の裁判所の判断を見守る必要がある。

　最後に、本判決は、多様な論点を提供している裁判例であるが、本項では 3 つの論点に絞って説明した。このほか、重要な論点としては、従前資産評価の目的に関する法解釈と評価細則に則った一体画地の適否について、鑑定意見を比較しながら非常に詳細に検討を加えており、具体的な従前資産評価の手法について貴重な判断資料を提供している。また、施行者が支払うべき清算金に対する遅延損害金の計算については、都再法106条 3 項の規定は準用されず、民法所定の法定利息（本件当時は旧規定により年利 5 分）の割合によるべきとされた点にも注意が必要である。

施行者に求められる紛争予防のための注意点など

　どんな地区にも、対応の難しい地権者や借家人はいるものであるが、本判決における物件調書の作成過程に関する事実認定では、借地権の存否について権利主張者から直接に存否内容の確認をとることも、契約書等による確認をとることもできなかったという点を認定したうえで、施行者の行った手続上のミスをいわば救済的に解釈して「違法性は軽微」と評価しており、実務上の参考になる（だからといって、ミスをしてよいわけではないことは当然である）。

【事例 4 – 5】

横浜地判平成11・7・14判例地方自治202号85頁〔28051996〕

権利変換処分の前提となる借家権消滅届及び行政代執行手続に違法な点があったとして、国家賠償請求を求めたが違法性がないとして棄却された事例

事案の概要

市施行の第一種市街地再開発事業において、共同代表者が提出した借家権消滅届に効力がないとして権利変換処分通知の違法性を争うとともに、明渡しの行政代執行手続において自己の立会いなく執行がされた点について違法性を主張して、国家賠償請求を求めた原告の訴えを棄却した事例。

当事者の気持ち（主張）

原告ら：原告ら（法人）が提出した借家権消滅届はそもそも共同代表者の了解なく相共同代表者が提出したもので無効であるにもかかわらず、それに基づく権利変換処分は違法であるだけでなく、行政代執行手続に原告代理人を立ち会わせなかったのは違法である。

施行者：そもそも共同代表者の了解のもとで借家権消滅届が提出されているのであり、借家権消滅希望申出書が無効なものであるはずがなく、行政代執行手続において立会いの機会を与える必要もない。

法律上の論点

① 借家権消滅希望申出書における手続違背の有無

② 行政代執行手続において当事者に立会いの機会を与える必要があるか

関連法令

会社法349条、都再法71条、87条、96条、98条

1　借家権消滅届における手続違背の有無

「都市再開発事業の施行地区内の建物の借家権者が実際は借家権の消滅を希望していないのにこれを希望しているかのように、施行者において事実を歪曲しあるいは過失により事実の認識を誤り、借家権の消滅を前提とした権利変換処分を行ったところ、借家権者がこれに不服で建物の明渡しに応じないため、施行者が建物明渡しの代執行をしたという場合には、借家権の存否を故意又は過失により誤って［筆者注：原文ママ］施行者の権利変換処分は、国家賠償法上の違法行為に当たり、それと因果関係のある結果について損害賠償責任を生じさせるものと解するのが相当である。そして、都市再開発事業における権利変換処分と建物明渡しの代執行とは、ともに都市再開発事業の完成を目指すものであり、その意味では密接に関連しているといえることをも踏まえると、右の違法行為があるとされる場合には、借家権の消滅のみならず明渡しの代執行による借家権者の被害についても、権利変換行為と因果関係がある限り、施行者の責任が生じ得ると解するのが相当である。

被告は、『権利変換処分等と代執行手続における処分とは別個独立した処分であって、権利変換処分等が違法であっても、代執行の違法までもたらすものではない。原告らは、権利変換通知に対し、何らの不服申立てもしていないから、これを違法ということはできない。』と主張するが、このような場合に必ずしも先行の行政処分（右の例でいえば、借家権の消滅を前提とした権利変換処分）の取消しがなくても国家賠償法の適用が妨げられるものではない（事案は別であるが、最高裁昭和36年4月21日第二小法廷判決・民集15巻4号850頁）から、右の被告の主張は採用することができない」（下線筆者）

「そこで、本件権利変換処分に原告らの主張するような違法があるかどうか、すなわち、本件権利変換処分には、原告Tの共同代表取締役の一人であるPが原告Tの借家権の消滅について合意していないのに、合意しているとしてされた違法があるかどうかについて検討するに、共同代表取締役がその一人に業務全般を委任して会社を代表させること（包括委任）は実質的に単

独代表と異ならないから、共同代表制度の趣旨からして許されないが、共同代表制度は共同代表者間の相互の牽制によって代表権の行使が慎重かつ適正に行われることを企図したものであるから、特定の事項につき内部的に意思が合致しているならば、外部的な意思表示のみを他の代表取締役に委任することも許され（最高裁昭和49年11月14日第一小法廷判決・民集28巻8号1605頁）、また、特定の事項について意思決定の段階で一人の代表取締役に委任し、対外的な意思の表示は受任者だけで行うことも許される（最高裁昭和54年3月8日第一小法廷判決・民集33巻2号187頁）と解するのが相当である」（下線筆者）と判示し、共同代表者による借家権届は有効と判断した。

2　行政代執行手続において当事者に立会いの機会を与える必要があるか

　「原告らは、本件代執行に際し、川崎市長には原告ら代理人に立会いの機会を与えなかった違法があると主張する。しかし、行政代執行法は、代執行を実施するに当たって、関係権利者を立ち会わせなければならない旨の規定を置いていないから、川崎市長が、原告ら代理人に立会いの機会を与えないまま本件代執行手続を進めたとしても、直ちに違法ということはできない。

　また、原告らは、本件代執行には、川崎市長が原告らが希望するような目録を作成しなかった違法があると主張する。しかし、行政代執行法には、代執行に当たり搬出動産の目録を作成しなければならない旨定めた規定はないから、川崎市長が原告らが希望するような目録を作成しなかったとしても、これをもって違法ということはできない上、被告は任意に搬出動産目録を作成し、原告らに交付しているから、その措置に違法はない。

　さらに、原告らは、本件代執行には、川崎市長が動産撤去の根拠がないのに動産を撤去した違法があると主張する。しかし、建物明渡しの代執行において、代執行権者が建物内の動産を撤去できることは、それが明渡しの代執行である以上当然である上、被告は原告らの所有動産を搬出して別途保管しているから、原告らの主張は理由がない。そして、他に本件代執行手続自体に被告が原告らに対する賠償責任を負うべき事由を認めるに足りる証拠もない」（下線筆者）

解　説

　本判決の地権者は、会社の共同代表者の2名のうち、一方代表者が他方代表者から再開発に関する手続について「自分が任せられている」と口頭で組合に伝えていたうえ、他方代表者も権利変換計画を縦覧手続で閲覧しながら何らの意見書も提出していなかったにもかかわらず、都再法91条の補償金額約4600万円に対して、5億円の請求をしていた事案であり、かなりチグハグな対応をする地権者であったことがうかがえる。

　本判決では、借家権消滅届の説明の際に、組合側が虚偽の事実を伝えたような事情はなく、権利変換手続に違法性は全くない。

　もっとも、裁判所は、もし権利変換手続において故意の虚偽説明や過失による評価過誤があった場合に、事後的な代執行手続で地権者に損害が生じた場合は、国家賠償法上違法の評価を受けるとしている点が注目される。

　これは、抗告訴訟における違法性の承継（【事例4-2】）の問題ではなく、民事訴訟の要件として、違法な権利変換処分と因果関係の認められる損害を賠償するべきかどうかの問題であるから、公定力については問題にならない（櫻井敬子＝橋本博之『行政法〈第6版〉』弘文堂（2019年）86頁参照）。

　また、組合施行の場合の明渡しにあたっては、近年、後記本編第6章のように、保全処分として断行の仮処分によって実現することが多いものと思われるが、行政代執行手続をとられた事例として公刊物に掲載されている珍しい裁判例であるため、行政実務の一例として価値のある裁判例である。

【事例4-6】

神戸地尼崎支判平成14・1・31裁判所HP〔28070793〕

都市整備公団施行の第一種市街地再開発事業について、権利変換を受けた床に賃借需要がないとして公団による権利変換処分の違法を主張し提起した国家賠償請求が棄却された事例

公団施行の第一種市街地再開発事業において、賃貸用の業務床の権利変換処分を受けた原告が、賃貸需要がない床の権利変換処分をした公団に「権利者に損害を被らせない義務」があるとして7億5000万円の国家賠償訴訟を求めたが、請求が棄却された事例。

当事者の気持ち（主張）

原　告：賃借需要がない賃貸用物件には、企画・設計上あるいは構造上の欠陥等があるので、公団は、権利変換処分にあたって従前の権利者等に損害を被らせないようにすべき高度の注意義務（抽象的注意義務。その具体的注意義務としては、引渡し後相当期間内に借り手がつくように配慮するなどの義務）を尽くしていない。

施行者：施行者にそのような義務はない。

法律上の論点

権利変換処分にあたっての施行者の一般的注意義務

関連法令

都再法74条

判　旨

「(1)　都市再開発法上の、施行者の義務

ア　都市再開発事業においては、市街地の空間の有効な利用、建築物相互間の開放性の確保及び建築物の利用者の利便を考慮して、当該地区にふさわしい容積、建築面積、高さ、配列及び用途構成を備えた健全な高度利用形態となるような建築物が計画設計されなければならない（都市再開発法〈以下、単に『法』という。〉4条2項3号参照）。

イ　このように、市街地再開発事業は、都市機能の再編成のため、既存の

建築物を除去した後、その跡地に施設建築物、公共施設等を一体的に整備することを目的とするものであるから、その事業の性質上、事業の遂行に伴い、既存の建築物に関する従前の権利者その他の関係者の財産権を侵害するおそれを内包しているということができる。

　ウ　したがって、再開発事業の施行者においては、この再開発事業を遂行するに当たって、従前の権利者その他の関係者に著しく不合理な不測の損害を被らせることのないようにするとともに、法律に則った適正な手続を主宰すべき義務があると解せられる。

　エ　公団は、本件再開発事業においてその施行者として、都市計画の決定、施行規定及び事業計画についての作成、認可、権利変換計画の作成、認可、権利変換の実施、土地明渡の請求、建物の移転除去、再開発ビル・公共施設の建設工事とその完了、更には清算に至るまでの本件再開発事業手続全般を主宰したことは明らかである（弁論の全趣旨）。

　オ　ところで、権利変換計画においては、施設建築物及び施設建築敷地の合理的利用と関係権利者の利害の衡平に十分な考慮を払うことが求められている（法74条）。

　さらに、公団は、権利者に与えられる施設の一部等はそれらの者が権利を有する施行地区内の土地又は建築物の位置、地積又は床面積、環境及び利用状況とそれらの者に与えられる施設建築物の一部の位置、床面積及び環境とを総合的に勘案して、それらの者の相互間に不均衡が生じないように、かつ、その価額と従前の価額との間に著しい差額が生じないように留意しなければならない義務を負っている（法77条2項前段）。

　カ　公団は、上記趣旨を踏まえて、『権利変換基準』を制定している（前記第2の1〈前提事実〉(2)エ）。

　キ　そして、施行者である公団においては、第一地区が日常生活に必要な商品を生活密着で提供するというコンセプト（生活密着型）を理念としつつ計画された区域であること（前記第2の1〈前提事実〉(2)ア（イ））から、権利変換手続を実施するに当たり、そのことを十分に考慮すべきであるといえる。

(2) 不法行為法（国家賠償法）上の注意義務

ア　ところで、前項で触れた諸基準は極めて概括的なものであって、行政行為の適法性を判断する際の一定の基準ないし考慮要素とはなり得るが、上記基準等はそれのみでは直ちに過失判断の内容となるべき注意義務の根拠になるものではなく、したがって、これらに違背したからといって私法上も即違法となるものと解すべきではなく、不法行為（国家賠償法）上の違法性は、これとは別個の見地から、単に行政法規に対する適合性のみならず、侵害行為の性質・態様（行為の相手方からの事情聴取の有無などを含む。）、被侵害利益の種類・内容、被害の回避可能性、行政法規上の専門的・技術的裁量判断の許容範囲等さまざまな要素を相関的に考慮した上判断されるべきである。

イ　本件において、公団は原告が第一地区において広大な貸地を所有しているということ及び本件各物件が賃貸用物件として供されるものであるということを認識していたこと、並びに、原告への権利変換処分は、相手方の事実上の同意という行政手法を先行させつつ行われているということ（前記第2の1〈前提事実〉(2)オ）を勘案すると、本件各物件がおよそ第三者に対して賃貸することが不可能若しくは著しく困難であってほぼこれと同視しうるということが明らかであるといえるような場合には、当該権利変換処分及びこれに付随する企画、設計、施工などの事実上の行為が不法行為法（国家賠償法）上違法となる余地があるといわなければならない。

(3) 原告の主張について

ア　この点、原告は、公団は、本件再開発事業手続全般の主宰者であり、また、再開発事業を目的のひとつとして設立された公法人であるから、本件再開発事業遂行に当たり、従前の権利者等に損害を被らせないようにすべき高度の注意義務があると主張する。

しかしながら、原告が主張するような根拠をもって直ちに公団に通常以上の高度な注意義務が要求されるとはいい難いし、そもそも、住宅・都市整備公団法、同法施行規則、都市再開発法、同法施行令、同施行規則等の関連法令に照らしても、公団についてかかる特別の注意義務が課されていると解することは難しいというべきである。

　イ　また、原告は、高度な注意義務の具体的内容として、公団には本件再
開発事業のコンセプト、地域性、立地条件等を十分調査し、賃貸用物件を取
得する原告に施設建築物の引渡後、相当な期間内には賃貸できるように配慮
すべき高度の注意義務があるとして、コンセプトや賃借需要に合致しない規
模の建物を計画設計の上、建築したこと、そのような区画を原告に複数割り
当てたこと、大規模店舗・事務所用の物件に見合う構造や機能を持たせた設
計が配慮されていないこと、小規模に区割りをして賃貸し得るような構造に
しなかったことは、同注意義務に違反するものであると主張する。

　<u>しかしながら、上記したところと同様、原告主張のような高度の注意義務
が被告に課されているとする根拠は見出し難いのみならず、原告が主張する
ような積極的な義務については、これを肯定すべき特段の事情が認められる
場合はともかくとして、一般的義務としてこれを肯定すべき根拠を見出すこ
とはできない</u>（原告が指摘する上記各事項の個別的・具体的検討については、後記
2参照。）。

　(4)　権利変換の内容に対する原告の認識の機会、程度

　ア　<u>都市再開発事業の施行者が、事業を円滑に進めるためには、また、関
係権利者の既存の権利を不当に侵害しないためには、個々の関係権利者から
事前に意見や要望をできるだけ聴取し、それを可能な限り事業遂行に反映さ
せるなどの配慮が事実上必要となると考えられる</u>」（下線筆者）

解　説

　本判決は、都再法74条に定める権利変換計画の決定の基準に関して、その
施行者の義務を具体的に解釈したおそらく唯一の事例である（なお、基準そ
のものの解釈を示した裁判例としては、【事例4-7】参照）。

　その義務の内容についてみると、まず大前提として、都市再開発法の趣旨
から、「再開発事業の施行者においては、この再開発事業を遂行するに当た
って、従前の権利者その他の関係者に著しく不合理な不測の損害を被らせる
ことのないようにするとともに、法律に則った適正な手続を主宰すべき義
務」があると明示したうえで、この義務違反の有無について国家賠償法上の

違法性の判断を具体的に検討するための考慮要素として、「不法行為（国家賠償法）上の違法性は、これとは別個の見地から、単に行政法規に対する適合性のみならず、侵害行為の性質・態様（行為の相手方からの事情聴取の有無などを含む。）、被侵害利益の種類・内容、被害の回避可能性、行政法規上の専門的・技術的裁量判断の許容範囲等さまざまな要素を相関的に考慮した上判断されるべき」とする。

　そして、その事業の円滑な進行及び関係権利者の既存の権利を不当に侵害しないように「個々の関係権利者から事前に意見や要望をできるだけ聴取し、それを可能な限り事業遂行に反映させるなどの配慮が事実上必要となる」と判示した。

　この判旨は、都市再開発法の立法過程における議論において「とうとい犠牲」と評価された少数地権者のみならず、公共的観点から心ならずも法定再開発に参加せざるを得ないすべての関係権利者の思いを傾聴する配慮が必要であることを示した点で、非常に重要である。裁判所の法解釈において最大限の「配慮」を示した判旨として受け止める必要があろう。

施行者に求められる紛争予防のための注意点など

　本判決は、具体的な判旨として「都市再開発事業の施行者が、事業を円滑に進めるためには、また、関係権利者の既存の権利を不当に侵害しないためには、個々の関係権利者から事前に意見や要望をできるだけ聴取し、それを可能な限り事業遂行に反映させるなどの配慮が事実上必要となると考えられる」としている。

　第一種市街地再開発事業に携わる関係者の行為規範として、地権者の声に耳を傾けるという姿勢は、大前提であろうと思われるし、都市再開発法の施行50年間において各施行者及び関係者において当然の規範とされてきたものであろう。法的義務ではなかったとしても、地権者の思いに寄り添い、配慮を意識することを常に念頭に置かなければならないものと筆者は考える。

【事例 4 - 7】

徳島地判平成29・9・20判例地方自治432号71頁〔28260040〕

市長がなした権利変換計画不認可処分の取消し等を求めたが請求が棄却された事例

事案の概要

　組合施行の第一種市街地再開発事業において、組合がなした権利変換計画認可申請に対し、市長（処分行政庁）が不認可処分をしたことから、組合（原告）が、上記不認可処分は違法であり、Y市長は上記権利変換計画を認可すべきであると主張して、上記不認可処分の取消しと上記権利変換計画の認可処分の義務付けを求めたが棄却された事例。

当事者の気持ち（主張）

原　告：不認可処分をした市長の処分は、裁量権を逸脱濫用した違法なものである。

施行者：選挙で信任を受けた市長として、前市長が進めてきた再開発事業に対してこれを中止する旨の公約を実行したまでであり、市長に裁量権の逸脱濫用はない。

法律上の論点

都再法72条 1 項の権利変換計画の認可基準

関連法令

都再法72条 1 項

判　旨

「(1)　争点(1)ア（権利変換計画認可の判断における市長の裁量の有無）について

ア　法は、73条以下において、権利変換計画において定める事項やこれら
を定めるに際しての個別の基準、あるいは権利変換計画を定めようとする際
の縦覧、審査委員の同意等の手続について規定するだけでなく、74条におい
て、権利変換計画は、災害の防止、衛生の向上、居住条件の改善、土地建物
の合理的利用を図り、関係権利者間の利害の衡平に十分の考慮を払って定め
なければならないという一般的基準をも規定している。そうすると、権利変
換計画の認可の許否の判断に際して、判断権者たる市長は、権利変換計画が
上記の法の求める内容、基準に合致しているかを審査することになるから、
かかる市長の判断には一定の裁量があるといわざるをえない。

　また、権利変換計画が認可されると、権利変換期日の到来とともに権利変
換が実行され（法87条）、既存建物の除却が行われるなど、もはや法的に市街
地再開発事業を中止することができない状態となるが、このような重要な法
的効果につながる権利変換計画の認可の性質に鑑みれば、市長は、当該事業
の実現可能性等も踏まえたうえで認可の判断をすると解するのが相当であ
る。

　そして、このような解釈は、法17条が、同条各号の『いずれにも該当しな
いと認めるときは、その認可をしなければならない』と規定し、知事の裁量
が羈束裁量であることを明示しているのに対し、権利変換計画の認可につい
て、そのような規定は見当たらないことにも整合するといえる。

　イ　原告は、法は、認可権者に監督権限を付与するとともに事業代行制度
を設け、事業の頓挫等の事態を適切に防止しているから、認可権者に広い裁
量を認めてかかる事態の防止を図る必要がない旨主張する。しかし、認可権
者に監督権限があるからといって、認可判断における裁量を否定する必要は
ないし、事業代行制度は権利変換後の原状回復が困難となった場合に備えて
設けられたものであり、同制度を用いるかどうかも裁量に委ねられているか
ら、同制度の存在をもって権利変換前の認可権者の裁量を否定することは相
当でないから、原告の上記主張は採用しえない。

　ウ　したがって、権利変換計画の認可の判断において、判断権者たる市長
には、当該権利変換計画が法73条以下の規定との適合性、当該権利変換計画

の実現可能性等の諸事情を考慮して判断する裁量があるものと解するのが相当である。

(2)　争点(1)イ（本件処分における市長の裁量の逸脱濫用の有無）について

ア　前記前提事実(8)のとおり、本件処分の理由は、〈1〉法73条において権利変換計画の内容として定めるべき事項である本件ホールについて『Y市へ譲渡』と記載されているが、被告は本件ホールを購入しない方針であることから齟齬が生じている、〈2〉今後の事業継続の見通しも立っていないというものである。

これに対し、原告は、〈1〉本件事業の継続について見通しがある、〈2〉本件事業は、実質的にはポイントオブノーリターンの段階まで進行しており、市長が不認可の判断をすることは許されていない、〈3〉本件事業を白紙撤回するというB市長の政策判断は不合理である、〈4〉本件処分によって原告及びその組合員らは致命的な損害を受ける、〈5〉被告には本件事業の遂行を妨げないように配慮する義務がある、〈6〉長年被告は、本件事業の遂行について主導的な役割を果たしており、これに対する原告の信頼は強く保護されるべきであるなどと主張し、本件処分は、市長に与えられた裁量を逸脱し、又は濫用するものである旨主張するので、以下、検討する。

イ　〈1〉本件事業継続の見通しについて

前記前提事実(5)のとおり、本件ホールの購入代金は、156億2500万円もの高額に上り、その全額が本件事業の資金計画において収入として計上されているところ、本件事業全体の資金225億0600万円のうちの約7割を占める上記本件ホールの購入代金が得られないことにより、本件事業計画の資金計画に重大な影響が生じることは明らかである。これに、前記認定事実(2)のとおり、本件都市計画の変更作業も完了せず、その影響で資金計画において見込んでいた国からの補助金も受けられない状態となっていたことをも併せ考慮すれば、本件事業の継続の見通しが立っていないという判断は合理的なものといえる。

これに対し、原告は、本件同意が存することなどから、実質的には被告との本件ホールの売買契約はすでに成立している旨主張するが、本件同意は、

被告が本件ホールの購入先となる予定であることを含め、被告において本件権利変換計画の内容に異議がないことを示したものにすぎず、これにより原告と被告との間で、本件ホールの売買契約が成立したのと同様の法的関係が生じたとまでは認められないから、上記原告の主張は採用しえない。

　ウ　〈2〉ポイントオブノーリターンについて

　本件事業は、権利変換期日を迎えておらず、また本件事業計画に沿った本件都市計画の変更も完了していなかったのであるから、本件事業を中止できない状態に至っていたとはいえない。

　したがって、本件事業の進捗の程度そのものは、市長が本件処分をすることに対し何らかの法的な支障となるものではなく、これに反する原告の主張は採用しえない。

　エ　〈3〉政策判断の不合理性について

　そもそも政策の当否は裁判所の判断しうる事柄ではないうえ、前記前提事実(8)アのとおり、本件事業の継続が争点となった市長選挙の結果、本件事業の白紙撤回を主張していたB市長が当選したことなどの経緯に鑑みれば、被告が本件ホールの買取りを白紙撤回したこと自体は不合理なものであるとはいえない。

　オ　〈4〉本件処分による損害について

　確かに、原告には、すでに調査設計費や事務所運営費などで5億円余りの借入れがあり（甲19の13）、本件事業を実現できなくなった場合、原告や原告の組合員に損害が発生する可能性はある。

　しかし、被告において本件ホールの買取りをしない以上、本件事業の継続の見通しが立たないことは前述のとおりである。また、本件処分時点では、いまだ権利変換は実行されておらず、従前の建物が除却されるなど物理的に原状回復が困難な状況には至っていないうえ、組合員は、原告の承認は要するものの、（法70条3項）、土地建物等の処分が一切禁じられているわけでもない。そして後述のとおり被告の賠償責任が肯定され、原告やその組合員の損害が填補される余地もあることをも考慮すれば、本件処分により原告や原告の組合員に損害が発生する可能性があることをもって、本件処分につい

て、裁量の逸脱・濫用があると認めることはできない。

　カ　〈5〉配慮義務違反について

　原告は、被告には原告が本件事業を遂行するに当たり、合理的理由なくその事業を妨げないように配慮する義務があると主張する。

　原告が主張する被告の配慮義務の具体的な内容は必ずしも明らかでないものの、前記(1)のとおり、判断権者たる市長には、権利変換計画に対する認可・不認可の判断について裁量が認められる以上、前記認定事実(1)の本件事業への被告の従前の関わり方によって、判断権者としての市長の裁量を否定するような義務が被告に生じることはおよそ認め難い。また、前記認定事実(3)のとおり、被告は、本件処分前に4回にわたりB市長を交えて原告と協議を行い、B市長の本件事業に対する考えや姿勢について説明するとともに、B市長は、被告に責任があるものは補償する意向を示していることからすれば、本件処分について市長の裁量の逸脱・濫用があったことを肯定しうるような何らかの義務違反が被告にあったとも認められない。

　キ　〈6〉信義則違反について

　確かに、前記認定事実(1)のとおり、B市長の就任に至るまで、被告は長年本件事業を積極的に推進し、前記前提事実(7)のとおり、本件事業は、被告による本件同意も経て本件権利変換計画が作成され、その認可申請がなされる段階まで進行していたものである。

　しかし、地方公共団体において、一定内容の将来にわたって継続すべき施策が決定され、実施された場合でも、その後の社会情勢の変動等に伴って当該施策が変更されることがあることは、住民自治の原則からすればもとより当然であって、従前の政策により関係当事者間に形成された信頼関係が不当に破壊された場合に、地方公共団体が何らかの賠償責任を負うことはあるとしても、地方公共団体が従前の政策決定に常に拘束されるということはない（昭和56年判決参照）。そうすると、被告が本件ホールの買取りに関する政策決定を変更すること自体は許されている以上、上記の被告の本件事業に対する関わり方や本件事業の進捗の程度を考慮しても、本件処分について裁量の逸脱・濫用にあたるような信義則違反が被告にあったとは認められない。

ク　本件処分における裁量の逸脱・濫用の有無

　本件処分の理由は、〈1〉権利変換計画の内容に齟齬があることと、〈2〉今後の事業継続の見通しが立っていないことである。このうち、〈1〉については、法令上、権利変換計画では、施行者に帰属する施設建築物の管理処分方法を明示することや、当該施設建築物を第三者に譲渡する際にその譲渡先の決定方法を定めることが求められているところ（法73条1項20号、法施行規則28条3項）、前記認定事実(3)ウ及びエのとおり、被告には本件ホールを購入する意思がないのであるから、本件権利変換計画は、その内容と実体に齟齬があるといえる。また、〈2〉については、前記イのとおり、本件事業継続の見通しが立っていないという判断は合理的なものといえる。

　これに対し、前記イないしキのとおり、原告が主張する事由は、いずれも本件処分について市長による裁量の逸脱・濫用があったことを認めるに足りるものではない。

　したがって、本件処分について、判断権者である市長に、その裁量の逸脱・濫用があったとは認められない」（下線筆者）

解　説

　本判決は、権利変換計画認可申請前、当該第一種市街地再開発事業が争点となった選挙において、見直し派の市長が当選したことにより、当該再開発の地権者であった市が権利変換計画の内容についての同意を撤回し、更に保留床処分金として組合が当て込んでいた市による音楽ホール購入予算156億円余り（総予定事業費225億円余り）について購入をしない方針とされたことにより事業継続の見通しが客観的に立たない状態になった。そのような状況を踏まえて、市長が権利変換処分の不認可処分をしたことから、組合が「今までと話が違う」として、不認可処分の取消訴訟を提起したものである。

　一般的に、第一種市街地再開発事業がとん挫する場合としては、①経済的理由によるもの、②政治的な理由によるものの2つに大別される。（なお、③として、法律上の手続が履践されないことも抽象的には考えられるが、その可能性は極めて低いためここでは検討の対象としない）。

　まず、①経済的理由によるとん挫としては、津山再開発事例（【事例6-3】、【事例6-4】）、【事例7-3】のような事例もある一方、②政治的な理由によるとん挫としては、施行区域を含む地方公共団体において首長の交代があった場合に、当該再開発事業に関する予算が変更されることが見込まれ、再開発事業自体が止まることとなる（【事例7-7】参照）。

　本判決は、当該第一種市街地再開発事業が争点となった市長選における結果が如実に反映された事例として、貴重な事例を提供している。

　法理論的には、組合設立認可について規定した都再法17条が覊束裁量であるのに対して、同法72条における権利変換計画に対する認可については、同法74条の一般的な基準を踏まえて、市長に一定の裁量権があることを前提としている点が重要である。

　実際、もし市長に裁量権が認められないとなると、公共性の観点から地方公共団体が組合に対してチェックする場面が、都市計画決定以降の手続において、ほとんどなくなってしまう。少数地権者の保護の観点からも、権利変換計画を覊束裁量と解する余地はなく、行政事件訴訟法30条の規制下に置かれるべきであると解される。

　本判決は、原告からの主張に対して、それぞれ理由を付けて排斥しており、これにより一層、裁量権の内容について豊かな理解の素材を提供しているともいえよう。なお、判旨中、紹介されている「昭和56年判例」とは、最判昭和56・1・27民集35巻1号35頁〔27000153〕の計画担保責任に関する判例を指しているが、この点については、【事例7-7】の解説を参照のこと。

施行者に求められる紛争予防のための注意点など

　本件では、平成26年8月25日の設立認可における資金計画168億6400万円が、1年後の事業計画変更時には225億0600万円にまで膨らみ、しかもその内訳として補助金60億1600万円、保留床処分金158億0300万円（ただし上記ホール処分金が156億2500万円）、公共施設管理者負担金6億8700万円となっており、純粋な保留床処分金は1億7800万円（総事業費の0.7％）にすぎなかった。

このような事情もあり、公金支出等の差止めを求める住民訴訟が先行するとともに、市政でも政治問題化するなど、非常に難しい組合運営が求められていた事案のようである（江村英哲「首長の『ちゃぶ台返し』は合法か―徳島市・新町西地区再開発訴訟にみる事業推進の難しさ」2017年11月27日付日経アーキテクチュア・ウェブサイトの記事も参照のこと）。

　施行者としては、政治問題は別として、粛々と事業の手続を進めるしかないところではあるが、設立認可から1年で33％以上の事業費増加がされている点に批判が集まっていたとすれば、当初の資金計画の読みが甘かった可能性も否定できない。

　ただ、長期間にわたって地権者合意を積み上げてきた再開発組合地権者にとっては、首長の交代により莫大な負債を背負わされることにもなりかねず、資金計画が何らかのやむを得ない事情による増額であったとすれば、地権者にとっては酷な結果であろう。

　なお、本件については、本判決後控訴されている。控訴審判決は本書執筆時点で公刊物に掲載されていないが、組合側の控訴は棄却されたようである（徳島新聞電子版2018年4月20日付記事）。

　また、本件訴訟とは別に、再開発組合が市に対して6億5000万円の損害賠償請求を、地権者26名が市に対して1億3069万円の損害賠償を求める集団訴訟をそれぞれ提起し、前者について、徳島地判令和2・5・20判例地方自治464号84頁〔28281625〕において市に対して約3億5000万円の支払を命じる判決が下され、後者について、高松高裁令和3年4月8日において地裁判決に従った和解が成立したようである。

権利変換処分による従前従後の権利の同一性について

　権利変換処分は、大まかに言えば、再開発前の土地、借地権及び建物の所有権を、文字どおり、再開発後の土地、借地権及び施設建築物の所有権に変換する処分である（なお、ここでは原則型とされる地上権設定型を例に説明を進める）。

　まず、土地については、「施行地区内の土地は、権利変換期日において、権利変換計画の定めるところに従い、新たに所有者となるべき者に帰属する」（都再法87条1項前段）と定められている。これは、権利変換前の細分化された土地所有関係を、原則として一筆の土地の共有土地として「変換」することになる。

　この時、従前土地を目的とする所有権以外の権利（借地権、地役権等）は、原則としてすべて消滅する（同条1項後段）。ただし、担保権については、特別の規定があり（同法78条1項）、消滅せずに再開発後の施設建築物の一部に移行する。

　一方、建物については、施行地区内の土地に権限に基づき建築物を所有するものの当該建築物は、原則として、施行者に帰属することとなり、土地と同様に都市再開発法上、別段の規定がある担保権等は残るが、その他の権利は消滅する（同法87条2項本文）。これにより、施行者は、当該建物の所有権者として、建物占有者に対して建物の明渡請求をなし、建物除却を進めることになる。

　この時、原則型とされる地上権設定型の場合、「施設建築物の敷地となるべき土地には、権利変換期日において、権利変換計画の定めるところに従い、施設建築物の所有を目的とする地上権が設定されたものとみなす」（同法88条1項本文）と規定されていることから、建物所有者（借地権者）が権利変換処分により取得するのは、いまだに完成していない施設建築物の一部に対応する地上権の共有持分となる。

　そして、施設建築物が完成した暁には、「施設建築物の一部は、権利

変換計画において、これとあわせて与えられることと定められていた地上権の共有持分を有する者が取得する」(同条2項)ことになり、従前借地権者は<u>原始的に</u>施設建築物の一部を取得することになる。

　以上の権利変換処分に基づく実体法上の説明を踏まえたとき、権利変換処分の前後の権利は、形式的には全く別個の物であるようにもみえるが、法的には権利変換処分前後の権利は、権利としての同一性を維持しているものと解釈される。

　この「権利としての同一性の維持」について判断した2つの裁判例があるので、ここで紹介する。

① 東京地判平成25・5・17平成24年(ワ)28660号公刊物未登載〔29027949〕

　この事案は、相続人A(長男)に対する債権者である被告が、対象不動産に対して強制競売の申立てをしたのに対して、相続人である原告(長女)が、当該不動産は被相続人から公正証書遺言により取得しているとして強制執行の不許可を求めた第三者異議訴訟である。この相続財産の中に、第一種市街地再開発事業による権利変換対象となった不動産が含まれていた。

　被告である債権者は、権利変換前の不動産と権利変換後のマンションとの間には同一性はないとして争ったが、裁判所は、都再法76条から78条までの条文について、「<u>これらは、従前の権利関係・法律関係の同一性を維持しようとする趣旨と認められる。かかる趣旨からすると、(中略)(対象となる)不動産と本件マンションは同一と考えるべきであ</u>り、被告の主張は採用できない」(下線筆者)と判示して、被告の主張を排斥した。

② 東京地判平成14・7・11税務訴訟資料252号9156順号〔28072388〕

　この事案は、租税特別措置法69条の3(平成6年法律22号改正前:小規模宅地等の負担軽減措置特例)について、従前資産で事業の用に供されて

いた従前不動産について、従後建物建設中に相続が発生し、従後不動産
においても同一の事業の用に供していた場合にも適用が認められるかが
争われた。

　この事案において、裁判所は、「亡P2が権利変換後の権利を他に譲渡
するなど、これを用いた不動産賃貸等を廃することを意図していた形跡
がないことからすると、亡P2は、<u>権利変換後の権利と法的に同一視す
べき権利変換前の土地</u>において不動産貸付業を行っていたが、これにつ
き、都市再開発事業という公的要請のため、事業用の建築施設の建設を
前提として本件敷地持分及び本件施設建築物持分への権利変換に合意し
た後、除却工事及び建築工事が長期間にわたって行われ、その途中でた
またま相続が発生したにすぎないものと認められるし、建築中又は取得
に係る本件施設建築物は、相続開始前に被相続人等が現に事業の用に供
していた権利変換前の土地を敷地として存在していた建物の取り壊しに
伴う建て替えに係るものであるとみるべきものである。そして、<u>権利変
換前の土地と権利変換後の本件施設建築物敷地及び本件施設建築物と
は、法的には通じて一体のものとみるべきである</u>から、そのような観点
からすると、これらを建物の敷地に供して、被相続人が相続の開始前に
不動産貸付業を行っており、相続開始時においてはこの事業は建物の建
て替えのため一時中断していたものの、本件施設建築物の完成により建
て替えが完了すれば再び事業を再開することが確実であったと認められ
るから、実体的には、本件特例適用の要件を充たしている事案であった
と認められる」（下線筆者）と判示して、権利変換前後の不動産について
法的な同一性を認め、租税特別措置法の適用を認めた（ただし、上級審
において当該論点とは別の理由で原告の請求は排斥され、最高裁で確定してい
る）。

　以上2つの裁判例が示すように、権利変換前後を通じて、対象不動産
の事実上の形は異なっていたとしても、法的にはその権利の同一性が維
持されるものと解釈されていることがわかる。

第5章

従前資産評価・補償に
関する一般論

1　第一種市街地再開発事業における補償の種類

(1)　91条補償

　第一種市街地再開発事業の施行者である再開発組合は、従前の地権者及び借家人のうち、都市再開発法の規定により、権利変換期日において当該権利を失い、かつ、当該権利に対応して、施設建築敷地若しくはその共有持分、施設建築物の一部等又は施設建築物の一部についての借家権を与えられない者に対し、その補償を支払わなければならない（都再法91条1項前段。以下、この補償を「91補償」という）。

(2)　97条補償

　加えて、施行者たる再開発組合は、施行地区内の土地の占有者及び当該土地にある物件を占有している者で物件に関し権利を有する者が、これらの土地若しくは物件の引渡し等により通常受ける損失を補償しなければならない（都再法97条1項、96条1項。以下、この補償を「97補償」という）。

2　権利の種類に対応する補償

(1)　地権者（所有権者・借地権者）

ア　91補償の対象となる者

　まず、地権者のうち、91補償の対象となるのは、「施行地区内の宅地（指定宅地を除く。）若しくはこれに存する建築物又はこれらに関する権利を有する者で、この法律の規定により、権利変換期日において当該権利を失い、かつ、当該権利に対応して、施設建築敷地若しくはその共有持分、施設建築物の一部等（中略）を与えられないもの」である（借家権者については、下記(2)で説明する）。

　これらの者は、権利変換手続により従後の施設建築物について権利を得ることはない者であり、手続上は、都再法71条（及び都再法施行規則25条）に基づき、再開発組合の設立認可公告等から30日以内に金銭給付等希望の申出をした者が対象となる。この中には、権利変換を受ける権利を有し得る地権者のみならず、過少床により従後の施設建築物の権利を得られない者（都再法79条3項）や、権利変換期日においてその権利が消滅する者（同法87条）も含

まれている。

　なお、従後の施設建築物への権利変換を受けたにもかかわらず、都再法77条2項に定める「著しい差額」が生じているとして、91補償の補償金請求を行った地権者の主張に対しては、権利変換を受けた者であるという点において、そもそも91補償の対象外であるとして主張自体失当とした裁判例がある（【事例4-4】の傍論）。

(2)　借家権者

ア　借家権の権利変換

　権利変換計画において、施行地区内の土地に権原に基づき建築物を所有する者から当該建築物について賃借権の設定を受けている者に対しては、施設建築物の一部について、賃借権が与えられるように定められなければならない（都再法77条5項）。ただし、都再法71条3項及び都再法施行規則25条2項により、施行者に対し施設建築物の一部についての借家権の取得を希望しない旨の申出をした者（以下「借家権消滅希望の申出」という）に対しては、借家権を与える必要はない。なお、転貸人は、都再法71条3項のかっこ書内の記載のとおり、借家権は与えられないこととなる。

イ　借家権者に対する91補償

　他方、借家権消滅希望の申出をした者は、権利変換期日において借家権を失い（都再法87条2項）、かつ、当該権利に対応する施設建築物の一部についての借家権が与えられないこととなるので、91補償の対象となり得る。

　これを踏まえて、権利変換計画においては、91補償が支払われるべき者について、その定める権利変換期日（同法73条1項17号）において失われる借家権及びその価額を定めなければならない（同項12号）。

　しかし、借家権は、一般的には賃貸人の承諾なく第三者へ譲渡し得ないものであり、取引慣行自体が一般にないと評価されて、客観的な取引価格を認識することが困難であることから、価額は0（零）として実務上は91補償の対象とならないものがほとんどである（【事例5-4】参照）。

(3)　抵当権者等の担保権

　一方、土地及び建物に付された抵当権をはじめとする担保権については、

都再法87条各項の「この法律に別段の定めがあるもの」に該当することから、権利変換処分により消滅することなく、施設建築敷地の共有持ち分及び施設建築物の一部等の上に移行することとなる。したがって、91補償の対象とはならない。

(4)　91補償の額

　91補償の価額は、組合設立認可公告から30日の期間を経過した日（以下「評価基準日」という）における近傍類似の土地、近傍同種の建築物又は近傍類似の土地若しくは近傍同種の建築物に関する同種の権利の取引価格等を考慮して定める相当の価額である（都再法80条1項）。

　91補償として支払われるべき額は、この相当の価額に評価基準日から権利変換計画の認可の公告の日までの物価の変動に応ずる所定の修正率を乗じて得た額に、同公告の日から補償金を支払う日までの期間につき年6％の割合により算定した利息相当額を付した金額とされていた（同法91条1項）。令和2年4月1日以降は、民法（債権法）の改正に伴い、法定利率による利息相当額に改正されている。

(5)　97補償の額

　一方、97補償の額については、占有者又は物件に関し権利を有する者（以下「占有者等」という）に対する「通常受ける損失」の補償となる。

　第一種市街地再開発事業においては、補償額について、施行者との協議により確定することが求められている（都再法97条2項）。この点について、最終的には、審査委員の過半数の同意を得て、施行者の定めた金額（同条3項）が供託されることで土地の明渡しを求めることができるとしても（同法96条）、任意の明渡しを求めるためには誠実な協議が必要なことは論を俟たない。

　ただ、占有者等において、第一種市街地再開発事業の公共性について十分な理解が深まっていない場合、相当な補償額と乖離した補償費の請求がされることも少なからずある。

　しかし、都市再開発法に基づき設立された公的色彩の強い法人（同法8条、名古屋地判平成16・9・9裁判所HP〔28092874〕参照。なお、第3章COLUMN「組

合は『公法人』か」も参照）であるのみならず、第一種市街地再開発事業自体が補助金事業でもあることに鑑み、法律上の根拠のない相当性を欠く補償は、コンプライアンス上の観点から支出できないことを、占有者等に十分に説明する必要がある。

そのうえで、都再法97条1項に基づく「通常受ける損失」とは、公平負担の原則に照らして、公共の費用として施行者において負担すべき性質の損失であるか否かの観点から判断すべきとされていることからしても（【事例5-5】）、補償費の支払にあたり、法律上の根拠のない積上げは公的観点から施行者にはできないことも、占有者等に説明すべきであろう。

これらの観点からは、土地収用法と同様に、公共用地の取得に伴う損失補償基準要綱に基づき「通常受ける損失」について補償費を積み上げていく以外には、基本的な計算根拠はないことになる。

具体的な項目の検討については、同基準要綱の解説書等[1]にあたる必要があるが、例えば、補償項目としては、

① 工作物補償（基準16条）：近傍同種の建物その他の工作物の取引の事例がない場合においては、取得する建物その他の工作物に対しては、当該建物その他の工作物の推定再建設費について、取得時までの経過年数及び維持保存の状況に応じて減価した額

② 動産移転料（基準31条）：土地等の取得又は土地等の使用に伴い移転する動産に対する補償については、当該動産を、通常妥当と認められる移転先に、通常妥当と認められる移転方法によって移転するのに要する費用

③ 仮店舗（仮住居）補償（基準32条）：土地等の取得若しくは土地等の使用に係る土地にある建物又は取得し、若しくは使用する建物に現に営業又は居住する者がある場合において、その者が仮店舗又は仮住居を必要とするものと認められるときは、仮店舗又は仮住居を新たに確保し、かつ、使用するのに通常要する費用

④ 家賃減収補償（基準33条）：土地等の取得又は土地等の使用に伴い建物

---

1 公共用地補償研究会編著『公共用地の取得に伴う損失補償基準要綱の解説〈補訂版〉』大成出版社（2021年）等を参照のこと。

の全部又は一部を賃貸している者が当該建物を移転することにより移転期間中賃貸料を得ることができないと認められるときは、当該移転期間に応ずる賃貸料相当額から当該期間中の管理費相当額及び修繕費相当額を控除した額

⑤　借家人補償（基準34条1項）：土地等の取得又は土地等の使用に伴い建物の全部又は一部を現に賃借りしている者がある場合において、賃借りを継続することが困難となると認められるときは、その者が新たに当該建物に照応する他の建物の全部又は一部を賃借りするために通常要する費用（ただし、同条2項も参照のこと）

⑥　移転雑費（基準37条）：土地等の取得又は土地等の使用に伴い建物等を移転する場合又は従来の利用目的に供するために必要と認められる代替の土地等を取得し、若しくは使用する場合において、移転先又は代替地等の選定に要する費用、法令上の手続に要する費用、転居通知費、移転旅費その他の雑費を必要とするときは、通常これらに要する費用

⑦　営業補償（基準43条以下参照）の各項目について、基準に基づき算出された額の総額となる（もちろん、各地区の実情に応じて、その他の補償項目が認められる場合もあり得る）。

　この補償額算出の基礎となるのは、物件調書（都再法68条）や占有者等から提出された営業資料等であるが、物件調書については、権利変換処分後はその内容について争うことができなくなると考えられていることから（【事例4-4】参照）、占有者等から相談を受ける場合には十分な注意が必要であろう。

(6)　権利の価額についての意見及び不服の扱い

　施行者である市街地再開発組合は、権利変換計画を定めようとするときは、権利変換計画を2週間公衆の縦覧に供しなければならない（都再法83条1項）。施行地区内の土地又は土地に定着する物件に関し権利を有する者及び参加組合員又は特定事業参加者は、縦覧期間内に、権利変換計画について施行者に意見書を提出することができ（同条2項）、施行者は、この意見書の提出があったときは、その内容を審査し、その意見書に係る意見を採択すべ

きであると認めるときは権利変換計画に必要な修正を加え、これを採択すべきでないと認めるときはその旨を意見書を提出した者に通知しなければならない（同条3項）。なお、その意見書の採否にあたっては、審査委員の過半数の同意を得なければならない（同法84条2項）。

91補償の額の算定の基礎となるべき都再法73条1項17号の価額についてこの意見書を採択しない旨の通知を受けた者は、その通知を受けた日から起算して30日以内に、収用委員会にその価額の裁決を申請することができる。

そして、その裁決に不服がある場合の損失の補償に関する訴えは、裁決書の正本の送達を受けた日から6月以内に、これを提起した者が裁決申請者であるときは施行者を被告として、提起しなければならない。もっとも、この裁決の申請及び訴えの提起は、事業の進行を停止しない（同法85条1項〜3項、土地収用法133条2項、3項、134条、都再法施行令33条）。

【事例5‒1】

東京地判平成24・11・27平成24年（行ウ）397号公刊物未登載〔28273647〕

都再法85条1項に基づく裁決に対する取消請求訴訟における審理対象が問題となった事例

事案の概要

組合施行の第一種市街地再開発事業について、権利変換計画で定められた従前資産の価額について都再法85条1項に基づく裁決を不服として、原告らが同裁決の取消しを求めたが、請求が棄却された事例。

当事者の気持ち（主張）

原告ら：再三にわたり、準備組合からの脱退や施行地区からの除外を求めたにもかかわらず、それに合理的な回答をしなかったことは、権利変

換処分の手続上の瑕疵があり、裁決は取り消されるべきである。

施行者：原告らの主張する違法事由は、権利変換計画に定められた従前資産
　　　　の価額に関するものではなく、本件裁決の審理対象にはなり得ない
　　　　から、裁決の取消しは認められない。

法律上の論点

都再法85条1項に基づく裁決に対する取消請求訴訟における主張事由の適否

関連法令

都再法85条1項

判　旨

「1　（中略）第一種市街地再開発事業の施行地区内の土地又は土地に定着
する物件に関して権利を有する者等は、権利変換計画の縦覧期間内に、権利
変換計画について施行者に意見書を提出することができ（都市再開発法83条1
項及び2項）、これを受けた施行者は、その意見書に係る意見を採択すべきで
ないと認めるときはその旨を意見書を提出した者に通知しなければならず
（同条3項）、施行地区内の地権者等が有する従前資産に関して権利変換計画
に定められた同法73条1項3号、11号又は12号所定の価額（従前資産の価額）
について意見書を採択しない旨の通知を受けた者（意見書の提出者）は、通知
を受けた日から起算して30日以内に、収用委員会に対し、同法85条1項に基
づき、従前資産の価額の裁決を申請することができるところ、この申請を受
けた収用委員会は、申請が同法の規定に違反するとしてこれを却下する場合
のほかは、従前資産の価額について裁決しなければならないとされている
（同法85条3項、都市再開発法施行令33条、土地収用法94条7項、8項）。

　このような制度の内容に加え、（中略）都市再開発法上、〈1〉　収用委員
会の従前資産の価額の裁決に不服がある場合の訴えは、土地収用法上の損失
の補償に関する訴えと同様に、特別な出訴期間と訴訟類型（形式的当事者訴
訟）を採るものとされ（都市再開発法85条3項、都市再開発法施行令33条、土地収

170

用法133条）、また、〈2〉　施行者が都市再開発法に基づいてした処分に不服
のある者は、都道府県知事等に対して行政不服審査法による審査請求をする
ことができるものの、権利変換に関する処分についての審査請求において
は、権利変換計画に定められた宅地若しくは建築物又はこれらに関する権利
の価額についての不服をその理由とすることができないとされている（都市
再開発法128条 1 項）など、都市再開発法は、同法に基づく施行者の処分に対
する救済手続について、権利変換計画に定められた従前資産の価額に関する
不服とその余の不服とを明確に区別する建前を採用していることをも併せ考
慮すると、同法85条 1 項に基づく裁決の対象は、施行地区内の地権者等が有
する従前資産の価額（同法73条 1 項 3 号、11号又は12号の価額）の適否に限ら
れ、その前提問題というべき施行地区又は施行区域の設定の適否あるいは当
該従前資産が当該再開発事業の対象とされることの適否といった問題は、上
記裁決の対象とはならないものと解するのが相当である。

　なお、このように解したとしても、施行地区等の設定の適否等に不服のあ
る施行地区内の地権者等には、少なくとも同法11条 1 項に基づく市街地再開
発組合の設立認可の効力等を争う余地があるから、地権者等にとって何ら酷
な結果を招来するものではない。

　2　本件において、原告らは、処分行政庁が原告らの主張した違法事由に
ついて判断しなかった点が違法であると主張しているところ、原告らが主張
した事由の内容は、結局、〈1〉　原告ら従前資産が本件事業の施行地区内と
されること自体についての不服、及び、〈2〉　その不服を本件事業の決定前
後にわたって関係各所に伝えたにもかかわらず、本件事業や本件権利変換計
画に反映されなかったという不服を、実体法上の瑕疵あるいは手続上の瑕疵
という形で述べるものにとどまり、上記 1 でみた従前資産の価額（都市再開
発法73条 1 項 3 号、11号又は12号の価額）の適否を争うものではなく、その前提
問題というべき施行地区等の設定の適否等を争うものにすぎない。

　そうすると、原告らが本件各裁決に係る手続において主張した上記各違法
事由は、同法85条 1 項に基づく裁決の対象とならない事項に関する違法事由
の主張であるから、処分行政庁が本件各裁決に係る手続においてこれらの主

張の当否について判断しなかったことに瑕疵があるものとはいい難い。

　　3　そして、以上のほかに、原告らが本件各裁決に係る違法事由を主張していない本件においては、本件各裁決は適法でありこれを取り消すべき理由はないというほかはない」（下線筆者）

解　説

　本判決は、後続する【事例5-2】の前哨戦ともいうべき裁判例であり、結論としては、原告が従前資産価額を争うにあたって、結論として「裁決の取消し」という手段に出るべきではなかったことを示すものである。ただ、その判決内容は、都市再開発法において従前資産額の争い方を非常に丁寧にわかりやすく解説しており、都市再開発法の整理に役立つものと評価できる。

　そこで、都再法85条1項に基づく収用委員会の裁決に対する訴訟としていかなる形式が適当であったかを、次の【事例5-2】で検討する。

【事例5-2】

東京地判平成26・6・13平成24年（行ウ）660号公刊物未登載〔29027063〕

都再法85条1項に基づく裁決に対して正当な価額を求めて価額弁償請求がなされた事例

事案の概要

　組合施行の第一種市街地再開発事業について、施行地区内の借地権者である原告が、権利変換計画における借地権及び建物の価額に不満をもち都再法85条1項に基づく裁決を経たうえで、その裁決に不服があるとして増額請求をした事例。

当事者の気持ち（主張）

原　告：本件裁決は、原告の借地権と建物を別個に評価するなど正当な評価
　　　　になっていない。

施行者：本件裁決は、用地対策連絡会が作成した「公共用地の取得に伴う損
　　　　失補償基準」に基づく評価であり、正当である。

法律上の論点

都再法85条 1 項に基づく裁決に対する裁判所の判断基準

関連法令

都再法80条 1 項、85条 1 項

判　旨

「1　判断基準

(1)　都市再開発法80条 1 項は、同法73条 1 項 2 号に掲げる者が施行地区内
に有する宅地、借地権又は建築物の価額（同項 3 号）や、同項12号に掲げる
者が権利変換期日において失う宅地若しくは建築物又はこれらに関する権利
の価額等を、同法71条 1 項の規定による権利変換を希望しない旨の申出に係
る30日の期間を経過した日又は同条 5 項の規定による所定の日における近傍
類似の土地、近傍同種の建築物又は近傍類似の土地若しくは近傍同種の建築
物に関する同種の権利の取引価格等を考慮して定める相当の価額とする旨を
定めている。

　そして、同法80条 1 項の規定により算出された『相当の価額』は、施行地
区内の宅地若しくは建築物又はこれらに関する権利を有する者で、権利変換
期日において当該権利を失い、かつ、当該権利に対応して、施設建築敷地若
しくはその共有持分又は施設建築物の一部等を与えられないもの（同法73条
1 項12号）との関係では、補償金の額を算定する基準（同法80条 1 項、91条 1
項前段）となり、また、施設建築敷地、その共有持分又は施設建築物の一部

等を与えられた者との関係では、これに対応する権利としてその者が有していた施行地区内の宅地、借地権又は建築物の価額と差額があるときに生ずる清算金の額を算定する基準（同法103条1項、104条1項）となるものであり、これらの規定に鑑みれば、同法は、財産権の保障の見地から、第一種市街地再開発事業によって施行地区内の宅地若しくは建築物又はこれらに関する権利を有する者が被る特別な犠牲の回復を図ることを目的として、補償金又は清算金の支払及びそれらの額の算定の基準に関する規定を設けているものと解され、かかる観点からは、権利変換期日における宅地若しくは建築物又はこれらに関する権利の変換等の前後を通じて当該宅地若しくは建築物又はこれらに関する権利を有する者に帰属する資産の財産価値を等しくさせるような補償金又は清算金の額を所定の日を基準に定めるべきものと解される。

　そして、同法80条1項の規定による価額は、『相当の価額』との不確定概念をもって定められているものではあるが、前記の観点から、通常人の経験則及び社会通念に従って、客観的に認定され得るものであり、かつ、認定すべきものであって、同法73条1項3号等に掲げる宅地、借地権、建築物等の価額につき同法85条1項の価額の裁決の申請があった場合における収用委員会の裁決に当たり、収用委員会に裁量権が認められるものと解することはできない。

　したがって、同法85条3項がそれについて土地収用法133条等の規定を準用するものとする都市再開発法85条1項の規定による収用委員会の同法73条1項3号の価額についての裁決に不服がある場合の訴えにおいて、裁判所は、同号の価額に関する収用委員会の認定判断に裁量権の範囲からの逸脱又はその濫用があるかどうかを審理判断するものではなく、証拠に基づいて同号の正当な価額を客観的に認定し、当該裁決に定められた当該価額が上記の認定額と異なるときは、当該裁決に定められた当該価額を違法とし、当該宅地、借地権又は建築物につき同号の正当な価額を確定すべきものと解するのが相当である」（下線筆者）

　「以上のとおり検討してきたところのほか、一件記録に照らしても、本件裁決において決定された各価額が客観的に認定される平成22年6月21日にお

ける正当な本件借地権及び本件建物の各価額を下回ることが証明されたとは
いえない」（下線筆者）

解　説

本判決は、【事例５-１】において、裁決の取消訴訟が訴訟手続の選択の適
否の問題で棄却された原告が、改めて正当な価額を求めて訴えを提起した事
例である。

裁判所は、都再法80条１項に規定する「相当の価額」については、同法85
条１項で定める収用委員会に裁量権があるわけではなく、証拠上「相当の価
額」を客観的に認定するべきであると判断した。

この判断に基づいて考えた場合、施行者において内部基準として定める補
償基準においては、独自の要素を考慮要素として挙げるのではなく、あくま
でも同法80条１項の一般的な法文上の基準を挙げて、法律に基づいた客観的
な価額の算出をしていることを明確にすることが求められているといえよ
う。

一方、同じ地区において、価額裁決を不服とした訴訟がもう１件係属して
いる。これは、【事例５-１】の共同原告が別個に提起した訴訟（東京地判平
成26・8・26平成24年（行ウ）661号公刊物未登載〔29044932〕）であるが、この裁
判では、同法80条１項の「相当の価額」の解釈を展開して判示した点に特徴
がある。

その該当一般論部分を以下引用して紹介する。

「１　判断基準

法80条１項は、宅地等の価額の算定基準について、『近傍類似の土地、近
傍同種の建築物又は近傍類似の土地若しくは近傍同種の建築物に関する同種
の権利の取引価格等を考慮して定める相当の価額とする』旨定めているとこ
ろ、同項の『相当の価額』とは、収用する土地等に対する補償金の額につい
て定めた土地収用法71条における『近傍類地の取引価格等を考慮して算定し
た事業の認定の告示の時における相当な価格』と同義に解するのが相当であ
り、当該宅地等の権利者が近傍において当該宅地等と同等の代替地等を取得

することを可能にするに足りる金額の補償を要するものというべきである（最高裁昭和46年（オ）第146号同48年10月18日第一小法廷判決・民集27巻9号1210頁参照）。

　そして、法80条1項の規定による価額は、『相当の価額』との不確定概念をもって定められているものではあるが、上記の観点から、通常人の経験則及び社会通念に従って、客観的に認定され得るものであり、かつ、認定すべきものであって、宅地等の価額につき法85条1項の価額の裁決の申請があった場合における収用委員会の裁決に当たり、収用委員会に裁量権が認められるものと解することはできない。そうすると、裁判所は、宅地等の価額に関する収用委員会の認定判断に裁量権の範囲からの逸脱又はその濫用があるかどうかを審理判断するものではなく、証拠に基づいて宅地等の正当な価額を客観的に認定し、当該裁決に定められた当該価額が上記の認定額と異なるときは、当該裁決に定められた当該価額を違法とし、当該宅地等につき正当な価額を確定すべきものと解するのが相当である（平成5年（行ツ）第11号同9年1月28日第三小法廷判決・民集51巻1号147頁参照）」（下線筆者）

　このように、当該裁判例では、「相当の価額」について「収用する土地等に対する補償金の額について定めた土地収用法71条における『近傍類地の取引価格等を考慮して算定した事業の認定の告示の時における相当な価格』と同義に解するのが相当であり、当該宅地等の権利者が近傍において当該宅地等と同等の代替地等を取得することを可能にするに足りる金額の補償を要するものというべき」との一般論を提示した。

　その根拠として、当該裁判例では、改正前の土地収用法71条及び72条の解釈が問題となった昭和48年最高裁判決（最判昭和48・10・18民集27巻9号1210頁〔27000472〕）を示している。この判例は、一般論において以下のように判示している。

　「おもうに、土地収用法における損失の補償は、特定の公益上必要な事業のために土地が収用される場合、その収用によつて当該土地の所有者等が被る特別な犠牲の回復をはかることを目的とするものであるから、完全な補償、すなわち、収用の前後を通じて被収用者の財産価値を等しくならしめる

ような補償をなすべきであり、金銭をもつて補償する場合には、被収用者が
近傍において被収用地と同等の代替地等を取得することをうるに足りる金額
の補償を要するものというべく、土地収用法72条（昭和42年法律第74号による
改正前のもの。以下同じ。）は右のような趣旨を明らかにした規定と解すべき
である。そして、右の理は、土地が都市計画事業のために収用される場合で
あつても、何ら、異なるものではなく、この場合、被収用地については、街
路計画等施設の計画決定がなされたときには建築基準法44条2項に定める建
築制限が、また、都市計画事業決定がなされたときには旧都市計画法11条、
同法施行令11条、12条等に定める建築制限が課せられているが、前記のよう
な土地収用における損失補償の趣旨からすれば、被収用者に対し土地収用法
72条によつて補償すべき相当な価格とは、被収用地が、右のような建築制限
を受けていないとすれば、裁決時において有するであろうと認められる価格
をいうと解すべきである。なるほど、法律上右のような建築制限に基づく損
失を補償する旨の明文の規定は設けられていないが、このことは、単に右の
損失に対し独立に補償することを要しないことを意味するに止まるものと解
すべきであり、損失補償規定の存在しないことから、右のような建築制限の
存する土地の収用による損失を決定するにあたり、当該土地をかかる建築制
限を受けた土地として評価算定すれば足りると解するのは、前記土地収用法
の規定の立法趣旨に反し、被収用者に対し不当に低い額の補償を強いること
になるのみならず、右土地の近傍にある土地の所有者に比しても著しく不平
等な結果を招くことになり、到底許されないものというべきである」（下線
筆者）

　以上のように、前掲平成26年東京地判〔29044932〕は、特別の犠牲を課せ
られた場合の損失補償として「完全な補償」を認めた土地収用法に関する最
高裁判例に従って、都再法80条1項の「相当の価額」について、権利者が近
傍において当該宅地等と同等の代替地等を取得することを可能にするに足り
る金額の補償であるとの判断を下した。

　これは、裁判所が、都市再開発法における従前価額の評価について、土地
収用法の考え方と同一の考え方を採用することを鮮明にしたものと評価する

ことができる。

　なお、この昭和48年最高裁判決の後、土地収用法の改正がなされ、①固定価格制を採用することで起業利益の帰属の適正化が図られるとともに、②旧法における裁決時価格主義[2]を改めて事業認定告示時の価格を採用することが明確にされた[3]。本判決は、この改正部分に関わらない、「完全な補償」の意義についての一般論を採用したものと評価するべきであろう。

　一方、前掲平成26年東京地判〔29044932〕は、最判平成9・1・28民集51巻1号147頁〔28020339〕をも引用して、都市再開発法における従前価額評価の審理判断の方法について、土地収用法133条所定の補償額と同様の審理判断の方法（収用委員会の補償に関する認定判断に裁量権の逸脱濫用があるかどうかを審理判断するのではなく、裁決時点での正当な補償額を客観的に認定する手法）を採用することを明確にした。

　したがって、上記平成26年東京地判により、都市再開発法においては、実体面、手続面の双方において、土地収用法の考え方を踏襲することを明確にしたものと評価することができる。

　そこで次に、さらに一歩踏み込んで、①「相当の価額」には、都市再開発法による開発利益が含まれるのか、②開発利益が含まれるとした場合に、いつの時点での開発利益まで考慮に入れることができるのか、という2点が問題となる。

　以下、各論点について判示した事例を概観する。

2　柴田保幸『最高裁判所判例解説民事篇〈昭和48年度〉』法曹会152頁参照。
3　小澤道一『逐条解説　土地収用法（下）〈第四次改訂版〉』ぎょうせい（2019年）40頁以下参照。

【事例5‑3】

東京高判平成28・12・15裁判所HP〔28253284〕

第一種市街地再開発事業の完成の期待が、都再法80条1項にいう「相当の価額」に含まれないとされた事例

事案の概要

　組合施行の第一種市街地再開発事業において、地権者である法人が、都再法85条3項に基づく施行地区内の宅地の価額に関する裁決を不服として、価額の増額請求（行政事件訴訟法4条前段所定の当事者訴訟）を提起したのに対して、裁判所がこれを認めなかった事例。

当事者の気持ち（主張）

原　　告：従前宅地価額には、当該再開発事業の完成の期待に伴う価値の増分を含めて評価すべきところ、その評価をしていない裁決は不当である。

施行者：裁決は適正であり、従前宅地価額にはいかなる意味でも開発利益を反映させるべきではない。

法律上の論点

①　都再法80条1項にいう「相当の価額」の意義

②　「相当の価額」の算定において開発利益を考慮することの可否

関連法令

都再法80条1項

判　旨

1　都再法80条1項にいう「相当の価額」の意義（第一審判決の読み替え部分

について筆者が適宜修正した）

　「再開発事業（第一種市街地再開発事業）のうち施設建築敷地に地上権が設定されない方式でされるもの（都再法111条前段、75条2項参照。以下『地上権非設定型の再開発事業』という。）においては、施行地区内の土地は、権利変換期日において、権利変換計画の定めるところに従い、新たに所有者となるべき者に帰属する（都再法87条1項、都再法73条1項4号等参照）。そして、施行者は、施行地区内の宅地を有する者で、権利変換期日において当該権利を失い、かつ、当該権利に対応して施設建築の部分を与えられないもの（都再法73条1項12号参照。以下『権利喪失者』という。）に対し、その補償として、権利変換期日までに、上記『相当の価額』（ただし、物価の変動に応ずる所定の修正率を乗じる。）に、所定の利息相当額を付した金額（以下『補償金』という。）を支払わなければならない（都再法91条1項参照）。

　また、施行者は、地上権非設定型の再開発事業の工事が完了した場合には、すみやかに、当該事業に要した費用の額を確定するとともに、その確定した額及び上記『相当の価額』を基準として、施設建築の部分の価額を確定した（都再法103条1項参照）上、その確定した額と、当該施設建築の部分を与えられた者（以下『権利取得者』という。）がこれに対応する権利として有していた施行地区内の宅地の価額とに差額があるときは、その差額に相当する金額（以下『清算金』という。）を徴収し、又は交付しなければならない（都再法104条1項参照）。

　上記の都再法の規定に鑑みれば、地上権非設定型の再開発事業における補償金及び清算金の支払は、当該再開発事業のために宅地につき権利の変換がされる場合において、財産権の保障の見地から、当該再開発事業によって従前土地の所有者（権利取得者と権利喪失者のいずれであるかを問わない。）等が被る特別な犠牲の回復を図ることを目的とするものであるから、その金額は、従前土地に関する権利変換の前後を通じて当該従前土地の所有者の保有する財産価値を等しくさせるよう、当該所有者が近傍において従前土地と同等の代替地を取得することを得るに足りる金額であることを要し、かつ、それで足りるというべきである（最高裁昭和48年10月18日第一小法廷・民集27巻9号

1210頁参照）。

　そして、都再法80条1項にいう『相当の価額』が、補償金及び清算金の額を算定する基準となることからすれば、この『相当の価額』とは、評価基準日において、従前土地の所有者がその近傍において当該従前土地と同等の代替地を取得し得る金額であることを要し、かつ、それで足りるものと解される」（下線筆者）

2　「相当の価額」の算定において開発利益を考慮することの可否

　「(1)　控訴人は、再開発事業の対象となっている従前土地につき、その価格が同事業が予定されていることが原因となって評価基準日までの間に上昇した場合、その上昇分を『開発利益』として当該従前土地の『相当の価額』に反映すべきである旨を主張する（中略）。

　(2)　開発利益の概念等

　ア　『開発利益』という用語は、都再法上の用語ではなく、実務において多義的に使用されているものであるところ、本件で証拠として提出されている文献等（甲1、17、25、乙3、4、12）において述べられているその意義を整理すれば、〈1〉再開発事業のもたらす全体の効用を指す概念であり、粗効用−（工事費＋資本コスト＋用地費）として捉えるもの、〈2〉個別の再開発事業において形成された従後資産の価値と事業の原価たる従前資産及び事業費の合計額との差額をいうとするもの、〈3〉再開発事業の施行地区内の土地の価値という観点から、再開発事業により土地が一体利用されることによる価値の増分をいうとするもの、〈4〉再開発事業の施行地区の近隣の土地の価値という観点から、再開発事業による市街地の活性化、利便性の向上等又はこれに対する期待に伴う価値の増分をいうとするもの、〈5〉再開発事業の施行地区内の土地の価値という観点から、都市計画等の見込み、決定等に基づく再開発事業の完成の期待に伴う価値の増分をいうとするものがある。そして、控訴人の主張する『開発利益』は、その主張内容に照らし、〈5〉に該当するもの（以下、これを『開発期待』と称する。）と解される。

　イ　前記ア〈1〉ないし〈3〉の意味における開発利益は、その内容に照らし、再開発事業の完成によって生じるものであることが明らかであり、か

かる意味の開発利益が『相当の価額』において考慮されるべきものに該当しないことは、『相当の価額』が評価基準日における価額であるとされていること（都再法80条1項）から明らかというべきである。

　ウ　一方、再開発事業は、事業による市街地の活性化、利便性の向上等及びこれに対する期待から、評価基準日までに施行区域を含むその近隣の土地全体の地価を上昇させることがあり得る。『相当の価額』とは、従前土地を有する者が近傍において当該従前土地と同等の代替地を取得することを得るに足りる金額をいうことは前記2に説示したとおりであることからすると、上記のような近隣の土地全体の地価の上昇があるときには当該地価の上昇分を考慮しなければ、従前土地の所有者は近傍において当該従前土地と同等の代替地を取得することができなくなるから、その場合における『相当の価額』の算定に当たっては当該地価の上昇を考慮する必要があるというべきである。前記ア〈4〉の意味における開発利益は、このような意味の評価基準日までに生じた施行地区の近隣の土地の価格上昇をいうものであり、『相当の価額』の算定において考慮されるべきものであると解される。

　エ　控訴人は、従前土地について、評価基準日までに生じた前記ア〈5〉の意味における開発期待による価格の上昇を『相当の価額』の算定において考慮されなければならないと主張する。

　評価基準日までの期間において従前土地の処分に関する制限はないから、従前土地についても、再開発事業に参加することを希望する者との間で売買が成立することはあり得ることであり、その場合に再開発事業に参加したいと希望する者が開発期待を織り込んだ割増価格で買い受けることもあり得ると考えられる。しかし、当該割増分は、再開発事業に参加を希望する者が再開発事業に対して付加する価値であり、再開発事業の完成によって実現するものであるから、従前土地の売買時点における客観的価値とは異なるものであり、その性質上、従前土地の所有者に補償されるべきものとはいえないというべきである。

　また、控訴人の主張する開発期待は、評価基準日の時点における従前土地の価格上昇分として把握するものであるから、権利取得者に限らず権利喪失

182

者にも等しく及ぶことになると解されるところ、再開発事業は評価基準日から完成まで更に数年を要することが多く、本件再開発事業においても、本件評価基準日（平成24年3月11日）からその完成予定時期（平成28年10月頃。前提事実⑸キ）まで4年7か月余りの期間が予定されているところであり、その間には多くのリスクが存在し得ることに鑑みると、当該リスクを負担することがなくなる権利喪失者にまで、再開発事業が施行されて初めて実現する付加価値というべき期待に係る利益を、再開発事業が予定されることによって評価基準日までに施行地区及びその近隣の土地全体に等しく生じ得る地価の上昇分に加えて補償する必要があるとは解されず、また、再開発事業で行われる権利変換によって従前土地の所有者が被る特別の犠牲とは、本来、再開発事業が行われない従前の状態における所有権の価値であることからしても、前記ア〈4〉の意味の開発利益とは別に再開発事業が施行されるということにより従前土地に係る付加価値として生じるとする開発期待は、従前土地の価値に含まれると解することはできないというべきである。

　さらに、『相当の価額』が評価基準日における価額であることに鑑みると、評価基準日までに現実に生じた地価の上昇分は加味されるべきであるということになるところ、前記ア〈4〉の意味における開発利益を『相当の価額』の算定に当たって考慮することは、従前土地の所有者に近傍において同等の代替地を取得せしめてその財産権の保障を実行ならしめるために必要不可欠であり、また、都再法80条1項が『相当の価額』を近傍類似の土地の取引価格等を考慮して定めるものと規定することとも整合するのに対し、控訴人が主張する前記ア〈5〉の意味の開発期待は、上記のとおり、再開発事業の完成に期待して付加される価値であり、評価基準日の時点における従前資産の価値とは別個のものである上、多分に個別的要因の強いものであって、かかる付加価値分が施行地区内の土地全体に等しく妥当すると解する根拠を欠くものというべきであるから、『相当の価額』を構成する要因とするのは相当とはいえない。

　オ　以上によれば、本件再開発事業を起因とする地価の上昇が、前記ア〈4〉の意味における評価基準日までに本件施行地区内の従前土地のみなら

ずその近隣周辺において同等に生じるものは、『相当の価額』に含まれるべきものであるが、前記ア〈5〉の意味における従前土地が再開発事業の施行される土地であることにより生じる同事業完成の期待に伴う価値の増分は、評価基準日以降に生じる付加価値であり、個別的要因によって変動し得る不確定なものであって、施行地区内の土地全体に一般的、普遍的に及ぶ利益ではないから、『相当の価額』の算定において考慮されるべきものではないと解するのが相当である。

　したがって、控訴人の前記エの主張及びこれを前提とする本件施行地区内に存在する本件土地の『相当の価額』の算定に当たって本件再開発事業の成果に対する期待による価値の上昇分を考慮しなければならないことをいう控訴人の主張は、採用することができない」（下線筆者）

解　説

　都再法80条１項にいう「相当の価額」については、【事例４−４】において、以下のように判断されたのが、おそらく裁判所の判断としては初出である。この裁判例では、以下のように判示していた。

　「従前資産の価額は、権利変換処分によって変換後資産を取得する場合には、権利変換処分の前後における各資産の価値を把握比較し、従前資産と変換後資産の均衡を判断しあるいは清算金を決定する要素であり、権利変換を希望しない場合には、補償金を決定する要素と成るものであり、その評価の基準日は、法71条１項又は５項の規定による30日の期間を経過した日と定められ、その価額の意義は、右評価基準日における近傍類似の土地、近傍同種の建築物又は近傍類似の土地若しくは近傍同種の建築物に関する同種の権利の取引価格等を考慮して定める相当の価額とすると定められているのであるから、従前資産の価額は、当該資産の右基準日における状態を対象として決定すべきであって、都市再開発事業の完成後の改善された状態を考慮することは、そもそも従前資産の価額という概念と矛盾するものである。

　もっとも、都市再開発の施行区域として指定された地域は、将来都市再開発がなされるという期待のために現実の取引において取引価格が上昇するこ

とがあり得るが、このような価格の上昇は、他の一般的な原因による価格の上昇と同じく、正常な取引価格の推移の範囲内の事柄といい得るから、このような取引価格を考慮して従前資産の価額を決定することは、従前資産の決定基準に違背するものではない」

　この一般論部分は、当該裁判例において出された鑑定の比較において、都市再開発事業の効果による土地価格の増価を考慮した鑑定について否定的評価を下すためになされた一般論であるため、積極的評価としての一般論とまではいえなかった。

　これに対して、都再法80条1項にいう「相当の価額」については、別の先例として、東京高判平成21・11・12裁判所HP〔28206404〕（原審：東京地判平成21・3・27裁判所HP〔28161201〕）がある。

　同裁判例で、地権者（控訴人）は、評価基準日後の事後的な事情に基づいて発生する開発利益を認めなかった（実質的には開発利益自体を認めなかった）原審への批判として、「原判決は、組合施行の市街地再開発において、市街地再開発事業の円滑な遂行も都市再開発法の目的に適合するから、従前資産の価額の算定に開発利益を考慮することは許されるが、従前資産の価額について収用委員会の裁決に不服がある場合の訴えにおいては、開発利益を加算することは許されないとするもので、二重の基準を設けており、理由不備である」と主張した。すなわち、再開発組合が権利変換計画を定める際の取扱基準に基づき開発利益を乗せることが許されるのに、事後的な不服申立てにおいては開発利益を乗せることが許されないのはダブルスタンダードだ、と批判した。

　これについて、上記平成21年東京高判〔28206404〕は、「都市再開発法80条1項は、同法73条1項3号の従前資産の価額を、評価基準日における近傍類似資産の取引価格等を考慮して定める『相当の価額』とする旨定めており、これは、権利変換の前後を通じてその者の有する財産価値を等しくさせることを目的として算定される金額であって、権利変換計画の決定前の日である評価基準日の時点における近傍類似資産の取引価格その他の諸事情を考慮して定められるべきものと解するのが相当であり、評価基準日の後に発生

する開発利益は加算すべきではないことは、原判決判示のとおりである。土地価格形成要因の変更が確実であることから、それを織り込んだ開発利益が既に発生しているということは擬制にすぎず、そうであるからこそ、本件取扱基準が開発利益を『加えた価格』を宅地の価格とする旨定めているのであり、真に現実化しているなら、加える必要自体がないことになる」としたうえで、「都市再開発法80条1項にいう『相当の価額』が上記のようなものと解すべきである以上、収用委員会も裁判所も、この『相当の価額』について認定判断すべきものであることは、同法の規定の当然に予定するところといわなければならない。そして、原判決が本件権利変換計画において定められた宅地の価格が開発利益も加算したものとなっていることにつき、直ちに違法となるものではないと判示したことを二重の基準を設けるものと非難しているが、これは、施行者である被控訴人が同法80条1項所定の評価基準と異なる取扱基準を用いたことにつき、違法とまではいえないが同法に根拠を有しない事実上の措置にすぎないとしているものであり、二重の基準とはいえない。

なお、このように、収用委員会及び裁判所においては、あくまで、都市再開発法80条1項の『相当の価額』の認定判断をするものであり、その範囲でのみ違法の是正を行うものであることからすると、施行者が事実上の措置として『相当の価額』に加算した額をもって宅地の価額としている場合には、是正された価額に同じ加算がされるように求めることはできないことになるが、それがあくまで事実上の措置である以上、裁決及び判決により救済を図ることは、同法の予定していないところといわざるを得ない」（下線筆者）と断じた。

この裁判例を踏まえれば、再開発組合の裁量により、都市再開発法の規定により本来考慮すべき事情以外の事情をも算定要素に加え、補償金額等を上乗せすることにより、将来の補償金をめぐる争訟等の時間と費用を節減し、市街地再開発事業の円滑な遂行を図ることは許容され得る（当該裁判例の原審判決でもその趣旨を認めている）。

そして、事後的な争訟の中で客観的な「相当な価額」の算定がなされて、

再開発組合による事実上の増額が法律上の算定に基づき減額されても、権利者はそれにより救済が図られるわけではない。

　本事例の平成28年東京高判〔28253284〕は、上記平成21年東京高判〔28206404〕と比較すると、開発利益を「相当の価額」の算定にあたって考慮し得るとした点で地権者に一歩有利に働いたようにもみえる。

　しかし、前者の判決によって後者の判旨の一般論（再開発組合における裁量に基づく増額の許容と事後的な争訟における客観的な価額判断の差額があっても救済は予定されない）が否定されたわけではない。

　むしろ、上述のように前者における開発利益の考慮が限定的であると考えられる点に加え、前者でも昭和48年最高裁判決を引用して土地収用法の考え方を踏襲していることからすれば、基本的に裁判所は、都市再開発法における第一種市街地再開発事業においても、土地収用法における補償の考え方を踏襲し、両制度で考え方が異ならないように、法的安定性を優先させる判断を重ねていると評価できる。

　なお、本判決では、「評価基準日までの期間において従前土地の処分に関する制限はない」としているが、都再法70条2項は、権利変換手続開始の登記後は、権利処分については施行者の承認を得なければならないとしているのであり、この点については十分な注意が必要である。特に、同条項の「処分」には、借家権の設定も含まれているとするのが国土交通省の解釈のようであり（筆者が同省に電話で確認した）、実務的な対応における非常に重要な解釈となることに留意すべきであろう。

【事例 5 − 4 】

東京高判平成27・11・19裁判所HP〔28243488〕（原審：東京地判平成
27・6・26裁判所HP〔28243901〕）

都再法71条 3 項に基づき転出申出をした借家権者について、同法91条 1
項に基づく補償額を 0 円とした権利変換計画及び収用委員会の裁決が適法
であるとされた事例

事案の概要

　組合施行の第一種市街地再開発事業について、施行地区内に借家権を有し
ていた者が、地区外転出の申出をしたところ、都再法91条 1 項に基づく借家
権価格を 0 円とされ収用委員会でも同様の結論であったことから、その価額
変更を求めたところ、請求が棄却された事例。

当事者の主張

原告ら：都市再開発法は、借家権者に対して、権利変換と地区外転出の申出
　　　　という 2 つの等価的選択肢を用意しているのであるから、権利変換
　　　　を希望した者に新たな借家権が与えられることとの均衡上、地区外
　　　　転出の申出をした者には借家権価格相当の補償がされるべき。
施行者：借家権は一般的に取引慣行がなく、都再法91条 1 項の補償対象には
　　　　ならない。

法律上の論点

借家権者に対して都再法91条 1 項に基づく補償価額を 0 円とすることの可否

関連法令

都再法91条 1 項、71条 3 項

判　旨

1　原審（東京地判平成27・6・26裁判所HP〔28243901〕）引用部分

「1　争点1（本件借家権に対する91条補償の要否とその額）について

(1)　借家権の消滅と91条補償の要否について

ア　施行者は、第一種市街地再開発事業の施行地区内の宅地若しくは建築物又はこれらに関する権利を有する者で、法の規定により、権利変換期日において当該権利を失い、かつ、当該権利に対応して、施設建築敷地若しくはその共有持分、施設建築物の一部等又は施設建築物の一部についての借家権が与えられないものに対し、その補償として、失われる宅地若しくは建築物又は権利の価額たる法80条1項所定の『相当の価額』に、所定の修正を加え利息相当額を付して支払わなければならない（法91条1項、80条1項、73条1項12号）。

この91条補償は、施行地区内に有していた権利に対応する権利が第一種市街地再開発事業完了後の施行地区内において与えられずにその権利を失う者に対して、当該権利の消滅の対価として支払われるべき補償であるということができる。

もっとも、法71条は、権利変換を希望しない旨の申出等について定めているところ、上記の申出の内容は、〈1〉施行地区内の宅地の所有者及びその宅地について借地権を有する者については、これらの資産の価額に相当する金銭の給付を希望することであり、施行地区内の土地に権原に基づき建築物を所有する者については、建築物の価額に相当する金銭の給付か又は建築物を他に移転するかを希望することであると規定されている（同条1項）のに対し、〈2〉施行地区内の建築物につき借家権を有する者については、単に、借家権の取得を希望しないことであると規定され、金銭の給付を希望することがその内容に含まれていない（同条3項）。

上記のとおり、同条の1項と3項とが権利変換を希望しない旨の申出等の内容を書き分けているのは、借家権は、賃貸人の承諾なく第三者へ譲渡し得ないものであり、取引慣行自体が存在しないことが一般であって、客観的な

取引価格を認識することが困難であるのが通常であることに基づくものと解される。そうすると、同条3項の規定は、施行地区内の建築物につき借家権を有する者は、借家権の消滅の対価として当然に何らかの金銭の給付を受けられるものではないことを前提にしたものと解することが相当である。

　以上によれば、法は、施行地区内の建築物について借家権を有する者が地区外転出の申出をした場合において、法91条1項に定める91条補償が支払われるべき対象者に形式的には当たるとしても、必ず借家権の消滅の対価として法91条に基づき金銭の給付による補償をしなければならないとの立場をとるものではないといわざるを得ない。

　イ　他方、施行者は、施行地区内の土地の占有者及び物件に関し権利を有する者が、施行者から、権利変換期日後第一種市街地再開発事業に係る工事のため必要があるとして求められる土地の明渡しのためにする土地若しくは物件の引渡し又は物件の移転により通常受ける損失を補償しなければならない（法97条1項、96条1項）。

　この97条補償は、権利の消滅の対価の補償ではなく、明渡しをすることに伴って通常受ける損失についての補償を行う趣旨のものであるということができ、消滅する借家権について取引価格を認識することができない場合であっても、明渡しに伴い、当該借家権が借家人に対してもたらしていた経済的な利益が損なわれるときは、これを通常損失の範囲内で補償することも含まれると解される。

　ウ　原告らは、法91条に基づく補償は、借家権の客観的な取引価格が認められるかどうかを問わず、不随意の明渡しに伴い当然に発生するものである旨主張する。

　この点、本件建物部分の借家権を有していた原告らは、本件建物部分の属する本件建築物の所在地が本件再開発事業の施行地区とされたことにより、自ら地区外転出の申出を選択すると否とにかかわらず、その明渡しを余儀なくされ、この意味において、本件建物部分の明渡しは『不随意の明渡し』に当たることは否定できないが、上記で判示したとおり、この明渡しによる損失の補償は、97条補償により賄われることが予定されている（なお、この補

償には、明渡し等に伴う移転費用に加えて、転出後の家賃差額の補償といった、従来の借家権を継続したときに享受できたであろう経済的な利益の喪失部分も含まれ得る。前提事実(4)参照。)。そうすると、建築物の明渡しがこのような意味における『不随意の明渡し』であることをもって、直ちに91条補償を受けられるべきと解さなければならないわけではない。

　また、原告らは、法が、借家権者に対し、権利変換と地区外転出の申出という2つの選択肢を用意している以上、選択肢の経済的価値は等価であるべきであるが、借家権の価額を0円とする場合には、等価であるべき2つの選択肢の均衡を著しく欠く結論となる旨主張する。

　しかしながら、施行地区内の建築物について借家権を有する者が権利変換を選択し、当該権利に対応して施設建築物の一部について借家権を与えられることになった場合においても、当該借家権につき、当然に、取引価格が認識できることにはならない（権利変換計画上も、当該借家権の価額は記載されない。法73条1項7号、8号。同項2号ないし4号対照。）。したがって、原告らの上記主張はその前提を欠くものといわざるを得ない。

　上記アで判示したとおり、施行地区内の建築物に借家権を有する者で、権利変換期日においてこれを失い、かつ、これに対応して、施設建築物の一部についての借家権が与えられないものについて、常に借家権の消滅の対価として91条補償が必要とされているとまではいえないのであり、法は、91条補償の額を0円と算定すべき場合があり得ることを当然の前提としているものであるから、原告らの主張は採用することができない。

　なお、このように解するとしても、法は、91条補償以外に97条補償を設け、不随意の明渡しに伴って生じる損失を補償することとしているから、憲法29条1項及び3項に違反するものとはいえない。

(2)　91条補償をすべき額

　そこで進んで、原告らが本件再開発事業により失うところとなった本件借家権につき、施行者が法91条により補償すべき額を検討する。

　ア　借家権者が法87条2項の規定により失う借家権の価額は、所定の評価基準日における近傍同種の建築物に関する同種の権利の取引価格等を考慮し

て定める相当の価額と規定されており（法80条1項）、この文言に照らせば、施行者が法91条により補償すべき額は、借家権の取引価格を基礎として算定すべきものであることは明らかである。

　これに対し、原告らは、取引価格『等』との表現のうちに、割合法により算定することが許容されており、本件借家権の評価において割合法を使用することが合理的である旨主張する。

　しかしながら、上記(1)アで判示したとおり、法は、権利変換の際に生じる借家権の消滅の対価として、借家権者は当然に金銭の給付を受けられるものではないとの立場をとっているところ、常に割合法を採用して標準借家権割合に相当する一定の金額を補償しなければならないと解することは、上記の立場と相容れないものとなるから、そのように解することは困難である。また、不動産鑑定評価基準においては、借家権の評価に関し、〈1〉借家権の取引慣行がある場合の借家権の鑑定評価額の評価方法と、〈2〉賃貸人から建物の明渡しの要求を受け、借家人が不随意の立退きに伴い事実上喪失することとなる経済的利益等、賃貸人との関係において個別的な形をとって具体に現れるものがある場合の借家権の鑑定評価額の評価方法とを区別して記載し、割合法については、上記〈1〉の場合に比較考量するものとされ、上記〈2〉の場合には勘案すべきものとされていない（甲18）。これらの点を勘案すると、借家権の取引慣行があるなど取引価格が認識し得る場合においては、割合法により求めた価格を比較考量することが許容されることがあるとしても、取引価格を認識し得ない場合においては、常に割合法のみを採用して上記の対価の額を算定しなければならないと解すべき理由はなく、また、後記イのとおり借家権の取引慣行があるとはいえない本件において、割合法を適用することが合理的であるともいい難い。以上と異なる原告らの主張は採用することができない。

　また、原告らは、再開発の実務において、借家権価額を割合法により求めることが一般的である旨主張し、それに沿う書証（甲18、19）を提出するが、仮に他の市街地再開発事業の実務において、借家権の取引慣行がないのに、専ら割合法により算定した額により91条補償を行っている事例があるとして

も、それが故に、本件再開発事業において、本件借家権の価額を割合法によらずに算定したことが法に反することになるものではない。

　さらに、原告らは、借家権の価格を評価すべき他の場面において、他の法令又は実務上、割合法に相当する考え方が採用されている例が存在することを指摘するが、各分野における立法趣旨や問題状況の違いに応じて評価方法が異なることはあり得るものであり、そうした例の存在することが以上に判示したところを左右するものではない。

　イ　そこで、本件建物部分の近傍同種の建築物に関する同種の権利の取引価格を検討すると、評価基準日現在、本件再開発事業の施行地区付近において、借家権の取引価格が成立している、即ち、〈1〉借家権取引の慣行があって借家権に譲渡取引対象としての財産価値があるとか、〈2〉借家権を取得する上で返還の予定されない一時金を支払わなければならないのが一般であって、当該一時金相場が実質的に借家権の取得取引における経済的価値を形成しているとかいった事実を認めるに足りる証拠はない。〈1〉について付言すると、証拠（甲3、5の各第7条）及び弁論の全趣旨によれば、<u>原告らが本件建物部分に借家権の設定を受けた賃貸借契約においては、『乙〔賃借人〕は甲〔賃貸人〕の書面による承諾を得ないで、他に賃借権を譲渡し、もしくは転貸（共同使用、同居その他これに準ずる一切の行為を含む）をしてはならない。』旨の約定があると認められるところ、このような無断賃借権譲渡禁止の約定を伴う同種の借家権が、一定の価格をもって譲渡取引の対象とされることは、容易に想定し難いものである。</u>

　なお、原告らは、本件借家権の価額を算定するに当たっては、借家権価額が一般的に高額となるとされる個別要因（長期継続性、安定性、地価水準、営業・店舗型であることなど）があるとし、これが考慮されるべきであると主張するが、借家権の取引価格が成立しているとはいえない本件においては、それらの個別要因は、せいぜい97条補償として通常損失を算定する際の基礎事情として考慮され得るにとどまるものであって、91条補償において考慮すべき事情には当たらない。そして、実際上も、原告らは、本件再開発ビル付近において事務所を賃借することにさしたる困難はないものと考えられ、ま

た、前提事実(4)のとおり、原告らに対しては、地域の標準賃料と従前の本件建物部分の賃料との実差額の相当期間分も97条補償として支払われていることをも勘案すると、原告らが従前有していた借家権の経済的な価値についてはそれに見合う補償がされているものということができ、これとは別に、91条補償が支払われるべき事情があるとは認め難い。

　ウ　以上によれば、法91条により補償されるべき借家権の価額は0円であると認めるのが相当である」（下線筆者）

2　控訴審判断部分

「2　当審における控訴人らの主張について

　(1)　控訴人らは、本件建物部分の明渡しは不随意の明渡しであるから、本件借家権の価格の補償の要否を判断するに当たり、客観的な取引価格を問題とすること自体誤りであり、取引価格が存在しない限り借家権価額は0円であるとする原判決の法解釈は立法者意思にも反するものである旨主張する。

　しかしながら、原判決は、借家権者が法87条2項により失う借家権の価額は、法80条1項において、所定の評価基準日における近傍同種の建築物に関する同種の権利の取引価格等を考慮して定める相当の価額と規定されていることから、この文言に従い、施行者が91条補償により補償すべき額は、借家権の取引価格を基礎として算定すべきものであるとしたものである。また、甲33号証（衆議院建設委員会議事録）によれば、都市再開発法案審議における政府委員の答弁内容は、権利変換を希望しない借家人については、施行者が直接借家権を評価して補償すること、その借家権の評価に当たっては、近傍同種の借家権の取引に権利金授受の慣行があるかどうかといった形によって借家権価額の存在が認められる場合には、取引価格を中心に、賃貸借契約の諸条件を考慮して評価するというものであって（取引価格等の『等』とはこれらの考慮要素を指すものと解される。）、近傍同種の借家権取引に照らして借家権価額が認められない消滅借家権についてまで、他の評価方法によって補償を行うことを明らかにしたものとは認め難いから、このような借家権について91条補償をしないことが立法者意思に反するものともいえない。控訴人らの上記主張は、法91条の文言を離れて独自に解釈するものであり、採用す

ることができない。

　(2)　控訴人らは、都市再開発法が借家権者に対して、権利変換と地区外転出の申出という二つの等価的選択肢を用意しており、権利変換を希望した者には新築の施設建築物内の借家権が得られるという利益が与えられるのであるから、権利変換と同等の選択肢である地区外転出の申出をした者にも消滅する従前の借家権に対応する借家権補償がされるべきであり、そうしなければ著しい不均衡が生じる旨主張する。

　しかしながら、<u>本件再開発事業において、そもそも権利変換を希望するのか、地区外転出の申出をするのかは借家権者が自由に選択することができるものである上、地区外転出の申出をした者には、97条補償として、権利変換を希望した者には支払われない家賃差額補償額や敷金の運用益損失相当額から成る借家人補償金を含む移転費用が支払われるものであるから（控訴人らには1069万5720円の借家人補償金が支払われた。）、地区外転出の申出をした者の消滅する借家権価額が取引価格を有しない場合において91条補償がされないからといって、権利変換と地区外転出の申出という二つの選択肢が経済的価値において著しく均衡を欠くということはできない。</u>したがって、控訴人らの上記主張はその前提を欠き、採用することができない」（下線筆者）

解　説

　本判決は、筆者が調べた限りにおいて、都再法91条 1 項に基づく借家権者への補償に関する唯一の裁判例であり、原審及び控訴審を通して、借家権者に対する同法91条に基づく補償を原則として否定した点に意義がある。

　借家権者が形式的に同法91条の補償対象になり得るとしても、それは取引慣行のある借家権に関してのみ対象となるのであり、一般的に借家権には譲渡転貸禁止条項が付されているように取引慣行自体が認められない。その法的根拠について、同法71条 1 項及び 3 項の書き分けに基づき、文理解釈により導いている。

　そのうえで、権利者が失う借家権価額の評価については同法80条 1 項の文言解釈から、借家権の取引価格に依拠するべきとし、不動産鑑定基準に従

い、取引価格を認識し得ない場合においては、常に割合法のみを採用して上記の対価の額を算定しなければならないと解すべき理由はないとして、0円評価についてその合理性を認めた。

　また、控訴審では、立法者意思を確認したうえで、権利変換を選んだ者との均衡についても、転出者は権利変換選択者が取得しない補償（都再法97条に基づく補償）を受領できるという点で、同法91条の補償がなかったとしても経済的不均衡が生じるわけではないとした。

　本件の判示は、都市再開発法の条文解釈及び実際の利益衡量の両面において、必要十分な内容といえ、今後の借家人補償（91補償）について確固たる指針となるものと評価できる。

【事例 5 - 5 】

東京地判平成29・5・30裁判所HP〔28261239〕

都再法97条 1 項に基づく損失補償金の額について、地権者が不服として再開発組合に差額請求をしたが、再開発組合側の提示額に基づく収用委員会の裁決が適法であるとされた事例

事案の概要

　組合施行の第一種市街地再開発事業について、施行地区内に土地建物を所有していた地権者が、当該事業の明渡しに伴い普通借家人が転出したと主張して、その後の定期借家権との賃料差額について、都再法97条で補償されるべきであるとして差額分の補償金を請求したのに対して、当該普通借家人との賃貸借契約の解消が、当該事業の明渡しに伴うものではないとして、請求が棄却された事例。

当事者の気持ち（主張）

原　　告：建物所有者との建物移転補償契約以前に借家人が移転することによ

り、建物所有者が家賃を得ることができないという不利益に係る補
償も、都再法97条1項の補償に含めるべきである。

施行者：原告主張の補償は、借家人の事情に起因するものであるから、原則
として、消極的な取扱いをするのが妥当であり、家賃欠収補償は、
借家人が建物を退去した事情が物件の明渡しに関連してやむを得な
いと認められる場合にのみ認められるべきである。

法律上の論点

都再法97条1項の「通常受ける損失」の意義

関連法令

都再法97条1項

判　旨

「3　争点(2)（原告に対する家賃欠収補償の要否及びその額）について

（1）都市再開発法97条1項の『通常受ける損失』とは、土地等の明渡しに
より通常の事情の下において客観的に受けるべきものと認められる損失をい
い、特別の事情に基づく損失は含まれないものと解される。そして、ある損
失が通常受ける損失であるのか、特別の事情に基づく損失であるのかは、公
平負担の原則に照らして公共の費用として施行者において負担すべき性質の
損失であるか否かの観点から判断すべきであると解するのが相当である。

（2）原告は、本件賃借人が本件賃貸借契約を解約したのは、本件準備組合
が中央区主導の下、確定的と思われる本件スケジュールを公表したことによ
るものであって、その公表により本件賃借人が平成22年6月頃に移転先の選
定に入ったことは合理的であるほか、原告が、月額1350万円の賃料で本件定
期賃貸借契約を締結せざるを得なかったのは、本件事業に伴う本件建物の明
渡しが予定されていたことによるものであり、本件建物の収益価値自体が下
落したわけではないなどとして、本件明渡期限までの本件賃貸借契約の賃料
額と本件定期賃貸借契約の賃料額との差額は、本件事業に基づく明渡しに起

因する損失として補償されるべきと主張する。

　ア　しかしながら、前記認定事実によれば、本件賃借人は、平成22年10月19日に原告に対して本件解約通知をした上、平成23年2月13日には本件建物から退去し、本件賃貸借契約は同年4月19日に終了しているところ、本件解約通知がされたのは、本件明渡期限である平成25年4月1日の約2年6か月も前であり、本件賃貸借契約が終了した日で見ても本件明渡期限の約2年前であって、いずれも再開発組合（被告）が設立されてもいない時期のことである。

　また、第一種市街地再開発事業は、多数の関係権利者との利害調整等を図りつつ実施される事業であり、再開発組合設立の認可や権利変換計画の認可の段階において一定数以上の組合員の同意が必要とされているなど、必ずしも施行者の意向のみで進められるものではないことからすれば、第一種市街地再開発事業において施行者側が一定のスケジュールを示したとしても、それは飽くまで一応の予定あるいは目標を示したものにすぎないというべきところ、前記認定事実によれば、本件準備組合が平成22年4月16日に示した事業計画案（本件スケジュールを含むもの。甲12、50）においても、『再開発事業では、事業の進捗とともに徐々に事業計画の諸条件を確定していくことから、今回の事業計画も、引き続き見直しや詳細検討を行っていきます。』、『平成22年4月時点での想定スケジュールであり、今後変更となる場合があります。』と記載されているというのであり、このことからすれば、上記スケジュールは、不確定要素を多分に含む一応の予定あるいは目標として示されたものにすぎないというべきである。このことは、本件スケジュールが示されるまでのみならず、本件スケジュールが示された後のわずか2か月後の同年6月15日には本件事業のスケジュールが変更されるなど、本件事業のスケジュールが度々変更されてきていることなどからもうかがわれるところであり、同年4月16日に示された事業計画案（本件スケジュールを含むもの）がそれまでに示されたものより相当程度詳細なものであったとしても、変わるものではない。そして、前記認定事実及び証拠（甲7、15、乙69、原告22〜23頁）によれば、本件賃借人が本件解約通知をしたことの理由の一つとして本

件事業の存在があったとはいえるものの、本件賃借人は、平成19年頃から本件建物が本件施行区域内にあることから、いずれは本件建物から本社を移転しなければならないと考えるとともに、子会社オフィスを集約するなどしてグループの連携強化と業務効率化を図ることを目的とした本社移転を行うこと予定していたところ、本件事業のスケジュールが不確定であり、本件賃借人が本件建物を使用できる期間も不確定であったことから、本件賃借人の本社移転のための手続に一定の時間を要することも考慮しつつ、本件建物に代わる建物を早期に確保し、本社機能の移転を優先的に実施させたいという考えの下に本件解約通知をするに至ったものと認められる。そうすると、本件賃借人が再開発組合（被告）の設立すら待つこともなく本件解約通知に至った主たる理由は、不確定な本件事業のスケジュールに煩わされることなく、本社機能の移転を確実に実施するという一種の経営判断にあったものと認めるのが相当であり、本件賃借人による本件賃貸借契約の解約が本件事業の明渡しによるものということはできない。

　なお、原告は、明渡期限は確定的ではないとしても、本件賃借人の近未来の退去は確定的であったのであるから、本件事業のスケジュールが順調に進んだ場合のことも考慮すれば、本件スケジュールの明渡期限は本件建物からの退去時期の指針となり得るものであるから、本件解約通知は本件事業による明渡しによるものであるとも主張する。

　しかしながら、前記認定事実によれば、本件賃借人が原告に対して移転先の選定に入った旨を告げてからわずか4か月後に本件解約通知をしていること、平成22年の千代田区、中央区及び港区の都心3区における2000坪以上の一棟の建物を借りて移転した事例は合計6件あり、本件賃借人の移転先のビルについても複数の候補があったことからすれば、本件賃借人としては、本件解約通知の時点で本件賃貸借契約を解約して早期に移転しなければ、その移転先の確保等が困難であったということはできない。このことに加え、前記認定事実によれば、本件賃借人が原告に対して移転先の選定に入った旨告げた頃である平成22年6月15日には本件スケジュールの見直しがされていること、本件賃貸借契約の終了時期は、本件スケジュールの明渡期限から見て

も、その約1年も前であることなどからすれば、本件賃借人としては、飽くまで、本社機能の移転を優先的に実施するため、本件スケジュールの実現可能性がどの程度あるのかとは関係なく、確実に本社の移転ができるよう相当の余裕をもって本件解約通知に踏み切ったものといわざるを得ない。そして、本件賃借人が本件解約通知をした理由の一つとして、それほど遠くない時期において、本件事業のために本件建物を明け渡すことになるという事情があり、本件スケジュールの公表が本件賃借人に本件解約通知をするという判断をさせる契機になったとしても、上記に説示したことに鑑みれば、本件解約通知が本件事業の明渡しによるものではないとの前記判断を覆すものとはいえない。

　イ　また、原告が主張するように、本件事業による明渡しが予定されていたことから、本件建物の収益価値が減退したわけではないにもかかわらず、本件建物につき月額1350万円という低額な賃料で本件定期賃貸借契約を締結せざるを得なかったとしても、それは、上記ア及びイのとおり、本件賃借人がその経営判断により本件賃貸借契約を解約したことによるものであって、本件事業の明渡しによるものであるということはできない。

　ウ　したがって、本件賃貸借契約の解約が本件事業の明渡しによるものであるとして、本件賃貸借契約の賃料と本件定期賃貸借契約の賃料との差額を家賃欠収補償として補償すべきという原告の主張は採用することができない。

　(3)　以上によれば、本件賃貸借契約の賃料と本件定期賃貸借契約の賃料との差額については、原告が『通常受ける損失』ということはできない」（下線筆者）

解　説

　本判決は、都再法97条1項の「通常受ける損失」（以下「通損補償」という）について、「土地等の明渡しにより通常の事情の下において客観的に受けるべきものと認められる損失をいい、特別の事情に基づく損失は含まれないものと解される。そして、ある損失が通常受ける損失であるのか、特別の事情

に基づく損失であるのかは、公平負担の原則に照らして公共の費用として施行者において負担すべき性質の損失であるか否かの観点から判断すべきであると解するのが相当である」と一般論を立てたうえで、個別具体的に本件の事実関係を評価して、普通借家人の解約通知が「本件事業の明渡しによるものではない」と評価した。

ここで示された判断基準である「公平負担の原則に照らして公共の費用として施行者において負担すべき性質の損失であるか否かの観点から判断すべき」との判示を踏まえると、裁判所は、第一種市街地再開発事業における通損補償そのものが実質的には「公金を支出するに値するか否か」という価値判断で決められるものと評価しているようにみえる。

この判断は、通損補償について規定した土地収用法88条と同様の解釈に基づくものであると考えられる。すなわち、土地収用法88条の「通常」の解釈として、特別損失との分水嶺は、「公平負担の原則に照らして公共で負担すべき性質の損失であるか否かの観点に立って、社会通念により判断するほかない」[4]とされているのであり、裁判所は、都再法97条1項の通損補償の解釈においても、土地収用法と同一の取扱いをしようとしていることがわかる。

逆に言えば、総合的判断から、「施行者が」公金を支出するに値すると判断した場合には、その補償が可能になるとの解釈もできるのであり、都再法80条1項や91条1項において裁判所が求める客観的評価とは異なる視点から、施行者の判断が許容される余地がある。すなわち、本判決の前提には、通損補償においては施行者の裁量権の存在を裁判所が認めていると評価することもできる。

なお、本件では、結論としては、通損補償に該当するか否かという視点ではなく、因果関係の問題としてとらえているようにもみえる。しかし、同法97条1項は、土地収用法88条にある「因つて」という文言がない。そのため、裁判所としては、因果関係による判断ではなく、通損補償該当性そのものの問題として判断せざるを得なかったものと考えられる。

4　小澤道一『逐条解説　土地収用法（下）〈第四次改訂版〉』ぎょうせい（2019年）285頁

最後に、本件での論点は多岐にわたり、実務的には、①補償期間、②家賃減収補償額の具体的な計算方法及び、③原告の増加費用に対する補償の要否の論点も参照に値することから、都再法97条1項の適用判断にあたっては、是非判決原文にあたることをお勧めする。

　なお、同法97条1項にいう「通常受ける損失」の意義について、「客観的社会的にみて、同法96条に基づく土地若しくは物件の引渡し又は物件の移転により、土地の占有者及び物件に関し権利を有する者が、当然に受けるであろうと考えられる経済的・財産的な損失をいうと解するのが相当であり、当該損失が通常受ける損失であることについては原告が立証すべき責任を負うというべきである」（下線筆者）として、その立証責任が地権者にあると判示した裁判例として、東京地判平成28・6・16平成27年（行ウ）369号公刊物未登載〔29018758〕がある。

　この裁判例と、本事例の裁判例の一般論をあわせて考えれば、同法97条1項の「通常受ける損失」については、施行者が提示（又はその後の収用委員会による裁決）に不服のある地権者は、自らの主張する損失が、公平負担の原則に照らして公共の費用として施行者において負担すべき性質の損失であることを立証する責任を負っていることになるのであり、同条項の補償に不服のある地権者としては、この前提で対応をする必要があるといえよう。

第6章

明渡し・工事・竣工後の処理

1　明渡しについて

(1)　明渡請求の根拠

　施行者は、市街地再開発事業の工事のため必要があるときは、施行地区内の土地又は建物の占有者に対し、明渡請求の翌日から30日を経過した後の期限を定めて、当該物件の明渡しを求めることができる（都再法96条1項、2項）。ただし、施行者から占有者に対する補償金（同法91条1項又は97条3項）の支払がないときは、この限りではない（同法96条3項ただし書）。

(2)　明渡しの請求原因について

ア　土地について

　まず、地権者が土地そのものの明渡しを拒んでいる場合（例えば、駐車場経営者が当該土地の明渡しを拒んでいる場合）、施行地区内の土地は「新たに所有者となるべき者に帰属する」とされ、権利者間の共有に属することになるから、都再法96条が請求原因として機能することになる。

イ　建物について

　次に、都再法87条2項本文に基づき、施行者自身が所有権を取得した建物である場合、原告である施行者は、（施行者自身が取得した）所有権を請求原因とすることができる。また、同時に同法96条を請求原因とすることも妨げられない。

　一方、都再法87条2項ただし書に基づき、同法71条1項で転出申出をした場合や、不法占拠の建築物がある場合には、施行者はその所有権を取得することはない。そのため、これらの場合には、同法96条のみが請求原因として認められることになる。

(3)　明渡請求に対する抗弁について

　都再法96条を請求原因とする明渡請求に対して認められ得る抗弁は、①権利変換処分自体の無効、②補償金の支払との同時履行の抗弁である[1]。

　ただし、これまでに検討してきたように、①について認められた裁判例は現在刊行されている裁判例集には存在しておらず、②についても供託が認

1　岡口基一『要件事実マニュアル〈第6版〉第4巻　過払金・消費者保護・行政・労働』ぎょうせい（2020年）310頁

められているため、実質的にはほとんど抗弁は成立しないものと考えられる。

(4)　断行の仮処分について

　以上のように、基本的に都再法96条に基づく明渡請求については、施行者の被保全権利は比較的容易に疎明ができる。そのうえで、施行者において、保全の必要性の疎明が認められれば、明渡断行の仮処分（満足的仮処分）を求めることも可能である。

　ただ、第一種市街地再開発事業においては、占有者（借家人の場合が多いが、時に地権者も対象になり得る）に対して強制力をもって明渡しを行わせる断行の仮処分は、本当に「最後の手段」としなければならないであろう。

　そのため、手続上は、できる限り民事調停を先行させる運用をとり、裁判所からも都市再開発法の仕組みの説明を占有者にしてもらったうえで、それでも明渡しを拒むような占有者に対して、最終手段として断行の仮処分を申し立てるのがよいと筆者は考えている。また、断行の仮処分において、双方審尋の中でも、裁判官から占有者に対して最後の説得を試みてもらうことができれば、ぎりぎりで「任意による明渡し」が実現し得る。

　都市再開発法の立法過程における議論に鑑みても、断行の仮処分は、あくまでも伝家の宝刀であり、最後まで和解の可能性を探るべきであろう（もちろん、話合いに実質的に一切応じないような占有者に対して断行の仮処分を躊躇したがゆえに事業進行がゆがむようなことがあってはならないので、全体のスケジューリングが重要である）。

2　竣工後の解散について

　組合施行の第一種市街地再開発事業においては、権利変換期日前においては、①設立についての認可取消し又は、②総会の議決により解散が可能であるが、逆に同期日以降は、③事業の完成以外に解散することはできない（都再法45条2項、125条4項）。また、事業が完成したとしても、借入金が残っている場合には、債権者保護の観点から、債権者の同意なしに解散することはできない（同法45条3項）。

ここで、「事業の完成」とは、建築工事その他の工事が完成し、保留床を処分し、施設建築物の一部等の価額等の確定を行って清算（都再法103条、104条）したうえで、必要な借家権等の裁定（同法102条）まで終えた段階であるとされている[2]。

　ただ、第一種市街地再開発事業は、通常、大規模な建築工事が伴うものであり、実際に施設の運用が始まってみると、意外な不具合等が発見される可能性もある。その点では、竣工後1～2年程度は「是正工事」があり得ることを前提に「事業の完成」について若干後倒しで解釈したうえで、当該是正工事がなくなったことを前提としてはじめて「事業の完成」があったものとして解散手続に進むという運用も考え得る。

【事例6‐1】

東京高判平成11・7・22判タ1020号205頁〔28050634〕

第一種市街地再開発事業の施行者である組合が、施行地区内建物の占有者に対して明渡請求をした事例

事案の概要

　組合施行の第一種市街地再開発事業について、権利変換処分により建物所有権を取得した組合から、所有権及び都再法96条1項に基づく建物占有者に対する明渡請求が認められた事例。

当事者の気持ち（主張）

被告（控訴人）：被控訴人は、都市再開発法により本件建物の所有権を取得したのであるから、都再法98条2項に定める行政代執行の手続によりその権利の実現を図るべきであり、民事訴訟によって本件建物の明

2　『都市再開発法解説』283頁

渡しを求めることはできない。

施行者：施行者は、所有権者として、当然に民事訴訟によって建物明渡請求
　　　　をすることができる。

法律上の論点

施行者は民事訴訟によって都再法96条1項に基づく明渡請求ができるか

関連法令

都再法96条1項

判　旨

　「市街地再開発事業の施行者には、個人、市街地再開発組合、地方公共団体及び住宅・都市整備公団等がある（法2条の2、第2章）。このうち、市街地再開発組合は、施行区域内の宅地について所有権又は借地権を有する者5名以上が共同して、都道府県知事の認可を受けて設立する（法11条1項）。したがって、その実質は、施行区域内の宅地について私法上の権利を有する者の共同体である。

　ところで、権利変換処分があったときは、施行者が権利変換期日において施行地区内の建物の所有権を取得し、借家権その他の建物を目的とする所有権以外の権利は、原則として、消滅する（法87条2項）。そして、施行者は、市街地再開発事業の工事のため必要があるときは、施行地区内の建物の占有者に対し、期限を定めて、土地の明渡しを求めることができ（法96条1項）、この請求を受けた占有者は、明渡しの期限までに、施行者に建物を引き渡さなければならない（同条3項）。占有者がその義務を履行しないときは、都道府県知事は、施行者の請求により、行政代執行法の定めに従い、代執行をすることができる（法98条2項）。これは、市街地再開発事業の推進を図るという公共の利益を実現するため、市街地再開発事業について認可、監督等の権限を有する都道府県知事に、民事訴訟手続による債務名義を得ることなく、簡易迅速に占有者を退去させる権限を認めたものである。したがって、代執

行をするかどうかは、第三者である都道府県知事の判断に委ねられており、施行者自ら代執行をすることはできない。

　施行者は、市街地再開発事業の実施主体であるが、権利変換処分により施行地区内の建物の所有権という私法上の権利を取得するという面では、私法上の権利の主体でもある。控訴人は、施行者は建物の所有権を取得しているが、所有権に基づく明渡請求をすることは許されないと主張する。そうすると、施行者は、自ら代執行をすることはできないから、自己の権利を実現するには、第三者である都道府県知事による代執行を待つしか方法がないことになる。これは、所有者が自らの判断と責任で自己の権利を実現することを認めないということを意味する。本来所有権は、その行使につき他人の制肘を受けないことをもって、その本質的要素とするものであるから、控訴人の主張は、封建制を克服して成立した近代私法の体系に合致しないものであって、採用することができない。

　したがって、法が都道府県知事に代執行の権限を認めているからといって、これが、施行者が所有者として自らの判断により所有者に基づく明渡請求をすることまで否定する趣旨であると解することはできない。

　なお、農業共済組合の農作物共済掛金等の徴収は、農業災害補償法87条の2所定の手続（地方税の滞納処分の例による。）によるべきであって、民事手続による強制執行は許されず、その履行を裁判所に訴求することもできない旨の最高裁判所昭和41年2月23日判決・民集20巻2号320頁がある。しかし、この判例は、組合員から共済掛金等を徴収する権限を有し、共済掛金等の支払を受ける権利が帰属する主体である農業共済組合が、自ら地方税の滞納処分の例による強制手段を採ることが認められている場合についてのものであり、施行者自ら代執行をすることはできない本件の場合とは、事案を異にする」（下線筆者）

解　説

1　本件の一般論について

　まず、都市再開発法の規定を確認すると、①施行者は、市街地再開発事業

の工事のため必要があるときは、施行地区内の建物の占有者に対し、期限を定めて、土地の明渡しを求めることができ（都再法96条 1 項）、②占有者がその義務を履行しないときは、都道府県知事は、施行者の請求により、行政代執行法の定めに従い、代執行をすることができる（同法98条 2 項）、③この請求を受けた占有者は、明渡しの期限までに、施行者に建物を引き渡さなければならない（同法96条 3 項）。

　この条文のみを踏まえると、確かに被告（控訴人）が主張するように、都市再開発法の手続上は、占有者に対する明渡請求は行政代執行法の定めによるべきであるとも考えられる。

　しかし、その解釈を押し通せば、権利変換処分に基づき所有権を取得した施行者（都再法87条 2 項）は、所有権者であるにもかかわらず、当該物件に対する所有権の行使が妨げられることになる。

　そこで、本判決は、「本来所有権は、その行使につき他人の制肘を受けないことをもって、その本質的要素とするものである」としたうえで、「控訴人の主張は、封建制を克服して成立した近代私法の体系に合致しない」として、近代法の大原則である「所有権絶対の原則」という大上段から判断したものといえる。

2　明渡請求に対する抗弁について

　本章1(3)において解説したように、明渡請求に対する抗弁としては、①権利変換処分自体の無効、②補償金の支払との同時履行の抗弁の 2 つが考えられる。このうち、前者については、東京地判平成18・6・16判タ1264号125頁〔28140987〕及び東京地判平成27・1・30平成25年（ワ）31772号公刊物未登載〔29044506〕の 2 つの裁判例があるが、いずれも抗弁が否定されて明渡請求が認められている。

(3)　断行の仮処分・仮執行宣言について

　実際の執行の場面について、公刊されている裁判例で確認できる限りでは、上記平成18年東京地判〔28140987〕において、

　　・平成13年 5 月28日　　仮処分申立て

　　・同年 9 月13日　　　　強制執行着手

・同年 9 月26日　　　　明渡完了

というスケジュールが公開されており、約 4 か月かかっていることがわかる。ただし、近年の事例として、筆者が側聞するところでは、申立てから強制執行（明渡し）まで 1 〜 2 か月ほどで完了するケースもあるようであり、事前の準備によって裁判所はかなり迅速に断行の仮処分まで対応しているようである。

　また、明渡しの本訴請求を早い時期に提起したうえで、仮執行宣言を取得する方法もあるが、裁判所が断行の仮処分に積極的になっている様子を踏まえると、若干迂遠な印象がある（都再法96条 1 項に基づく明渡請求に仮執行宣言を付した事例として、東京地判平成26・ 3 ・25平成25年（行ウ）748号公刊物未登載〔29026841〕を参照のこと）。

【事例 6 - 2 】

東京地判平成28・11・29平成27年（ワ）15867号公刊物未登載〔29038654〕

施行地区近隣住民が、第一種市街地再開発事業の騒音等が受忍限度を超えるとして、施行者に対してなした損害賠償請求が棄却された事例

事案の概要

　組合施行の第一種市街地再開発事業について、施行地区の近隣住民が、同事業の解体工事による騒音等が受忍限度を超えるものとして、施工会社とともに施行者である再開発組合の共同不法行為を主張して損害賠償を求めたが、請求が棄却された事例。

当事者の気持ち（主張）

原　告：本件解体工事は平成26年 4 月頃から 8 月下旬まで行われたが、月曜日から土曜日の朝 8 時過ぎから午後 6 時前まで、日曜日を除き、大

型重機が何台も稼働して連日工事が行われたため、原告は、約5か
月間騒音による被害を受けた。

施行者：騒音は規制値内であり、受忍限度を超えるものではない。

法律上の論点

工事騒音が受忍限度内か

関連法令

民法709条、719条

判　旨

「第3　当裁判所の判断

1　争点(1)（本件工事の騒音等が受忍限度を超えるものであったか）について
原告は、本件工事によって、受忍限度を超える騒音等が発生し、その結果、
本件居室に居住する原告に精神的損害が生じた旨を主張するので、以下検討
する。

(1)　建設工事によって周辺に振動、騒音を発生させた者の不法行為責任の
成否は、被侵害利益の性質、内容、工事の態様、程度及び経過並びに当該地
域の地域環境などの事情を総合的に考慮して決すべきものであるところ、被
侵害利益が精神的苦痛である場合において、振動、騒音を発生させた行為に
違法性が認められるためには、単に周辺地域の居住者に感得し得る振動、騒
音を生じさせたというだけでは十分でなく、前記の各事情を考慮して、それ
が社会生活上受忍限度を超える程度のものであることが必要と考えられる。

(2)　騒音について

本件について、前提となる事実及び証拠（丙1、10（枝番を含む））及び弁
論の全趣旨によれば、被告Y3は、平成26年4月に本件解体工事に着手した
後、同年5月12日ころから本件本体工事実施期間中にわたりコンクリート打
設工事等を行ったことが認められ、本件工事の実施により、一定の騒音が生
じたことはうかがわれる。

しかし、本件マンションは近隣商業地域に所在することに加え、証拠（丙14）によれば本件工事が実施される本件再開発地区と本件マンションは約30メートル程度離れているものと認められることからすれば、上記のとおり一定の騒音が生じたとしても、それが社会生活上受忍限度を超える程度であったことがただちに推認されるとはいえない。

　また、原告は、騒音の程度に関する裏付け資料として、原告自身が本件居室内のリビングにおいて測定したとする（原告本人）、騒音計の計測値に関する証拠（甲8、9、11（枝番を含む。以下同じ。））を提出するが、原告自身、当該測定に当たり、D区から貸与された騒音計を用いたが、取扱説明書を読まずに測定した旨述べていること（原告本人）、原告が提出する騒音計の数値（瞬間値）に関する各写真によっても、当該数値が計測された時間は騒音計に表示されておらず、計測された数値と原告が記載した計測時間の関連性は裏付けられていないこと、さらに、本件工事に関する騒音規制は騒音規制法によるところ、原告提出の上記各証拠によっても、同法に定められた基準値（85デジベル（丙1））を超えた数値は計測されていないことからすれば、原告提出の騒音計の計測値に関する証拠（甲8、9、11）に基づいて本件工事に関し原告が主張する程度の騒音が生じたものと認めることはできない。その他上記事実を認めるに足りる適確な証拠はない（原告は、夜間の工事の際に90デジベル以上の騒音が発生していた旨も供述するが（原告本人）、本件居室が環状C号線に面していることからすれば、仮に上記のような騒音が発生したことがあったとしても、車両走行等による騒音である可能性もあるところ、原告の上記供述を裏付けるに足りる証拠は存しない。）から、騒音に関する原告の主張は、その余の判断をするまでもなく理由がない。

　(3)　振動について

　上記(2)と同様、本件工事の実施により、一定の振動が生じたことはうかがわれるが、原告は振動計を使用した測定を行っておらず、社会生活上受忍限度を超える振動があったことを裏付ける客観証拠はないこと、平成26年5月以降本件工事が進められる中で、原告は振動に関する苦情を特段述べた形跡はないこと（原告本人）などからすれば、原告の主張に理由はない。

⑷　粉じんについて

　原告は、本件工事の実施により社会生活上受忍限度を超える粉じんが生じたことにつき、写真を証拠として提出するが（甲12）、当該写真が粉じんを撮影したものであるかは写真から明らかではない。そのほか、上記粉じんの発生を裏付けるに足りる適確な証拠は存せず、原告の主張に理由はない。

　2　以上によれば、その余の判断をするまでもなく、原告の主張はいずれも理由がない」（下線筆者）

解　説

　再開発事業に限らず、建築物の施工にあたって最も重要なのは工期であるが、工事に伴う騒音等のための近隣住民対応により、当該工期が遅れることは事業上非常に大きなリスクファクターであり、施工会社として最も気を遣うところであろう。

　本判決は、第一種市街地再開発事業における建設工事において、近隣からの苦情が、施主である再開発組合に対する訴訟にまで発展した珍しい事例であり、参考裁判例として本書に登載した。特に、騒音規制法による規制を受ける工事において、同法の規制を守っている点は客観的な受忍限度の認定に重要であることが示唆されており、参考となる。

【事例6-3】
広島高岡山支決平成14・9・20判時1905号90頁〔28102253〕
債務超過にあった市街地再開発組合に対する破産申立てについて、申立権の濫用であるとして、破産申立てが却下された事例

事案の概要

　組合施行の第一種市街地再開発事業において、施設建築物竣工後に施工会社に対する建築代金の支払ができずに解散できなくなった市街地再開発組合

（以下「本件組合」という）について、同組合の理事等が経営する会社などに同組合から不明瞭な資金移動がなされていたにもかかわらず、当該理事がなした破産申立てについて、裁判所が権利の濫用であるとして申立てを認めなかった事例。

当事者の気持ち（主張）

申立人：本件組合には多額の債務があって、債務超過・支払不能の状態にあることは明らかである。

再開発組合：本件組合は、債務超過状態の可能性はあったとしても、監督機関の監督に基づき事業の完成に向けて都市再開発法に従った手続を進めており、申立ては認められない。

法律上の論点

市街地再開発組合における破産申立ての是非

関連法令

破産法

判　旨

「上記事実によれば、相手方が債務超過にあることは否定できないが、相手方及びその債権者その他の関係者間において、相手方の清算については本件スキームに基づいて実行されることが合意され、同スキームに基づく清算が進行中であり、これにより、相手方のＫ組〔筆者注：施工にあたった建設会社名を伏せた〕以外の債権者に対する債務は消滅することになる。

　一方、Ｋ組は、同スキームに基づく清算によって債権全額を回収することはできず、相手方のＫ組に対する債務は残存するが、Ｋ組は、相手方に対する債権のうち同スキームに基づいて弁済を受けることができないものについてはこれを免除すること（債権放棄）に同意しており、Ｋ組は、相手方について破産手続による清算を希望していない。

　破産手続は、総債権者に対する債務を完済することができない状態にある場合に、強制的に債務者の全財産を換価し、総債権者に公平な金銭的満足を与えることを目的とする裁判上の手続であるところ、以上によれば、相手方の清算については本件スキームに基づいて実行することを相手方のすべての債権者が同意しており、これによって債権全額の回収を得ることができない債権者はK組のみであるが、K組は残債権を免除することにも同意しているのであるから、相手方については破産宣告の必要性に乏しい。

　また、前記のとおり、相手方が債務超過に陥るについては、相手方の違法、不正な資金流用ないし金銭の貸付が原因となっているところ、このような事態を踏まえて、相手方総会で、本件スキームに基づいて相手方を清算することが決議されたものである。そして、抗告人らは、相手方の理事として上記不正資金流用等につき責任がないとはいえないところ、本件スキームに基づいて相手方を清算することに反対であるとして、相手方組合員の多数の意向に反し、相手方の理事としての地位に基づき、本件申立てに及んでいるものである。

　このような事情を考慮すると、本件申立ては申立権の濫用というべきである。

　抗告人らは、相手方総会における本件賦課金賦課決議は違法であると主張するところ、この点は、当該総会決議無効確認訴訟［筆者注：【事例6-4】］で現に係争中であって、上記賦課決議が違法であると直ちにいうことはできない。

　また、仮に、上記賦課決議が違法であり、これに反対する組合員からの賦課金の徴収ができない結果に至ったとしても、上記経過に照らすと、相手方のK組に対する残債務はこれを免除するとのK組の意思には変わりがないと認められるから、上記判断を左右するものではない。

(3)　相手方は、抗告人Aの本件申立資格、相手方の破産能力を争うが、以上によれば、これらの点について判断するまでもなく、抗告人らの本件申立ては却下を免れない」（下線筆者）

1　申立権の濫用

　本件では、施設建設物の竣工にまで至った段階で、本件組合の内部コンプライアンスの問題が発覚した。そのため、事業上の不当な貸付け、多額の未収金などがあり、多額の債務も計上されていたことから、債権者との協議により解散・清算を目指して監督権者である岡山県の指導のもとで手続が進められることとなった事案である。

　しかも、本件組合の不当な貸付先が、本件組合の理事の関連会社であったことが、事案を複雑化させる要因となった。そして、通常は考え難いところであるが、この不当貸付を受けていた会社運営者の（いわば当事者である）理事自身が、本件組合の破産申立てをしたという点で、極めて特異な事例である。

　裁判所は、破産手続の趣旨が総債権者の保護にあることを念頭に置いて、本件の破産申立ての時点で、既に本件組合と総債権者間で是正処理を進めている点を重視するとともに、破産に至る直接の原因をつくったともいえる理事個人からの破産申立てである点を強調して、本件破産申立てを申立権の濫用であると判断して却下した。

　破産申立てについて、申立権の濫用として却下した事例としては、東京地決昭和39・4・3判時371号45頁〔27487195〕があるが、当該事例は申立人が裁判所の指定告知した3回の期日にいずれも出頭しなかったという事案であり、形式的な手続判断であったところ、本件は実質的な利益状況も含めて申立権の濫用であるとした点において特徴がある。

2　市街地再開発組合の破産能力

　一方、本判決は、市街地再開発組合の破産能力については判断をしておらず（本判決末尾参照）、そもそも法的に市街地再開発組合が破産できるかという点は別途問題となる。

　この点について、本判決の原審は下記のように判示して破産法の適用に慎重な姿勢を示した（岡山地津山支決平成14・5・10判時1905号92頁〔28102254〕）。

　なお、同じ岡山地裁の判断でも、「債務超過が生じた場合にも破産等によって、責任を免れることは、再開発組合の性質上、予定されておらず」とされている（【事例6-4】）。

　「まず、市街地再開発組合が施行する市街地再開発事業は、高度の公共性を有する都市計画事業である。そこで、同組合は、都道府県知事の認可を受けて設立され、設立後も都道府県知事の監督下（都市再開発法124条2項参照）におかれる。組合の解散事由として、事業の完成の不能は含まれておらず、組合の運営が円滑に進行せず、事業の完成が危ぶまれた場合には都道府県知事による事業代行の制度を設けており、事業代行が開始された場合には、都道府県または市町村が組合の債務について保証契約をすることができる。更に組合は、総会決議によって組合員に対し賦課金を課すことができる制度がある。もっとも仮に事業代行制度が採られたとしても、組合が施行する市街地再開発事業は、あくまで組合がその責任において遂行することが建前であり、都道府県等が組合の事業資金を負担するという趣旨のものではない。

　上記のような性格を有する市街地再開発組合が破産能力を有するか否かについては、見解の分かれるところではあるが、仮に破産能力自体は肯定するとしても、都市再開発法所定の上記制度や手続きにしたがって市街地再開発事業の完成にむけた手続が進行している限り、そのことが一つの破産申立障害事由となるものと解するべきである。

　すなわち、都市再開発法は、市街地再開発組合が実施している都市再開発事業の性格等に鑑み、上記諸制度を設け、当該事業の完成の実現を極力優先している。これに対し破産法は、清算型の倒産処理方法の一つであって、破産法による倒産処理を行う場合、企業等の性格に拘わらず一律に破産法を適用することとなるため、その企業の特質にあった柔軟な処理は制度上予定されていない。また破産法による処理手続は、会社更生手続（会社更生法67条1項前段）、会社整理、特別清算手続（商法383条2項前段、433条）等の他の倒産手続きに劣後する制度でもある。この双方の法律の趣旨目的等を考慮すると、市街地再開発組合が実施している都市再開発事業について、その実現に向けて都市再開発法にしたがった手続が進行している場合には、まずその手

続きを優先させるべきであり、当該手続の途中で、仮に当該組合の資産状況が破産要件を充足する事態となったからといって破産申立てを許すことは、高度な公共性を有する当該事業を中途で挫折させ、更にはその周辺の都市計画事業にも影響を及ぼすなど無用な混乱を招く危険性が高いものといえる。

　以上を前提として本件について検討すると、上記二、(3)ないし(6)項の各事柄等によれば、被申立会社の事業の完成・解散に向けて残された中心的問題は、その負債処理方法にあり、また被申立会社が債務超過の状態にある可能性がうかがわれるものの、上記二、(3)、(4)、(8)項の各事柄によれば、被申立会社は、平成13年9月30日以降監督機関の監督に基づき事業の完成に向けて都市再開発法にしたがった手続を進めているといえる。

　したがって、本件申立ては、その余を検討するまでもなく理由がない」
（下線筆者）

　このように、本判決の原審は、都市再開発法の手続規定について、会社更生法や会社法の特別清算手続などと並列して解釈することで、都市再開発法の手続が継続している限りは同法の手続により処理するべきであるという姿勢を明確にもっていたことは注目に値する。

3　本件組合に関する法的紛争について

　本件については、本件組合代理人自身がまとめた書籍[3]において詳細な事実関係とともに、【事例6-4】も含めてすべての裁判所の判断を（提出した準備書面も含めて）すべて掲載しており、市街地再開発事業の竣工後のトラブル処理において極めて有用な資料を提供しているので、是非参照されたい。

3　坂和章平『津山再開発奮闘記―実践する弁護士の視点から』文芸社（2008年）

【事例6‒4】

岡山地判平成17・1・11判タ1205号172頁〔28110938〕

市街地再開発組合の総会における賦課金決定について、議決内容の瑕疵による無効請求が棄却された事例

事案の概要

　組合施行の第一種市街地再開発事業について、施設建築物竣工後に施工会社に対する建築代金の支払ができずに解散できなくなった再開発組合（以下「本件組合」という）について、都再法39条に基づき総会において賦課金徴収決議がなされたのに対して、一部組合員が主位的に総会決議の無効を、予備的に（旧）商法247条を類推適用して決議取消しを訴えた訴訟で、前者について棄却、後者について却下された事例。

当事者の気持ち（主張）

原　　告：都再法39条が賦課金を認めるのは「経費」に充てるためであり、「損失」に充当するためではない。また、参加組合員である市が分担金を納付する旨の決議を受けていないことは都再法40条に反する。

再開発組合：①そもそも、都市再開発法上総会決議の無効・取消しについては規定がなく、訴訟要件を満たしていない。②賦課金・分担金については総会で適正に決議しており、決議内容に何ら瑕疵はない。

法律上の論点

①　市街地再開発組合における総会決議に対する争訟の方法

②　市街地再開発組合における賦課金・分担金決議についての判断基準

都再法39条、40条、125条 7 項

1　市街地再開発組合における総会決議に対する争訟の方法

「1　訴え形式の法的根拠

　都市再開発法125条 7 項は、総会等の招集手続、議決方法等に同法又は定款違反の瑕疵がある場合、組合員が、総組合員の10分の 1 以上の同意を得て、その議決等の取消しを請求できる旨定めている。他方、上記請求を経た後でなければ司法的判断を求めることができない旨の定めはない上、組合員の裁判を受ける権利が保障されるべきことに照らすと、上記規定は司法的判断の前審手続きを定めたものではなく、当該組合に精通した行政庁をして時宜に適した措置をとらせるための監督作用の内容及びその発動を求める補助的意義を有するものであると解される。

　したがって、上記規定は、司法的判断に何らの制約を課するものでなく、裁判所は、訴訟の一般原則にしたがって、総会決議の有効、無効を判断することができるものというべきである。

　ところで商法（247条ないし252条）は、総会決議の瑕疵につき、〈 1 〉招集手続又は決議方法が法令若しくは定款に違反し又は著しく不公正なとき、〈 2 〉決議の内容が定款に違反するとき、〈 3 〉決議につき特別に利害関係を有する株主が議決権を行使したことにより著しく不当な決議がなされたときには、決議の日から 3 月内に決議取消を求める訴えをもってのみ決議を無効とすることができるとして、主張方法を制限する一方、決議の内容が法令に違反する場合又は決議が不存在である場合には決議無効確認又は決議不存在確認の訴えを、出訴期間の制限なく提起しうるものとして、瑕疵主張の方法の振り分けをなした。そして、総会決議の無効あるいは不存在確認については、一般原則によってその確認を求めることもできるが、商法上の確認の訴えによる場合には無効判決に対世効等が付与されることとなる。

　而して、<u>都市再開発法には、中小企業等協同組合法のような決議取消、無</u><u>効確認に関する商法の規定を準用する規定がもうけられていない趣旨からす</u><u>ると、再開発組合の総会の瑕疵につき、前記商法の規定を類推適用すること</u><u>も困難であるというほかない。</u>

　<u>そうすると、再開発組合の総会の議決の内容又はその方法に瑕疵があって</u><u>当然に無効の場合及び議決が不存在の場合について、同議決が現在の権利関</u><u>係に影響を及ぼす限り、一般原則に従い、その旨の確認の訴えを提起するこ</u><u>とは許されるが、商法247条を類推適用して、被告組合の総会決議の取消し</u><u>を求める訴え（予備的請求）を認めるべき根拠はなく、上記取消の訴えは不</u><u>適法として却下を免れないところである</u>」（下線筆者）

2　市街地再開発組合における賦課金・分担金決議についての判断基準

「二　都市再開発法39条違反の有無

　都市再開発法は、同法39条1項に『その事業に要する経費に充てるため、賦課金として参加組合員以外の組合員に対して金銭を賦課徴収することができる。』、同条2項に『賦課金の額は、組合員が施行地区内に有する宅地又は借地の位置、地積等を考慮して公平に定めなければならない。』として、組合員から賦課金を徴収することができる旨規定しているところ、原告らは、上記賦課金徴収目的は、保留床の処分金が入ってくるまでの間の事務費等の少額な費用に限定される旨主張する。

　しかしながら、<u>同法は、『その事業に要する経費』の総額及び使途について何らの制限もしておらず、その立法趣旨に照らしても、解釈上、その総額及び使途に制限を見出すことはできない。再開発組合の事業費用は、専ら保留床の処分金をもって賄うべきことは原告ら主張のとおりであるが、事業施行の過程で訴訟等の費用を支弁する必要が生じたり、保留床が処分できなかった場合に、その補填のないまま放置することはできず、これらを補填するための賦課金の徴収はやむを得ないものである。そして、工事費用の増大等による債務超過が生じた場合にも破産等によって、責任を免れることは、再開発組合の性質上、予定されておらず、特段の事情のない限りは、組合自治あるいは受益者負担の原則に基づき、組合員において解決すべきところであ</u>

って、その一態様として、賦課金徴収が規定されているものと解されるところである。

そして、賦課金徴収の決議において頭数が票数基準にされているからといって直ちに、各組合員の面積按分により賦課金の個別金額が決定されることが公平性を失することにはならないし、10.15総会決議及び12.15総会決議の内容は、各組合員から賦課金として金銭を徴収することであって、再開発ビルの建物部分の共有持分の処分は、滞納処分の結果に過ぎないから、個人の所有物件を強制的に収用することを目的とすることにはならない。また、権利変換処分を受けないで地区外に転出したものはもはや『組合員』ではないため、この者に対して賦課金を課すことができず、原告ら組合員との間で差違が生じることは、やむを得ない。

そうすると、前提事実のとおりの被告組合の債務超過の状況下において、本件スキームに沿って賦課金を課することについてこれが許されないような特段の不当性は認められず、本件の賦課金徴収の決議について、都市再開発法39条違反に該当するものとは認められない。

　三　都市再開発法40条違反の有無

都市再開発法40条１項は『参加組合員は、……組合の事業に要する経費に充てるための分担金を組合に納付しなければならない。』、同法施行令21条２項は『参加組合員以外の組合員が賦課を納付すべき場合においては、参加組合員は、分担金を納付するものとする。』、同条３項は『分担金の額は、参加組合員の納付する負担金の額及び参加組合員以外の組合員が施行地区内に有する宅地又は借地権の価額を考慮して、賦課金の額と均衡を失しないように定めるものとし、賦課金の賦課徴収の方法の例によるものとする。』と各規定し、被告組合定款７条は『参加組合員が組合に納付すべき分担金の額は、都市再開発法施行令（昭和44年政令第232号）第21条第３項の規定に従い、総会において定める。』（甲21）とそれぞれ規定し、参加組合員が分担金を納付する場合や、その金額の決定方法等について定めている。

そして、これらの規定や、その立法趣旨を検討しても、〈１〉参加組合員以外の組合員に対し、賦課金を賦課徴収する際には、必ず参加組合員から分

担金を徴収する必要があるとか、〈2〉同分担金額の決定・徴収は、賦課金の賦課徴収に関する総会決議と同時になされる必要がある、ということはできない。

　したがって、12.15総会決議において、参加組合員から分担金を納付させることを決することなく、その他の組合員から賦課金を徴収することのみを決したからといって、何ら都市再開発法40条に違反するということはできない。

　四　決議に至る経過に著しく公正を欠き、公序良俗に反するか

　前提事実と、甲第7ないし13号証、第17ないし19号証、第27ないし30号証、乙第11号証、第24ないし28号証、第59、60号証、第72ないし110号証、証人N［筆者注：個人名を伏せた］の証言及び弁論の全趣旨を総合すると、〈1〉被告組合の担当者及び津山市の担当者は、本件スキームを実行すべく、平成13年6月8日に開催された被告組合の総会を皮切りに、理事会、組合員を交えた勉強会、10.15総会決議及び12.15総会決議のなされた総会等において、組合員に対し、前提事実記載の事実経過や難解な本件スキームの内容を図表等を用いて説明した上、〈2〉原告らが本件スキームに対する反対運動を行う中で、本件各総会決議がなされたことが認められる。

　原告らは『本件スキームに従わなければ、債権者が組合員個人の財産にまで差押をしてくるという虚偽の説明をして、法的知識に乏しい一般の組合員をして誤解させた。』旨主張するところ、前掲証拠によれば、津山市の担当者であったNは、被告組合総会において、被告組合の債務に関する責任が組合員個人に及ぶという趣旨の説明をなしたことが認められるが、同人の発言を全体として観察すれば、その説明は、岡山県の『再開発事業では、組合の破産ということは法律上想定されていない事態である。再開発事業においては、事業代行制度及び賦課金制度という制度が設けられていて、事業は完成しなければならないと定められているから、組合の債務は組合員個人の責任となる可能性が高い。』という見解を説明したものであることが認められ（N証言4ないし11項）、かかる見解の説明は、都市再開発法の規定・趣旨等に照らし、全く虚偽の説明であると断ずることはできない。

そうすると、10.15総会決議あるいは12.15総会決議において、『決議に至る経過に著しく公正を欠き、公序良俗に反する』旨の原告ら主張の事由はこれを認め難い。

五　結論

してみれば、10.15総会決議あるいは12.15総会決議に原告ら主張の無効事由は認められないから、原告らの主位的請求はいずれも理由がない」（下線筆者）

解　説

1　市街地再開発組合における総会決議に対する争訟の方法

都市再開発法上、再開発組合の総会決議内容について異議のある者に救済申立権を定めた規定はなく、手続的瑕疵ある場合に認可権者たる都道府県知事が総組合員の10分の1以上の同意を得たうえで当該議決を取り消すことができるとされているだけである（都再法125条7項）。ただし、この条文も同法125条の「組合に対する監督」の一種であるから、実質的な司法救済を図るためには、本判決が示すように法の一般原則に立ち返るほかない。

もっとも、この法の一般原則で認められるのは、決議の無効や不存在に限られ、対世効を付与されるような決議取消手続の手段を選択しようとするのであれば、やはりその内容が法定されている必要がある。

本判決は、その一般原則をもって、予備的請求としての決議取消しの訴えを却下した。

2　市街地再開発組合における賦課金・分担金決議についての判断基準

一方、本判決は、都再法39条に基づく賦課金及び同法40条に基づく分担金の決定については、特に前者について「特段の不当性」がなければ組合員が決議する総会の決定を尊重する姿勢を明らかにした。控訴審判決においてもその趣旨は否定されていない。

これは、「市街地再開発事業に要する費用は、施行者の負担とする」（都再法119条）として独立採算制の原則がとられているのであり、市街地再開発事業におけるリスク負担は施行者の内部手続に従って決定されたものであれば

尊重するべきであるという考え方が前提にあると考えられる[4]。

3　本件組合に関する法的紛争について

　本件については、本件組合代理人自身がまとめた書籍[5]において詳細な事実関係とともに、【事例6-3】も含めてすべての裁判所の判断を（提出した準備書面も含めて）掲載しており、市街地再開発事業の竣工後のトラブル処理において極めて有用な資料を提供しているので、是非参照されたい。

　特に、本判決の控訴審（広島高岡山支判平成17・9・1平成17年（行コ）1号公刊物未登載〔28300438〕）についても、上記文献に引用されているので、参考となる（ただし、本原審判決と判断内容に異なるところはない）。

　なお、本判決の総会決議無効確認請求事件と同一論点について、同一組合における滞納処分取消請求事件の原審判決及び控訴審判決が、同一判決日になされているが、本書では省略する。

4　坂和章平『津山再開発奮闘記—実践する弁護士の視点から』文芸社（2008年）19頁参照。
5　前掲注3

第7章

住民訴訟等

第一種市街地再開発事業に関する住民訴訟においては、補助金ないし公金の支出差止め又はその違法性を問う住民訴訟が比較的多く提起されている。

　これは、第一種市街地再開発事業の事業計画が、おおむね保留床処分金と補助金によって賄われているという構造にあることから、その補助金の支出について適正なチェックを働かせようという市民の意識の表れであるように考えられる。

　まず、大前提として、第一種市街地再開発事業は、都市再開発法の規定上、地方公共団体から「費用の一部を補助」することが予定されている（都再法122条1項。なお、地方自治法232条の2参照）。また、都再法122条2項に基づく国の補助制度自体は未整備であるが、予算措置により国からの補助も行われている現実があることを踏まえる必要がある[1]。

　このような第一種市街地再開発事業における補助金について、「税金の無駄遣い」との批判を聞くことは少なからずある。筆者も、第一種市街地再開発事業に関連する住民説明会に参加した際、一部の参加者から同様の趣旨の意見が出されることを一度ならず認識したことがある。

　しかし、この議論については、もう少し長いスパンで物事を考える必要があるものと考える。すなわち、多くの再開発事業においては、住宅の供給が前提となっていることから、新たな住民が保留床に居住することにより住民税が発生するとともに、従前よりも広い延べ床面積の施設建築物が出現することにより、固定資産税・都市計画税が増額される。これらをトータルでみたときには、補助金により支出された公金によって新たな価値（担税力）が創造され、結果として地方公共団体の財政を支えることになると考えられるからである。

　また、地方公共団体の財政状況がよくなることは、結果として福祉サービスの向上にもつながり得ることであり、そのような大きな公金の循環という意味においては、都市再開発法における第一種市街地再開発事業は、単に防災上・都市機能上の問題解決だけではなく、経済的・財政的な波及効果を及

1　『都市再開発法解説』697頁

ぼすという点で高度の公共性をもつという視点も重要であると筆者は考える。地方財政に関する争訟を俯瞰的に考えるときには、当該地区の区域の確定、新たな施設建築物にどのような機能をもたせるかの建築思想、新たに整備される公共施設（道路を含む）の機能、そして地域経済・地方公共団体への財政への貢献等、多種多様な利害関係を総合的に考慮しなければならないであろう。

　もちろん、本書の一貫したテーマとして、零細地権者又は借家権者への配慮は常に必要であり、その「とうとい犠牲」（本編第1章4参照）を踏まえた再開発事業が行われなければならないことは論を俟たない。しかし、少数者の保護は法律上の規定に基づく、丁寧な事業運営で実現するべきでものであり、地方財政に関する争訟の一部としての住民訴訟で実現するべきものではないのではなかろうか。

　一方、多くの第一種再開発事業においては、相当額の公金の支出が見込まれることも多く、施行者のみならず支出する地方公共団体においても相応の緊張感が求められることは間違いない（なお、再開発組合が「公法人」であると【事例7-2】は指摘するが、「公法人」であると評価することの意義については本編第3章COLUMN「組合は『公法人』か」参照のこと）。

　特に、施行者の見込みの甘さのみならず、社会経済情勢の急激な変化により優良な事業計画が突然不調に陥るような場合に、地方公共団体や組合員の追加支出が必要になってくると、上記のような大きな公金循環の仕組みの雲行きが怪しくなり、本当に「無駄ではない」と言い切れるのかについて住民に疑問が生じてくることもあるであろう。最終的には事業代行制度という究極の選択肢もある中で（都再法112条〜118条）、どのタイミングで、どのような形で、地方公共団体が追加支出をしていくかという難しさもある。

　本章で扱う住民訴訟の詳細を検討すると、以上のような諸要素の検討において、結果として施行者及び地方公共団体の想いが至らず裁判所にまで係争がもつれこんでいった事例も多くある。公共性の高い第一種市街地再開発事業における公金の運用という点で、重要な裁判例が多く含まれていることから、以下紹介する。

【事例 7 – 1 】

名古屋地判昭和59・12・26判タ550号216頁〔27662962〕

地方公共団体が、地方自治法232条の 2 に基づき行う補助は、原則として私法上の贈与に類するものであり、補助金交付決定は行政処分に該当しないとされた事例

事案の概要

　組合施行の第一種市街地再開発事業について、県知事が市に対して行った補助金交付決定及び市が再開発組合に対してなした補助金交付決定の取消しを求めた訴えで、訴えが却下された事例。

当事者の気持ち（主張）

原　　告：本件再開発事業は、違法な都市計画決定に基づくものであり、当該事業に対する補助金交付決定は違法で取り消されるべきである。また、市は再開発組合に対して適正な権利変換手続をとることを請求することができ、住民はこれを住民訴訟で請求することができる。

施行者：補助金交付決定は行政処分ではない。また、権利変換手続に関する市の行為について住民訴訟で請求することはできない。

法律上の論点

①　補助金交付決定に対する抗告訴訟の適否（処分性の有無）

②　市が組合に対して適正な権利変換手続をとることが住民訴訟で可能か

関連法令

地方自治法232条の 2 、242条の 2 、都再法122条

判　旨

1　補助金交付決定に対する抗告訴訟の適否（処分性の有無）

「被告知事及び被告市長は、それぞれがした別紙目録㈠、㈡記載の各補助金交付決定が、いずれも地自法242条の2第1項2号所定の『行政処分たる当該行為』に該当しないから、これに該当することを前提として右各補助金交付決定の取消しを求める本件訴えは不適法であると主張するので、以下、この点について検討する。

右各補助金交付決定は、被告知事については地自法232条の2に基づき、被告市長については、同条及び都市再開発法122条に基づき、それぞれ行われたものであるが、弁論の全趣旨によれば、被告知事がした右各補助金の交付に関しては、右各交付決定当時、その交付手続について条例等による法的な規制は何ら存しなかつたこと（〈証拠〉によれば、昭和55年3月26日、愛知県補助金等交付規則が制定されたが、右規則は、同年4月1日より前に交付が決定された補助金等については適用されないものとされていることが認められるから、被告知事がした別紙目録㈠記載の補助金については、右規則の適用がないことになる。また、〈証拠〉によれば、被告市長がした右各補助金の交付に関しては、岡崎市市費補助金等に関する規則に則つて行われたことが認められる。

思うに、地方公共団体が、地自法232条の2に基づいて行う補助は、これに対し行政処分的性質を付与する特段の法的な規制が加えられていない限り、原則として私法上の贈与に類するものであり、地方公共団体の長が行う補助金交付決定は、私法上の贈与契約の申込みに対する承諾と同視することができるから、右決定は行政処分に該当しないものと解するのが相当である。

そこで、右見解に立つて、右各補助金交付決定の法的性質をみるに、被告知事がした別紙目録㈠記載の各補助金刻［筆者注：原文ママ］付決定については、前記のとおり、交付決定当時、その交付手続について条例等による法的規制は何ら存しないのであるから、右各決定が行政処分に該当しないことは

明らかであり、また、被告市長がした別紙目録㈡記載の各補助金交付決定については、それが岡崎市市費補助金等に関する規則に則つて行われたことが窺えるけれども、〈証拠〉によれば、右規則は、市費補助金等に係る予算の執行の適正化を図ることを目的として、市費補助金等の交付の申請、決定等に関する事項その他市費補助金等に係る予算の執行に関する基本的事項を規定したものであるが、交付決定に対する不服申出の手続も規定されていないことが認められることなどからすると、右規則は岡崎市が補助金を交付するに当たつて、よるべき手続上の細則を定めたものにすぎないものというべきであり、これに従つて岡崎市の『課等の長』が行う補助金交付決定に行政処分的性質を付与するものとは解し得ない。

　また、原告は、被告知事、被告市長がした右各補助金交付決定ないしその交付行為は、国の被告組合に対する補助金の交付と一体をなすものであり、国の右補助金の交付については適正化法が適用され、行政処分的性質を有しているから、これと一体をなす被告知事、被告市長がした右各補助金交付決定は行政処分と解すべきである旨主張する。

　しかしながら、<u>適正化法は国が交付する補助金等の交付の申請、決定等について適用されるものであり、本件のように、地方公共団体が独自に行う補助金の交付について、その適用がないことは、同法の規定に照らし明らかであり、また、被告知事、被告市長がした右各補助金交付決定が、国の補助金の交付と一体をなしているとは認め難い</u>から、原告の右主張は理由がない。

　したがつて、被告知事、被告市長がした右各補助金交付決定は、いずれも、地自法242条の2第1項2号所定の『行政処分たる当該行為』に該当しないから、これに該当することを前提として右補助金交付決定の取消しを求める本件訴えは不適法といわざるを得ない」（下線筆者）

2　市が組合に対して適正な権利変換手続をとることを住民訴訟で請求可能か

　「原告の本件訴えは、岡崎市は、岡崎市所有の別紙目録㈤の1、2記載の各土地を本件事業の施行地区内に有しているから、被告組合に対し、右各土地につき権利変換手続を執ることを請求でき、被告組合は右手続を執るべき

義務があるとして、地自法242条の2第1項4号に基づき、被告組合に対し権利変換手続を執ることを求めるものであり、原告は、右請求が、同号所定の『当該行為若しくは怠る事実に係る相手方に対する……妨害排除の請求』に該当すると主張する。

　しかしながら、被告組合が都市再開発法第3章第2節の諸規定に基づいて行う権利変換手続は、被告組合が、本件事業の施行地区内の個々の宅地等の所有者等に対する私法上の義務の履行として行うものではなく、同法に基づく公法上の義務として行われるものであり、また、右手続の一環として行われる権利変換に関する処分は、施行地区内の土地を権利変換期日において、権利変換計画の定めるところに従い、新たに所有者となるべき者に帰属させるなどの法的効果をもたらすものであるから（同法86、87条）、右処分が行政処分に該当することは明らかである。したがって、原告の本件訴えは、被告組合に対し、行政処分を行うことを含む公法上の手続を履践することを求めるものとみるべきである。ところで、地自法242条の2第1項4号の規定は、同法が住民訴訟として許容している代位請求の形態、種類を限定的に列挙したものと解すべきところ、本件訴えのような、相手方に対し行政処分を行うことを含む公法上の手続を執ることを求める請求が、同号所定の『当該行為若しくは怠る事実に係る相手方に対する……妨害排除の請求』に含まれると解することには、文言上、無理があり、また、同号所定の他のいずれの形態の請求にも該当しないから、結局、本件訴えは、同号が許容していない不適法な訴えといわざるを得ない」（下線筆者）

解　説

　本判決は、都市再開発法施行後10年以内に提起された住民訴訟の事案であり、いわば都市再開発法の黎明期における手探りの住民訴訟であったものともいえる事案であろう。

　まず、論点①抗告訴訟の可否については、補助金交付決定に処分性が認められないことは現在では異論がないであろう。また、論点②についても、権利変換処分に処分性があることは争いのないことであり、これを住民訴訟で

義務付けさせることは、地方自治法242条の2第1項4号の文言上も無理があることは明らかである。

　判決文からは事案の詳細は明らかにはならないものの、都市再開発法黎明期の住民訴訟手続の事案として、基本的事項を確認しておく必要があり、掲載した。

【事例7‑2】

名古屋地判平成16・9・9裁判所HP〔28092874〕

地方公共団体が、再開発組合と建築設計会社との業務委託契約に関して補助金を支出した行為につき適法であるとされた事例

事案の概要

　組合施行の第一種市街地再開発事業について、地方公共団体が、再開発組合と建築設計会社との業務委託契約に関して補助金を支出した行為につき地方自治法232条及び同法232条の2に反した違法なものであるとして、同法242条の2第1項4号に基づき執行機関である被告に対し、市長個人への損害賠償請求を求めた事例。

※後続事件として、【事例7‑3】があるので併せて参照されたい。

当事者の気持ち（主張）

原　　告：本件再開発事業は、公益性が欠如して実現可能性が薄いものであり、そのような事業に対して補助金を支出することは違法である、また当該業務委託契約は談合によるもので契約自体無効である。

施行者：本件再開発事業に公益性は当然認められ、当該業務委託契約は適正な競争入札を経ていて談合ではない。

法律上の論点

① 第一種市街地再開発事業の公益性の判断方法

② 本件での談合の有無

③ 第 3 セクター方式に関する裁判例

関連法令

地方自治法232条の 2 、都再法122条

判 旨

1 地方自治法232条の 2 所定の公益上の必要性の判断枠組み

「地自法232条の 2 は、『普通地方公共団体は、その公益上必要がある場合においては、寄附又は補助をすることができる』と定めているところ、このような抽象的概念である公益上の必要性の意味内容について明らかにした規定は存在しないので、その対象とされた行為の趣旨・目的、当該地方公共団体の社会的・経済的事情及び各種の行政施策との整合性等の諸般の事情を総合的に考慮した上で、客観的な見地から個別的にその存否を判断するほかないというべきである。

しかして、地方公共団体の長は、地方自治の本旨に基づき（地自法 1 条）、住民の福祉の増進を図るために地域における行政を自主的かつ総合的に実施する役割を広く担う地方公共団体（同法 1 条の 2 第 1 項）の事務を管理し、これを執行する機関として（同法148条）、補助の要否についての決定を行うものであるところ、その決定は、上記のような諸般の事情を総合的に考慮した上での政策的判断を要するものであるから、事柄の性質上、当該地方公共団体やその区域の状況並びに住民の多様な意見及び利害を熟知していると考えられる当該地方公共団体の長に対し、その要件の認定等について一定の裁量権が委ねられていると解すべきである。

もっとも、寄附又は補助は、地方公共団体が行う無償の給付であって、これが恣意的に行われた場合には、地自法その他の法令によって厳格な規制が

加えられている地方公共団体の財政秩序を乱し、その腐敗を招きかねないから、その判断は全くの自由裁量に属するものではなく、要件の認定等に関する裁量についても自ずから一定の限界があるといわざるを得ない。したがって、具体的な補助等が行われた時点を基準として（判断の基準時については、原告らと被告の見解が一致している。）、公益上の必要性に関する当該地方公共団体の長の判断に裁量権の逸脱又は濫用があったと認められる場合には、当該補助金の交付は違法と評価すべきものである」（下線筆者）

2　本件での談合の有無

「(1)　地自法234条の類推適用の可否

　原告らは、本件入札において談合が存在していたところ、本件事業は、名目上は組合施行の形式を取っているが、実質上は西尾市による自治体施行であることを理由に、地自法234条が類推適用される結果、本件契約は民法90条に反して無効であり、本件組合がこれに基づく報酬支払義務を負担することはないから、これへの補助としてなされた本件支出は公益性を欠くものとして違法である旨主張する。

　しかしながら、本件組合は、前記のとおり、本件事業の実施主体として愛知県知事による設立認可を受けた公法人であって、地自法に定める地方公共団体に当たらないことは明らかである上、証拠（甲20、30）によれば、都市再開発法に規定された定款に基づいて運営され、役員、事務局などの基本的組織を具備していることが認められるから、その運営に西尾市の意向が反映され、西尾市の職員がその事務に関与しているからといって、地自法234条の類推適用を認める根拠になるものではない（ちなみに、ある程度の規模を有する都市再開発等の事業においては、組合施行といえども地方公共団体等が積極的に関わることは、法令によって禁止されていないどころか、その任務に照らして望ましいというべきであり、国の市街地再開発事業費補助（一般会計）交付要綱、愛知県の愛知県市街地再開発事業等補助金（国土交通省都市・地域整備局所管）交付要綱、西尾市の西尾市市街地再開発事業補助金交付要綱などは、このことを前提とした制度と考えられる。）。そうすると、談合によって契約が締結された場合に、地自法234条によって直ちに同契約が無効となるかの問題はさておくとしても、原

告らの上記主張は採用できない。

(2) 契約規程2条2項違反の効果

　もっとも、本件組合の契約規程2条2項は、18条各項に該当する場合を除き、工事又は役務を発注するには、競争入札によるべきことを定めているところ、これは、公法人としての性質上、できる限り競争原理を働かせて経費の節減を図るとともに、透明性の高い手続を確保しようとする目的に出たものと考えられ、その趣旨において、地自法234条と共通することは否定できない。

　しかしながら、契約規程は法令ではなく、本件組合が契約を締結する手続について定めた、いわば内部的準則の性質を有すると考えられるから、これに反したからといって、直ちに当該契約が無効を来すものとは考え難い。もっとも、その態様が著しく経済秩序を乱し、本件組合の利益を看過し得ない程度に害するなど、特段の事情が存在する場合には、民法90条によって当該契約が無効となり得ると解すべきところ、証拠（甲18の1、34、38、40、乙1、原告ε）及び弁論の全趣旨によれば下記の事実が認められる。

　ア　平成11年10月ころ、『ある一社の設計事務所が都市整備課及び準備組合の内通者と共謀し選定中の各設計事務所の担当者に連絡をし半ば強制的にある一社に決定されるようにしている事実があります。（中略）ある一社の設計事務所とは（株）Q建築事務所名古屋事務所（ママ）ときいております。』との記載のある書面が、原告γ、同δ宅、準備組合、西尾市及び新聞社等に送付された。

　その後、準備組合の理事会は、平成12年度のコンサルタント業務をQ建築設計に委託することを決定した。

　イ　また、平成13年10月ころ、『前回問題になったT設計事務所（ママ）を随意契約にてお決めになることになっているそうですが、本当でしょうか。（中略）実際、いつどこで、Q設計事務所が随意契約の元となるお仕事をしたのでしょうか。』との記載のある書面が、原告γ、同δ宅に送付された。

　ウ　本件入札における予定価格は、7850万円（消費税を含まない。）であっ

たところ、Ｑ建築設計の落札価格は7800万円（前同）であり、その落札率は99.36パーセントである。

　エ　平成13年11月22日には、国の平成13年度における西Ａ地区第一種市街地再開発事業にかかる国庫補助金の対象事業金額は１億5660万円である旨内示されていたところ、本件実施設計、地質調査業務、土地調書・物件調書作成業務等の落札金額の合計はこれと一致している。また、これらの落札金額は、いずれも６で割り切れる数字であり、補助金の最終的な負担割合（補助額は、その対象事業費の３分の２を原則とし、うち６分の１を西尾市、６分の１を愛知県、３分の１を国がそれぞれ負担する。）という割合を意識した金額となっている。

　オ　入札当日である平成14年１月24日に、本件組合に対して補助金交付決定通知書が発行された。

(3)　公益性の有無についての判断

　上記認定事実によれば、事前情報どおり、本件事業に関与しているＱ建築設計が本件契約の落札者となり、しかもその落札率がかなり高率であることに鑑みると、入札に当たって談合が介在したとの疑いを挟む余地がないではない。しかし、上記アの書面は、送付された時期に照らすと、基本設計業務に関するものと考えられるところ、これを落札したのは、前記のとおり、Ｐ設計であったこと、イの書面は、談合情報というよりも、随意契約の方式によることを非難していると解されるところ、前記のとおり、本件においては指名競争入札が実施されていること、落札金額は、予定価格を下回っていること、補助金の負担割合は業者にはよく知られていること、落札金額が決定された場合に速やかに補助金交付決定通知書を作成することは十分可能であることなどを考慮すると、談合（官製談合）があったことが確実であり、かつこれによって本件組合の利益が看過し得ない程度に害されたと認めることはできない。

　そうすると、本件契約が民法90条に反して無効となるとは解されないので、本件支出は公益性を欠くものとして違法な公金支出に当たるともいえない」（下線筆者。一部仮名処理した）

解　説

1　第一種市街地再開発事業の公益性の判断方法

　本件は、平成 5 年頃から検討され始めた再開発事業であり、平成 6 年 9 月の準備組合設立を経て、平成10年12月に都市計画決定へと進むなど、順調に事業が推移するかにみえていた。この時点では、再開発ビルにおいてホテル棟を建設予定であり、市が第三セクター方式で所有・管理することを目指していた。

　ところが、ホテル棟建設に対して反対運動が起こるとともに、平成12年、公益棟に進出予定だった商工会議所の補助金交付を市が認めなかったことから風向きが変わり始め、平成13年には商工会議所が進出計画を撤回し、同時に市も第三セクター方式を撤回するなど、混乱が生じ始めた。

　平成13年10月には組合設立認可を受け、平成14年 9 月には権利変換計画が認可されて同年11月に権利変換処分がなされたが、組合は都再法90条登記をしないなど適正な手続がとられなくなり、平成16年初旬には有力組合員の運輸系会社が撤退を表明するなどした。

　本件で問題とされる、再開発組合と建築設計会社との施設建築設計契約は、平成14年 2 月に締結され同年 3 月に全額が支出されたものであるところ、裁判所は、判旨引用部分の一般論を示したうえで、本件第一種市街地再開発事業の経緯を非常に詳細に認定し、本件再開発事業自体の公共性を認め、平成14年の支出時点で、その後の設計変更が大幅になされるような見込みが高かったとまでは言い難いとして、支出の妥当性を認めた。

　このように、具体的な補助等が行われた時点を基準として、公益上の必要性に関する当該地方公共団体の長の判断に裁量権の逸脱又は濫用があったか否かを判断する手法は、一般的妥当性を有するものと考えられる。

　ただし、公益性のない場合にはそもそも事業計画ないし組合設立認可がなされないうえ、【事例 7 - 1 】で示したように補助金交付決定（ないし支出）自体は処分性を有することのない私法上の贈与契約と同視できるとされていることからして、裁判所がここで審査対象とする地方公共団体の長の裁量判

断については、一般的な行政処分よりも緩く判断されるのではないだろうか。

　裁判所が一般論において「その判断は全くの自由裁量に属するものではなく、要件の認定等に関する裁量についても自ずから一定の限界があるといわざるを得ない」という抑制的な表現を使っていることからも、行政庁の判断を尊重する姿勢が汲み取れる。

2　本件での談合の有無について

　民事裁判所が、本件で示された限りの状況証拠のみによって談合の認定まですることは、通常は考え難いものと考えられる。しかし、裁判所が「入札に当たって談合が介在したとの疑いを挟む余地がないではない」とまで認定した背景には、第一種市街地再開発事業が半ば公共事業であり、高い公共性に基づき施行されるということに対して、警鐘を鳴らす意味があるといえる。

3　第3セクター方式に関する裁判例

　なお、第3セクターが保留床を買い取り、その管理運営を行う手法の適否が問われた事例として、盛岡地判平成13・12・21裁判所HP〔28071729〕がある。

　この裁判例では、「地方公共団体が株式会社に出資する場合については、地方自治法上、その適法性の要件を明文で定めた規定はないが、地方公共団体のする出資も公金の支出であることに変わりはないことからすると、地方公共団体が全く無制限にこれを行い得ると解するのは妥当でない。そして、地方自治法232条の2の規定の趣旨や地方公共団体の存立の基本理念に照らして考えれば、ある出資の適法性を判断するためには、出資がその目的において公共性ないし公益性を有するか否か、及びその目的達成の手段として合理性を有するか否かを考慮する必要があると解される。もっとも、地方公共団体の機関は、その地方公共団体の置かれている地理的、社会的、経済的事情や特性、他の行政政策との関連等を総合的に考慮することにより、公金の使途についてこれを適切に判断し得る地位にあるものと考えられる上、地方公共団体の機関は住民の民意にその存立の基礎を置くものであり、その公金

240

支出の判断についても民意の裏付けが推定されるものとしてこれを尊重することが、地方自治の精神に合致すると解されることからすれば、出資の目的が公共性ないし公益性を有するか否か、及びその目的達成の手段として合理性を有するか否かという出資の適法性の判断は、当該地方公共団体の機関の裁量にゆだねられているというべきであって、その判断が著しく不合理で裁量権を逸脱し又は濫用するものであると認められるような場合にのみ、その出資が違法になると解するのが相当である」としたうえで、原告が批判する第３セクター方式について、「本件再開発事業は、北上市が都市政策の基本的指針として定めた北上市特定商業集積整備基本構想（平成４年10月）及び北上市総合発展計画（平成５年３月）並びに北上中部地方拠点都市地域推進協議会が定めた北上中部地方拠点都市地域基本計画（平成５年６月）などに盛り込まれている重点項目ないしは課題の内容に沿うものであり、北上市の中心市街地の活性化を促進し、都市機能の整備・充実を図るための重要な施策として、北上市が積極的に推進することを公に提唱してきたところに正に合致するものであるから、本件再開発事業の組合員にのみ過度の援助を与えるという性質のものではない。また、ある一定の行政目的を実現するために官民協調型の事業を行うことも行政の手段として許容されているものと認められることからすれば、本件におけるように、北上市が民間の私人と共に権利者法人たる本件会社を設立し、その株式の引受けとして本件支出をすることも、公金支出の基本的原理に違反する違法なものということはできない」と判断しており、保留床処分、その後の管理運営に関する手法について参考となる事例である。

施行者に求められる紛争予防のための注意点など

　談合の有無の認定の前段において、裁判所は組合内部の規則の存在を指摘したうえで、「契約規程は法令ではなく、本件組合が契約を締結する手続について定めた、いわば内部的準則の性質を有すると考えられるから、これに反したからといって、直ちに当該契約が無効を来すものとは考え難い。もっとも、その態様が著しく経済秩序を乱し、本件組合の利益を看過し得ない程

度に害するなど、特段の事情が存在する場合には、民法90条によって当該契約が無効となり得ると解すべき」と判示している。

　これは、当該組合と契約の相手方との契約関係の効果を判示しているのみであり、組合事務局を構成する各事業者と当該組合との関係については何ら判示していないことには注意を払う必要がある。組合事務局は、万が一にも、本件のような誤解を受けることのないように十分に注意をして事業推進ないし契約締結手続を進めるべきであろう。

【事例7‐3】

名古屋地判平成19・2・27裁判所HP〔28131030〕

地方公共団体が、第一種市街地再開発事業の再開発組合及び地権者から対象地区の不動産を取得して代金を支払った点について、住民訴訟が提起された事例

事案の概要

　組合施行の第一種市街地再開発事業について、対象地区すべての不動産を市が取得して「一人組合」として再開発を進めようとした事例について、その売買契約代金と補助金の返還請求を怠る行為について、地方自治法242条の2第1項4号に基づき、市の執行機関である被告に対し、上記各売買契約の締結及び補助金の支出を行った前市長に支出相当額の損害賠償を請求することを求めた事例。

※先行事件として、【事例7‐2】があるので併せて参照されたい。

当事者の気持ち（主張）

原　告：本件売買契約は、本件再開発事業の見通しがない中で強行されており、実質的に破綻した本件組合の負債を市が肩代わりするという違法なものである。

施行者：本件売買契約は、全体として合理性のある価額での買取りであり、
　　　　違法性はない。一人組合になったのも、実質的に第一種市街地再開
　　　　発事業を第二種市街地再開発事業の発想を取り入れて実現しようと
　　　　したものであり、何ら違法なものではない。

法律上の論点

本件売買契約に至る市長の政策判断が、裁量権の逸脱・濫用による違法な職
務行為といえるか

関連法令

地方自治法232条、 2 条14項、地方財政法 3 条、 4 条

判　旨

　「本件各売買契約は、平成13年12月に本件の事業計画が認可され、平成14
年11月 6 日の権利変換期日が経過した後間もなく、保留床取得を予定してい
た商工会議所がその取得の断念を表明し、さらに平成16年 1 月25日に至り、
本件組合員で大口の残留権利者であるM交通が本件事業から撤退する意向を
明らかにしたことなどから、予定した本件再開発ビルの保留床の処分の目処
が立たない状況となり、本件組合による事業の遂行が著しく困難となったこ
と、このような事態の推移を受けて、西尾市は本件事業に対する善後策を、
本件事業計画の認可権者である愛知県に図るなどしつつ検討した結果、本件
各売買契約の締結による一人組合方式の解決策を選択するに至ったこと、こ
の方策は、西尾市において本件組合及び残留権利者の権利をすべて買い取
り、その借入債務を清算させて一人組合となった上、本件事業の根幹をなす
本件再開発ビルの建築を事実上中止し、事業全体の見直しを図ることを目的
とするものであることが明らかである。
　そして、前判示の事実経過に照らせば、本件組合が引き続き本件事業を遂
行することは事実上困難で、事業の破綻と西尾駅前の開発に対する深刻な障
害をもたらすおそれが強い状況に立ち至っていたと認められるから、本件組

合による本件事業の遂行の方法を選択する余地はなく、一方、都市計画法上、権利変換期日後には、事業の完成によること以外に、組合の総会決議による解散は認められていないから、そのいずれの解決策もとり得ないものであったことが明らかである。

　したがって、西尾市が、本件各売買契約によって本件組合及び残留権利者の権利をすべて買い取り、一人組合として本件事業の見直しを図るという手法を選択したことが、都市計画法が定める事業代行の方法との関係で許容されず、違法と解すべきものであるのか否か、そして、本件各売買契約の代金として支払われた総額14億8625万1322円が、合理性を認め得ないものと評価されるものであるか否か、そのほか本件事業の趣旨、経緯等の諸事情に照らして、本件各売買契約の締結及び代金の支払が、Ａ前市長の政策判断に関する裁量権の逸脱・濫用による違法な職務行為として、損害賠償の責めに任ずべきものというべきであるか否か、これらを検討しなければならない。

　イ　都市再開発法は、第一種市街地再開発事業が施設建築物の建築を主とした公共事業としての性質を有することから、事業に要する費用を施行者の負担としつつも（119条）、一定の場合には、地方公共団体による分担金、負担金、補助金を支出することを許容したり（120条ないし122条）、資金の融通又はあっせん等を促すなどしており（123条）、また、同事業における権利変換が、関係者に原状回復不能な権利関係の変動をもたらすことにかんがみ、権利変換後は、事業の完成以外には、施行主体である再開発組合の解散を認めておらず（45条2項、125条4項）、再開発事業の継続中に組合の経済状態が悪化するなど、事業の継続が困難となるおそれがある場合には、都道府県知事又は市町村長が組合に代わって事業を完成させ、関係権利者の権利の保護を図るための制度として事業代行の制度を設けている（112条以下）。

　そして、事業代行開始後は、組合の代表、業務の執行並びに財産の管理及び処分をする権限を事業代行者に専属させ（115条）、事業代行者が統括する地方公共団体は、事業代行開始の公告の日後における組合の債務について保証契約をすることができ（116条）、その保証債務を弁済した場合の求償権について、組合の取得すべき施設建築物の一部の上に先取特権を有すること

（118条）を定めている。

　しかし、このような都市再開発法の規定によっても、同法による事業代行を実施すれば事業の完成を期待できる場合であればともかく、事業代行の実施によっても事業の完成が期待できない状況にある場合について、なおこの制度によらなければならないものとする趣旨であるかは疑問というべきである。そのような場合に事業代行によったときには、組合員による事業計画の必要な変更が可能になるとの保障があるわけではないから（30条ないし34条参照）、事業の進行に困難を来たして、その解決がせん延し、結局、事業の破綻と負債の著しい増大をもたらすことが予想されるからである。

　したがって、都市再開発法所定の事業代行制度は、事業の継続が困難となるおそれがある場合に取り得る制度的担保ではあっても、この事業代行によらない解決手段に合理性が認められる場合には、それによることを否定するものではないと解される。そして、都市再開発事業が高度の公共的性質を有する事業であることにかんがみると、地方公共団体が組合の権利の一部を取得したり、又はその権利の全部を取得して一人組合となった上、新たな事業計画を策定して、その完成をもって解散することについては、その合理性、相当性が認められる限り、都市再開発法がこれを禁止していると解するのは相当でなく、またそのように解すべき根拠は見あたらない。

　ウ　前記認定の本件各売買契約締結に至る諸経過によれば、西尾市は、本件組合による本件事業の遂行が困難になった前記の状況から、事業計画の変更につき組合員間の合意を形成することが困難と予想され、事業の継続によっては西尾市に補助金や負担金等25億円以上のさらなる出費が予想され、なおかつ事業の完成の見通しが立て難いことから、事業代行による事業の完成よりも、西尾市において組合及び残留権利者の権利を全部買い取って、一人組合として本件事業を引き継ぎ、実質的に事業計画の見直しを行う方法を選択し、本件各売買契約を締結するに至ったことが明らかである。

　そして、本件各売買契約の代金額については、上記のとおり、残留権利者の権利を権利変換当時の価格で評価した上、これに20パーセントの譲渡所得税相当額を付加した約３億6000万円に、なお本件組合において既に完了して

いた本件土地上の既存建物の立ち退きや除却、整地作業等のための資金として金融機関から融資を受けていた借入負債相当額の11億円余を加えた14億8625万1322円としたものであるが、この代金額は、被告による本件土地の鑑定評価額8億6500万円を前提とした場合、これに上記の整地作業等の完了に至るまでに要した諸経費を考慮すれば、本件組合及び残留権利者に対し、本件土地について整地までに必要とした諸経費及び整地後の土地評価額の合計額を超える過剰な利益を与えるとか、西尾市にとって上記の合計額を超える出捐をさせるものではなく、仮に本件土地の評価額を原告ら主張の約4億5000万円とした場合でも、整地までに必要とした諸経費との合計額において、上記と同様の理解が可能な範囲内のものである。

　また、上記のとおり20パーセントの譲渡所得税相当額を加算した点についても、既に権利変換時に転出した地権者らの取扱いとの公平性や、本件各売買契約を成立させるための取引上の配慮の観点を加えれば、これが不当というまでの事情であるとは認め難いというべきである。

　原告らは、本件各売買契約は、破綻した本件組合の負債を実質的に西尾市が肩代わりするものであり、代金額も本件土地の時価の数倍に及ぶものであって違法である旨主張するが、<u>本件組合の事業継続が事実上困難となった状況に対して、西尾市が本件各売買契約による本件土地の取得と一人組合方式による解決策を選択した経緯は上述したとおりであって、それが違法であるか否かは、他の選択肢による場合の見通し、それとの利害得失の比較、本件各売買契約の代金総額とその算定根拠、本件事業の公共性の程度、事業の開始からそれ以降の進行の経緯、将来の見込みなど、一切の諸事情を総合勘案した上、政策的裁量判断として裁量権の範囲を逸脱・濫用するものであるか否かの観点からなされるべきものである。</u>したがって、本件土地の代金総額が、実質的に本件組合の金融機関からの借入債務相当額を含み、経済的には、その債務を西尾市が肩代わりした形になるとしても、そのことによって直ちに本件各売買契約の締結と代金の支払が裁量権の逸脱・濫用にあたると評価することはできない。また、その代金総額を単に整地完了後の本件土地の評価額のみによって定めずに、整地完了に至るまでの必要諸経費分を含ま

せたことも、必ずしも不合理とはいえないことは上述したとおりである。

　そして、本件事業は、西尾市の玄関口である西尾駅前の再開発事業であって、その構想は相当旧時から存在し、大方の市民、関係者らの支持や要望をふまえて西尾市においても積極的に調査、検討を重ねた上、第一種市街地再開発事業としてこれを進行することを決定し、本件事業計画の策定、本件組合の設立等、主体的に関与してきた経緯であって、西尾市は本件組合と実質的な共同事業として本件事業に関与してきたこと、本件土地は、上記のとおり西尾駅前周辺地域に所在し、その開発については、将来的にも西尾市の市政と深い関わりを持つことが見込まれることなどの諸点も、本件各売買契約による一人組合の選択の相当性について考慮すべき事情と解することができる。本件事業は上記のとおりの経過によって、その後事実上完成する目処が立たない状況に立ち至ったことは前述したとおりであり、そのような展開となったことについて、西尾市の諸情勢の判断に慎重さを欠くところがあったとの批判があり得るとしても、本件各売買契約の締結及び代金の支出の違法性いかんを判断するについては、このような事後の事態の変動に対する対応としての判断の適否を、政策的裁量判断の性質をも考慮しつつ検討しなければならない。

　結局のところ、事業代行によったなら、本件事業が当初の事業計画のまま完成に至ると見込まれたわけではないし、また、事業計画の必要な変更が容易になされると見込まれたわけでもなく、むしろそれについて支障が予想された状況であり、解決のせん延と費用の増大の危険性があったのであるから、このような諸事情を勘案してみると、事業代行によらずに一人組合による事業の見直しを図るため本件各売買契約の締結を選択した西尾市の判断が、当初の事業計画による本件事業の完成が困難となった状況の下で、今後の事業進行の目処を考慮しつつ、西尾市に対する費用負担の増大をできる限り回避するための政策的裁量判断として、明らかに合理性を欠くなど、著しくその裁量権を逸脱、濫用したものと評価することはできず、地方自治法2条14項や地方財政法4条1項の趣旨に照らしてみても、本件各売買契約の締結及び代金の支払が違法であって不法行為を構成するとは認め難いというべ

きである」（下線筆者）

　本判決は、権利変換処分を経た後に、実質的に事業が行き詰まった事例について、いかに後始末をするかという点で非常に興味深い論点を提供している。

　都市再開発法上、権利変換期日以後は、事業の完成以外には、施行主体である再開発組合の解散が認められず（都再法45条2項、125条4項）、事業の継続が困難となるおそれがある場合には、都道府県知事又は市町村長が組合に代わって事業を完成させ、関係権利者の権利の保護を図るための制度として事業代行の制度を設けている（都再法112条以下）。

　しかし、本判決は、この事業代行制度によっても事業実現が見込まれない場合には、この事業代行によらない解決手段に合理性が認められる限り、それによることを否定しないとする点で、一歩踏み込んだ判断をした点が特に注目される。

　そして、地方公共団体による一人組合とすることの合理性を検証したうえで、その政策的裁量判断について、裁量権の逸脱・濫用の有無を詳細に検討し、市に対する費用負担の増大をできる限り回避するための政策的裁量判断の合理性を認め、住民からの請求を棄却した。

　本判決は、法律上予定された担保制度である事業代行制度が機能しない場合の代替措置について、都市再開発法上禁止されていないことを根拠として、地方公共団体の事後処理をダイナミックに認めた点に重要な意義がある。

施行者に求められる紛争予防のための注意点など

　いかに優良な事業計画であったとしても、利害関係者の意識の変化や社会情勢の変遷により当該事業が行き詰る可能性は、すべての再開発事業が内包するリスクである。そのようなリスクが顕在化した場合に、どのようにその危機を乗り越えるのか知恵を絞った結果が「一人組合」であったのであろ

う。裁判所の認定では、市長とともに建設部次長が知恵を絞って事業の立て
直しを図ろうとする様子がビビッドに描かれている。

　特に地方公共団体において現場実務に携わる方々におかれては、本事例及
び【事例 7 - 2 】の判決文全文にあたることで、市の担当者の苦悩とともに
何とか突破していこうという物語を追体験できるであろう。

　事業立て直しのリカバリーの点で、各事業者においても参照されたい。

【事例 7 - 4 】

東京地判平成 7 ・11・27判例地方自治148号50頁〔28010722〕

組合施行の予定されている第一種市街地再開発事業について、地方公共団
体自身がコンサルタント会社に対して支払った業務委託費について、住民
訴訟が提起された事例

事案の概要

　組合施行予定の第一種市街地再開発事業について、都市計画決定後にもか
かわらず地権者の取りまとめが進まずに事業停滞が生じていたところ、区が
事業計画の見直しの要否などの検討のためにコンサルタント会社に支払った
業務委託費について、地方自治法242条の 2 第 1 項 4 号に基づき、市の執行
機関である被告に対し、支出相当額の損害賠償を請求することを求めた事
例。

当事者の気持ち（主張）

原　　告：コンサルタント会社に対する支払は、準備組合の債務の肩代わりの
　　　　　便法であり違法な支出である。また、第一種市街地再開発事業にお
　　　　　いては、都市計画決定後に区がコンサルタント会社に業務委託をし
　　　　　て調査することは予定されていない。

施行者：コンサルタント会社への支払は区として必要かつ適切なものであ

り、再開発の促進のための費用として業務委託契約に基づく支出を
することには全く問題はない。

法律上の論点

都市計画決定後に第一種市街地再開発事業に関して区がコンサルタント会社
に対して業務委託費用を支払うことが許されるか

関連法令

地方自治法232条、都再法8条1項、9条6号

判　旨

「1　北千住駅前地区の再開発は、地方自治法2条5項に基づいて定めら
れた足立区基本構想に盛り込まれた足立区の重点施策の一つであるが、同地
区は、昭和61年11月、『東京都（区部）都市再開発方針』の中で都市再開発
法2条の3第1項2号の再開発促進地区にも決定され、同年12月、足立区
は、本件事業の施行区域内の旧国鉄用地約8200平方メートルを買い受け、地
権者として再開発組合に参画する予定のもとに、本件事業によって駅前広
場、都市計画道路、区画街路、文化ホール等の建築物などの公共施設の整備
を図ることを計画した。

2　準備組合は、本件都市計画決定後、開発会社からの資金援助を得て、
再開発組合の設立、事業認可向け、コンサルタント業者に委託して、事業の
推進を図ろうとしたが、準備組合に参画しない一部の地権者から事業の進め
方や事業化の方針に反対する動きがあり、再開発組合の設立についての地権
者の同意（都市再開発法14条）が得られない状態が続き、しかも、その間、地
価や建設費が急騰するという経済状況の変化にみまわれたことなどもあっ
て、関与していたコンサルタント業者も事業計画の立案、検討を進めようと
しなくなり、平成2年中には本件事業から正式に撤退し、本件事業は、コン
サルタント業者不在のまま、具体的な事業化の目処がたたない状況に陥っ
た。

　3　準備組合は、足立区と協議のうえ、平成 2 年10月ころ、新たに訴外会社に対しコンサルタントとして本件事業に関与することを依頼することとし、同年12月、地権者集会を開催して、その承認を得た。

　訴外会社は、まず、準備組合の委託により、平成 2 年12月から平成 3 年 3 月までの期間にわたり、関係権利者からの意向調査を通じて現在の状況を把握し、今後事業化を進めるにあたって必要な手立てを検討して、事業化の体制作りの方向を見いだすための調査を行い、平成 3 年 3 月30日、準備組合に報告書を提出してその調査業務を完了した。右報告書は、結論において、本件事業を具体化するためには、まず新たな推進体制を確立することが必要であり、足立区、開発会社、準備組合などの関係者がそれぞれの立場で問題点を検討することから始め、意見交換をすることなどを提案している（なお、準備組合は、右調査業務のため、訴外会社に206万円を支払った。）。

　4　右報告書の提案を受けて、足立区、開発会社、準備組合及び訴外会社は、平成 3 年 6 月15日、本件事業の今後の進め方に関して確認書を取り交わし、足立区、開発会社及び準備組合のそれぞれが右報告書で提案された事項の検討を行うことなどを合意した。

　しかし、その後も、準備組合においては、関係権利者を対象とした「再開発ニュース」を発行するほかは、役員会を開催する程度で、事業化に向けた実質的な活動をすることもなく、平成 3 年 7 月以降は事務局員もいなくなるという事態になり、足立区は、平成 3 年秋ころから、本件事業の現場に再開発事業推進事務所を設ける方向で準備組合、開発会社等と協議を進め、その結果、平成 4 年 4 月以降、足立区から 3 名、開発会社から 2 名の派遣職員から成る右推進事務所を設置し活動を開始することとなった。

　5　また、足立区は、本件事業において駅前広場、道路、文化ホール等の公共施設の整備を図るべき立場にあることや、準備組合に対し必要な指導を行うべき立場にもあることから、改めて、経済状況の変更を踏まえて本件事業の成算の有無、今後の財政負担の程度、事業計画の見直しの要否など事業化に必要な条件について検討する必要があると判断し、右推進事務所開設の準備と並行して、訴外会社に本件調査を行わせることとし、平成 4 年 1 月29

日本件契約を締結して、平成３年度の補正予算に基づきその代金988万8000円を訴外会社に支払った。

　なお、足立区は、本件契約が地方自治法施行令167条の２第１項２号にいう『性質又は目的が競争入札に適しないもの』に該当すると判断して、随意契約の方法により本件契約を締結したものである。

　6　ところで、準備組合は、平成３年度の収支予算において、コンサルタント業務委託料として1800万円を計上したが、結局、同年度においては、足立区と開発会社（開発会社も、平成４年１月29日、訴外会社に事業参加条件の検討などの調査を委託し、その委託料144万2000円を支払っている。）が調査を委託したほか、準備組合としては、特段の業務を委託しなかったので、その決算においては、コンサルタント業務委託料の支出は零円となっている。なお、右予算額1800万円は、月額150万円としてその12か月分という計算のもとに一応計上されただけで、特に具体的な業務委託を対象として算出されたものではなかった。

　（中略）

　三　右認定のとおり、足立区は、区の重点施策の一つである北千住駅前地区の再開発を実現するための本件事業が具体化に向けて進捗していない状況に鑑み、行政の立場から本件事業の具体化に向けた適切な対応を行うために、公共施設の整備に伴う財政負担の程度など事業化に必要な条件や事業収支などについて検討すべく、自らの費用負担において本件調査を委託する必要があると判断して、本件契約を締結するに至ったことが明らかであって、原告が主張するような、準備組合の訴外会社に対する債務を肩代わりして支払う便法として本件契約が締結されたとの事実は何ら認められないから、その事実を前提として本件契約締結行為の違法をいう原告の主張は、その前提を欠き失当である。

　四　また、原告は、本件事業が都市計画決定された後に、その施行者でない足立区が本件契約を締結することは都市再開発法８条１項、９条６号、30条、51条１項、52条２項５号に違反する旨主張する。

　しかしながら、都市再開発法２条の３第２項及び124条１項によれば、地

方公共団体は、市街地再開発促進地区の再開発を促進するため、市街地の再開発に関する事業の実施その他の必要な措置を講ずるよう努めなければならないものとされ、また、市町村長は、再開発組合に対し再開発事業の施行の促進を図るため必要な勧告、助言又は援助をすることができるとされているところ、前記に認定したところからすれば、足立区が、本件都市計画決定から4年余もの期間が経過しても依然として再開発組合の設立認可申請の目処が立っていなかったという状況のもとで、本件事業の具体化に向けた適切な対応を行うために、事業化に必要な条件などに関する本件調査を行う必要があったことは明らかであって、足立区が本件調査を行うことが都市再開発法の趣旨にそうものでありこそすれ、同法の規定に違反する違法なものでないことはいうまでもない。

したがって、本件調査を行うため本件契約を締結することは何ら都市再開発法8条1項等に違反するものではない」（下線筆者）

解　説

本判決は、準備組合段階における事業の行き詰まりに対する打開策として、地方公共団体が従前のコンサルタント会社の撤退を踏まえ、別会社に対してコンサルタント業務を発注した点が問題視された事例であるところ、裁判所がその正当性を正面から認めた点に意義がある。また、市街地再開発促進地区の再開発を促進するための調査費用が必要なものであることについても「明らか」であると明言しており、公共事業性の要素の強い第一種市街地再開発事業における地方公共団体の関与のあり方について裁判所としての明確な態度が打ち出された点に意義がある。

施行者に求められる紛争予防のための注意点など

準備組合段階は、第一種市街地再開発事業の手続過程の中でも、「最も苦しい時期」（『都市再開発法解説』120頁）と評されるように、事業が停滞する可能性の最も高い段階であるといえる。

このような時期において事業が停滞しているのを地方公共団体がただ黙っ

てみているだけでは、公共性をもった再開発事業を進めること自体、困難である。しかも本件では再開発促進地区（都再法2条の3第1項2号）に指定され、都市再開発方針に従って地方公共団体は「必要な措置」（同条2項）をとることができる。さらに、本件では準備組合事務局に市の職員が複数派遣されているという事情をも加味すれば、裁判所が指摘するように、再開発促進のため、多くの再開発の知見をもつコンサルタントに今後の事業推進のための調査費用を支払うことに何ら不当な点はないであろう。

　本判決からのみでは、未同意地権者が具体的にいかなる理由で再開発の促進に賛成をしていなかったのかは判然としないが、施行者としては、地方公共団体とともに、地域に必要な再開発について自信をもって進めていく必要があるであろう。

【事例7‐5】

東京高判平成16・12・21裁判所HP〔28131521〕
市議会が第一種市街地再開発事業に対して公金の費途に充てることを否決したにもかかわらず、市長が市の予算を流用して同事業に充てる旨の支出命令をした点について、住民訴訟が提起された事例

事案の概要

　公団施行が予定される第一種市街地再開発事業について、市議会が否決した費途であるにもかかわらず、市長が予算流用により同事業に充てる支出命令をしたことが、市議会の予算審議権を侵害し違法であるとして、地方自治法242条の2第1項4号に基づき、市の執行機関である被告に対し、支出相当額の損害賠償を請求することを求めたところ、違法な支出命令であるが損害がないとして、請求が棄却された事例。

当事者の気持ち（主張）

原告ら：市議会が否決したにもかかわらず、市長が市議会の判断と異なり予算を流用して公団に対して業務委託費用を支払ったことは、違法である。

市　　：本件は、市議会が当該事業の実施を否定して予算から削除した事業の費途に充てたものではないから、予算議決権の侵害にもあたらず、市長の権限の範囲で行われた適法なものである。また、市に損害は発生してない。

法律上の論点

① 市議会が否決した予算について、市長がその予算を流用して第一種市街地再開発事業に支出してよいか

② 市議会が予算流用について追認しているか

③ 市に損害が発生しているか

関連法令

地方自治法211条1項、213条1項、242条の2第1項4号

判　旨

1　予算流用の違法性について

「〈1〉市議会の平成14年第1回定例会において、本件繰越明許費の計上された平成13年度補正予算（第4回）が否決されたのは、本件繰越明許費を認めることができないとしたためであり、それを削除した平成13年度補正予算（第5回）が市議会において可決され成立したこと、〈2〉それにもかかわらず、市長であるP1は、上記補正予算が成立した翌日には、公団に見積り依頼を出し、その1か月後には、本件予算流用の手続をして、本件各支出命令を行ったことが認められる。

これらの事実に照らせば、本件予算流用は、流用後の経費を、市議会がそ

の実施を否定して予算から削除した本件各委託の費途に充てる目的でされたことが明らかであって、違法といわざるを得ない。そして、このような予算の流用を前提として行われた本件各支出命令も、市議会の意思に反することが明らかであって、違法であるといわざるを得ず、また、市長であるP1には、このような違法な支出命令を行うについて、故意又は過失があったものと認められる」

「(3)ア　上記の点に関し、被控訴人は、〈1〉執行機関であるP1は、関連予算が可決されている事実や市長の関連予算執行義務、都市計画決定の法的位置付け及び手続経緯を考慮し、また、本来であればP1が義務費として執行権を有していたと考えられること、事故繰越としての繰越手続をとれば予算で定めることを要しなかったこと、公団や国及び東京都、関係団体との信頼関係の維持、住民説明会での状況を総合的に勘案した上で、本件予算流用をしたものである〈2〉このようなP1の措置は、多様化、複雑化した行政実務を円滑かつ効率的に運営するため、現実の情勢の変化に臨機応変に対応できるようにしたものであり、地方自治法が認める長の権限（予算調整権）の範囲に含まれるものであるし、関連予算との関係や、繰越明許費の否決理由等、市議会における審議経過に照らしても、本件予算流用は、明白に議会意思に反するものといえず、それが議決権を侵害する違法なものとは評価できないと主張する。

イ　確かに、市議会は、本件再開発事業に係る都市計画自体については必ずしも反対する意向を有しておらず、再開発用地の取得費の予算計上等を認めていたものである。しかし、そうであるとしても、上記1の認定事実及び証拠（甲17）からすれば、市議会は、公団に対する本件図書作成業務委託料〈1〉及び本件まちづくり整備計画作成業務委託料〈1〉を予算として計上することに対しては明確な反対意思を有していたことは明らかであり、本件各支出が議会の意思に反する支出であったことは明らかである。

また、上記の事実に加え、地方公共団体の長が、予算流用の方法を用いて、普通地方公共団体の経費を、議会が当該事業の実施を否定して予算から削除した事業の費途に充てることを目的とする予算執行は、議会に与えられ

た予算議決権を一部空洞化させ、議会による予算統制を定めた地方自治法の趣旨に反するものである。これらを考慮すれば、いかに市長P1が、平成14年当時の状況からみて、平成15年度中の事業認可に向け、平成14年10月の都市計画決定に間に合わせる必要があるなど現実の情勢に合わせた予算執行をする必要があったからといって、それが地方自治法が認める長の権限（予算調整権）の範囲に含まれるとはいえない。

　　上記被控訴人の主張は採用し難い」（下線筆者）

2　予算流用についての市議会の追認の有無（控訴審は原審（東京地判平成
　　16・4・28裁判所HP〔28151650〕での判断を引用）

　「ア　上記の各事実によれば、被告が指摘するとおり、〈1〉市議会は、〈ア〉「a駅南口第1地区第一種市街地再開発事業分担金」（2億0920万円）、〈イ〉「a駅南口第1地区第一種市街地再開発事業に係る公共施設整備負担金」（1200万円）を含む本件平成15年度当初予算を可決しており、これらの分担金等は、都市計画決定に伴い、都市計画法上必要とされているものであること、また、〈2〉本件予算流用を含む平成14年度決算が認定されていること（本件決算認定）、がそれぞれ認められる。

　　しかし、市議会が可決した本件平成15年度当初予算は、小金井市が都市計画法上公団に支払うべき分担金等についての経費を含むにすぎないのであって、直接、本件予算流用に伴う本件各委託料〈2〉の支出を肯定又は追認する内容のものではないから、これをもって市議会が本件予算流用又は本件支出命令を追認したとみることは到底できない。

　　イ　むしろ、本件証拠上、市議会が本件予算流用又は本件支出命令について明示的にこれを許容する旨の決議等を行った事実は認められないのみならず、前記各事実及び証拠（甲18、25ないし29）によれば、〈1〉市議会は、本件予算流用の約2か月後に開催された平成14年第2回定例会において、本件予算流用による減少分を補填する内容の補正予算について否決するとともに、本件予算流用について市長の責任を問う旨の決議を行ったこと、〈2〉市議会は、本件再開発事業の対象区域について、建築規制を行うべく提出した条例案についてはいずれも否決したこと、〈3〉市議会は、本件再開発事

業についてこれを問題視する内容の陳情をそれぞれ採択し（甲25ないし28）、〈3〉同市議会議員24名中11名が平成15年12月16日付けで市議会に「（仮称）市民交流センター取得に関する覚書の締結中止と新たなまちづくり計画の立案を求める決議」案を提出し、その中で本件再開発事業についての見直しを求めていることが、それぞれ認められ、市議会は、本件否決前後を通じて一貫して本件予算流用を問題とする態度を示し、また、本件再開発事業のあり方についても疑問視し、あるいは見直しを求める態度を示しているものというべきである。

　ウ　また、本件決算認定の点についても、上記認定の審議経過に加え、そもそも決算の認定（地方自治法96条3号）とは、議会が決算の内容を審査して、収入、支出が適法に行われたかどうかを確認するものにすぎず、その方法も決算全体について認定するか否かの方法で行い、一部につき認定し、一部については不認定とすることはできないものと解されていること、また、その認定の効力も、法的に執行機関の責任を免除するものとまでは解されないことに照らせば、本件決算認定をもって本件予算流用又は本件支出命令が追認されたとみる余地はないと解すべきである。

　(4)　したがって、本件においては、市議会によって追認がされた事実は認め難いから、その効力について論ずるまでもなく、被告の上記主張には理由がない」（下線筆者）

3　損害発生の有無

　「(1)　控訴人らは、まず、本件委託料〈2〉の支出につき、市議会が市にとって不要と判断した事項について、市議会の意思に反して公金を支出して公金減少を招いたこと自体をもって損害とみるべきであると主張する。

　しかしながら、地方自治法242条の2第1項4号に基づく住民訴訟において住民が執行機関に対して行使を求める損害賠償請求権は、民法その他私法上の損害賠償請求権と異なるところはないというべきである。そうすると、損害の有無及びその額については、そのような私法上の観点から判断されるべきであり、また、損益相殺が問題になる場合はこれを行った上で損害の有無等を確定すべきものである。市議会の意思に反する支出であるというだけ

で、公金の支出が直ちに損害となるとはいえない。

(2)　そこで、上記の観点から、本件について損害の有無を検討する。

上記 1 の認定事実及び証拠（甲34、乙11、18）によれば、(ア) 市は、本件各委託契約〈2〉に基づいて、公団から、相当程度詳細な内容にわたる本件都市計画図書及び本件調査報告書を受領していること（本件都市計画図書は、前記のとおり都市計画図書、参考図書、都市計画関連図、附属資料から成るもので、約180頁のものであり、本件調査報告書は、平成14年 3 月の調査報告書を受けた『住宅市街地整備総合支援事業整備計画調査報告書』と『都市活力再生拠点整備事業街区整備計画調査報告書』の 2 部から成り、合わせて約200頁のものである。）、(イ) 本件都市計画図書及び本件調査報告書は、本件再開発事業を含む小金井都市計画第一種市街地再開発事業や、本件再開発事業と併行して行われている住宅市街地整備総合支援事業の整備計画の手続を進めるに当たって、必要な資料として利用されていること（これらの事業は中止の決定がされたわけでなく、継続している。）、(ウ) その結果、平成15年 4 月 1 日付けで上記住宅市街地整備総合支援事業については、本件再開発事業と併せて国庫補助金の内定が出るなどしていることが認められる（弁論の全趣旨）。

これらの事実からすれば、市は、上記報告書等を受領することによって、本件各委託料〈2〉の支出に見合う成果物を得たものと認められる。

そうすると、このような観点からみるとき、本件で、市に、本件各委託料〈2〉相当額の損害が発生したものと認めることはできない。

(3)ア　上記(2)の点につき、控訴人らは、住民訴訟制度の本来の意義からすれば、損害がないとの判断や損益相殺の運用は厳格になされるべきであり、損害の有無を判断する基準として、対価性だけでなく、必要性、有用性が判断基準とされるところ、当該支出が必要かつ有用であるかは、議会の予算議決権によって決定されるのであるから、議会が否決した費途へ予算を流用し、執行すること自体が必要性、有用性がないものへの支出であると主張する。

しかし、財務会計上の行為により普通地方公共団体に損失が生じた反面、その行為の結果、その地方公共団体が利益を得、あるいは支出を免れたとい

えるか否かは、当該地方公共団体が実施すべき事務や事業との関係で客観的に判断されるべきものと解される。議会が否決した費途への支出であるというだけで、それが直ちに必要性、有用性を欠き、地方公共団体の利益にならないとはいえない。

　イ　本件でこれをみるに、前記のとおり、本件図書作成業務は、都市計画決定ないし変更までの手続に沿って関係機関と調整を行いながら都市計画の図書（都市計画法14条）を作成していくものであり、本件まちづくり整備計画作成業務は、同駅周辺地区の計画的なまちづくりを推進するため、住宅市街地整備総合支援事業及び都市活力再生拠点整備事業の整備計画を作成するという内容のもので、これらにより作成された計画を基に本件再開発事業につき都市計画決定を得、また、市が行う道路整備等のための補助金を国に申請することになっており、いずれの業務も、本件再開発事業を推進するに当たって必要かつ不可欠なものであったと認められる。なお、本件で、市議会が可決した平成15年度一般会計予算には、本件再開発事業にかかる事業分担金や、公共施設整備負担金も含まれていることは上記１認定のとおりであり、市議会も、本件再開発事業を進めること自体の必要性は必ずしも否定していないものと解される。

　そうすると、本件図書作成業務及び本件まちづくり整備計画作成業務は、客観的にみて、市にとって必要なものであったというべきであり、その成果物たる都市計画図書及び調査報告書等の受領により、市が利益を得ていることは明らかである」（下線筆者）

解　説

　本判決では、市長が描く事業スケジュールで予算組みを考え本件委託費用を翌年度に繰越明許費として繰り越そうとしたところ、市議会議員選挙で議会構成が変わった直後の市議会において当該繰越明許費部分が否決されたのに対し、市長が、予算項目として挙げられる「款・項・目・節」の項目のうち、最小単位の「節」について、同じ目内（都市計画総務費）において流用する手続をとったため、その違法性が問われたものである。

　本判決が示すように、議会が当該事業の実施を否定して予算から削除した事業の費途に充てることを目的とする予算執行は、議会に与えられた予算議決権を一部空洞化させ、議会による予算統制を定めた地方自治法の趣旨に反するものである。したがって、いかに流用の必要性があろうと、地方自治法が認める長の権限（予算調整権）の範囲に含まれるとは到底いえないであろう。

　また、本件流用に対する市議会の否定的な態度があるにもかかわらず、市議会が本件流用を「追認した」と主張することは到底無理な主張である。

　しかし、一方で、流用された違法な予算であっても、市に損害がなければ、地方自治法242条の2第1項4号に基づく損害賠償請求を認めることはできない。本判決が示すように、損害賠償請求権の有無自体は、私法上の一般的な不法行為の損害評価に帰着させられるからである。そして、本件では、対価に相応するだけの報告書が受領され、支出に見合う成果物を得た以上は、損害自体がないと言わざるを得ない。

　ただ、この論理を認めると、地方公共団体の執行機関が「支出に見合う成果物があればいくらでも予算流用できる」という誤った認識をもつ可能性もあり、慎重な評価が必要であろう。この場合の歯止めとして考えられるとすれば、例えば、本件のような訴訟自体が「市長の違法な行為によって無用な弁護士費用の出費が市に生じた」という理屈に基づき再度の住民訴訟を提起することになるのであろうか。検討を要する課題といえよう。なお、本件は平成18年2月7日付で最高裁が上告審として不受理決定を出したようである（小金井市長稲葉孝彦WEBSITE（https://hiwanoborukoganei.com/old/index_9.html）参照）。

　また、本件と同一の第一種市街地再開発事業については別に住民訴訟が提起されているが、これについても東京高裁において棄却されている（東京高判平成19・8・22平成19年（行コ）24号公刊物未登載〔28181392〕参照）。

　以上とは別に、市施行の第一種市街地再開発事業において、市の駐車施設条例違反があった補助金支出差止めを求めた住民訴訟において、条例違反があったとしても補助金支出の判断過程に重大な瑕疵はないとした事例とし

て、札幌地判平成30・3・27裁判所HP〔28262598〕も参照のこと。

　当該裁判例では、補助金支出に関する裁量権の逸脱・濫用の判断基準として、以下のとおり、日光太郎杉事件（東京高判昭和48・7・13判夕297号124頁〔27603438〕）が用いた判断審査過程に基づくことを明言しており、行政法の論点として興味深い。

「(1)　基本的な考え方

　ア　法232条の2は、『普通地方公共団体は、その公益上必要がある場合においては、寄附又は補助をすることができる。』と規定しているところ、地方公共団体の長は、地方自治の本旨の理念に沿って、住民の福祉の増進を図るために地域における行政を自主的かつ総合的に実施する役割を担う地方公共団体の執行機関として、住民の多様な意見及び利益を勘案し、補助の要否についての決定を行うものである。したがって、その決定は、事柄の性質上、諸般の事情を総合的に考慮した上での政策的判断を要するものであるから、同条にいう『公益上必要がある場合』に当たるか否かの判断に当たっては、補助の要否を決定する地方公共団体の長に一定の裁量権があるものと解される。

　一方、法232条の2が地方公共団体による補助金の支出について公益上の必要性という要件を課した趣旨は、恣意的な補助金の支出によって当該地方公共団体の財政秩序を乱すことを防止することにあると解される以上、地方公共団体の長の裁量権の範囲も無制限とはいえないのであって、当該地方公共団体の長による公益上の必要性に関する判断に裁量権の逸脱又は濫用があると認められる場合には、当該補助金の支出は違法と評価されることになるものと解するのが相当である。

　そして、地方公共団体の長が都市再開発事業について補助金を支出する際に行う公益上の必要性に関する判断に裁量権の逸脱又は濫用があるか否かを判断するに当たっては、当該再開発事業の目的、内容及び事業によって見込まれる効果や、支出が予定されている補助金の額及びその額が決定されるに至った経過等、当該再開発事業をめぐる諸般の事情を総合的に考慮した上で判断するのが相当である。

イ　これに対し、原告は、再開発事業に違法性がある場合には、違法な事業を推進することが公益上必要であるとは認められないから、法232条の2に規定する『公益上必要がある場合』に当たるとして補助金を支出することは、裁量権の範囲を逸脱又は濫用するものとして違法となると主張する。

しかしながら、上記アのとおり、地方公共団体の長による公益上の必要性に関する判断には一定の裁量権があるものと解される上、法令違反にもその内容や程度には様々なものがあり得ることからすれば、補助の対象となる事業があらゆる関係法令等に適正に従っていなければ『公益上必要がある場合』に当たらないとまでは解されないから、再開発事業に何らかの法令違反があるからといって、当該事業に対して補助金を支出することが直ちに裁量権の逸脱又は濫用に当たるとまではいえないというべきである。そうすると、再開発事業の法令適合性については、法令違反の内容及びその程度をも勘案しつつ、当該事業に対して補助金を支出することについて裁量権の逸脱又は濫用があったか否かについて判断するに当たって考慮すべき一事情として位置付けるのが相当である。

ウ　そこで、上記に述べた観点から、被告が本件補助金を支出する際に行う公益上の必要性に関する判断に、裁量権の逸脱又は濫用があるといえるか否かを検討することとする」（下線筆者）

施行者に求められる紛争予防のための注意点など

本判決のような場合に、施行予定者という立場にある公団が積極的に何か関与できるものではないことは明らかであろう。ただ、トラブルになっていること自体は認識しているであろうから、今後の紛争拡大をさせないためにも、予算流用により締結された委託事業について誠実に業務遂行して、本件のように「支出に見合った成果物」を市に対して納品するという当然の義務履行をしていくほかないであろう。

【事例 7 – 6 】

東京地判平成22・5・25平成19年（行ウ）160号公刊物未登載
〔28300440〕

組合施行の第一種市街地再開発事業について、補助金支出の差止め及び不
当利得返還請求を求めた住民訴訟の事例

事案の概要

　組合設立認可等が違法であるとして、執行機関である区長を被告として、
同事業に対する公金の支出差止めを、また既に支出された公金については、
施行者の組合に対して不当利得返還請求することを求めたが、被告適格、違
法性の承継の問題等に基づき一部却下、一部棄却の判決がなされた事例（ほ
かにも論点は多岐にわたるが、本書では一般化しやすい2つの論点に絞った）。

当事者の気持ち（主張）

原　告：本件第一種市街地再開発事業には多くの法令違反があり、そのよう
　　　　な事業に補助金を支出することは認められず、既に支出された補助
　　　　金については不当利得として返還されるべきである。

施行者：本件事業には何ら違法性はない。なお、差止請求については被告適
　　　　格がなく、違法性の承継についても適切な主張ではないことから、
　　　　前者は却下、後者は棄却されるべきである。

法律上の論点

①　被告適格

②　財務会計上の行為に先行する原因行為の違法性は当然に当該財務会計上
　の行為に承継されるか

関連法令

地方自治法242条 2 項、242条の 2 第 1 項 1 号、243条

判　旨

1　被告適格

「地方自治法242条の 2 第 1 項 1 号の規定による差止請求（以下『 1 号請求』という。）は、『当該執行機関又は職員』が違法な財務会計上の行為を行うことを防止するため、その事前の差止めを請求するものであるから、同号にいう『当該執行機関又は職員』とは、その性質上、差止めの対象となる財務会計上の行為を行う権限を有する者をいうと解すべきである。しかるに、世田谷区においては、本件各支出行為に係る支出命令の権限が世田谷区長から所管の課長に委任されていることは前記第 2 の 1 ⑽イ（16頁）のとおりであるから、本件訴えのうち、世田谷区長に対して支出命令の差止めを求める部分は、被告とすべき者を誤ったものとして不適法であるといわざるを得ない。

　この点、原告らは、 1 号請求の被告適格につき、専決の場合と委任の場合とを区別する合理的理由はなく、どちらも組織体としての行為の是非が判断されるのであるから、委任者である世田谷区長にも被告適格が認められるべきであると主張する。しかしながら、受任者のする支出命令がそれ自体違法かどうかという判断と、委任者の受任者に対する指揮監督上の行為（受任者が支出命令を発しないように指揮監督すべきであるのにこれを怠っているという不作為）が違法かどうかという判断は、内容を異にするものであることが明らかであるから、これらを区別することなく、組織体としての行為として取り扱うべきであるという原告らの上記主張は、採用することができないというべきである。なお、差止めを求める対象となる支出命令について、その権限が委任されているかどうかが住民にとって必ずしも明らかではない場合があり得るが、 1 号請求において、故意又は重大な過失によらずして被告とすべき者を誤ったときは、その変更が許可されるのであるから（行政事件訴訟法43条 3 項、40条 2 項、15条）、上記のように解したとしても、 1 号請求が認められ

た趣旨が没却されることにはならないというべきである。

　以上によれば、本件訴えのうち、本件1号請求中の支出命令の差止めに関する部分は、不適法であるというべきである」（下線筆者）

2　財務会計上の行為に先行する原因行為の違法性は当然に当該財務会計上の行為に承継されるか

　「原告らは、東京都知事がした本件公園変更決定、東京都がした本件再開発事業決定等及び東京都知事がした本件設立認可が違法であるとし、これらを原因行為として行われる世田谷区長等による補助金の交付、公共施設管理者負担金の負担等に係る財務会計上の行為も当然違法となる旨主張する。

　(1)　この点、地方自治法242条の2第1項4号の規定に基づいて当該職員に損害賠償の請求をすることを求める訴訟は、住民訴訟の一類型として、財務会計上の行為を行う権限を有する当該職員に対し、職務上の義務に違反する財務会計上の行為による当該職員の個人としての損害賠償義務の履行を請求することを求めるものであるから、当該職員の財務会計上の行為をとらえて上記の規定に基づく損害賠償責任を問うことができるのは、たといこれに先行する原因行為に違法事由が存する場合であっても、当該原因行為を前提としてされた当該職員の行為自体が財務会計法規上の義務に違反する違法なものであるときに限られると解するのが相当である（最高裁昭和61年（行ツ）第133号平成4年12月15日第三小法廷判決・民集46巻9号2753頁参照）。また、同項1号の規定に基づく差止請求は、執行機関又は職員が違法な財務会計上の行為を行うことを防止するため、事前の差止めを請求するものであるから、同号に基づいて差止めを行うことが認められるのは、差止めを求める行為に先行する原因行為に違法事由が存する場合であっても、当該原因行為を前提として当該執行機関又は職員によって行われようとしている行為自体が財務会計法規上の義務に違反する違法なものであるときに限られると解するのが相当である。

　しかるに、原告らが主張する原因行為である本件設立認可等は、いずれも東京都知事等がその権限において行うべきものであって、特別区が行うべきものではなく、また、本件設立認可の対象となった事業計画においては、本

266

件再開発事業について補助金や公共施設管理者負担金が支出されるべきことが定められていること（前記第２の１(7)カ（13頁）、(9)キ（15頁））に照らすと、特別区の長である被告としては、上記の原因行為が著しく合理性を欠きそのためこれに予算執行の適正確保の見地から看過し得ない瑕疵の存する場合でない限り、上記の原因行為を尊重しその内容に応じた財務会計上の措置をとるべき義務があり、これを拒むことは許されないというべきである。したがって、上記の原因行為を前提としてそれに伴うものとして行われ又は行われようとしている財務会計上の行為については、上記の場合に当たらない限り、その職務上負担する財務会計法規上の義務に違反する違法なものということはできないと解するのが相当である。

(2)　また、地方自治法242条の２第１項４号の規定に基づいて相手方に不当利得返還の請求をすることを求める訴訟は、相手方が法律上の原因なくして利益を受けていることを要件とする不当利得返還請求権の発生を前提とするものであるから、同号の請求権は、公金の支出や契約の締結に先行する原因行為に違法事由があれば直ちに発生するものではなく、当該原因行為に明白な瑕疵がある場合や、相手方においてそのことを知り又は知り得べかりし場合のように、当該原因行為を前提としてされた公金の支出や契約の締結を無効としなければ当該原因行為を規律する法令の趣旨を没却する結果となるなどの特段の事情が認められることが必要であると解すべきである（なお、最高裁昭和56年（行ツ）第144号同62年５月19日第三小法廷判決・民集41巻４号687頁参照）」（下線筆者）

解　説

本判決は、【事例３-１】、【事例４-２】の解説中の東京地判平成26・10・３平成26年（行ウ）10号公刊物未登載〔29045037〕と同じ第一種市街地再開発事業（二子玉川東地区）に反対する住民により提起された一連の訴訟のうちの１つである。

まず、補助金支出差止めに関する被告適格については、差止めの対象となる財務会計上の行為を行う権限を有する者を被告とすべきところ、原告ら

は、区長の委任を受けた当該権限を有する課長ではなく、区長を被告として
しまった点で被告の選択を誤ったものとして、当該部分については訴え却下
という厳しい判断を下した。実務法曹として他山の石とすべき事案であると
いえる。なお、第一種市街地再開発事業に関する支出権限について問題とな
った事例として、東京高判平成2・9・20行裁例集41巻9号1524頁
〔27808783〕も参照のこと。

　一方、違法性の承継については、【事例4-2】でも取り上げた論理と類似
している。

　すなわち、本件判示は、原因行為の違法があっても後行行為自体にも違法性
があることが原則として必要であるとしつつ、例外的に、原因行為に「著し
く合理性を欠きそのためこれに予算執行の適正確保の見地から看過し得ない
瑕疵の存する場合」や、「当該原因行為に明白な瑕疵がある場合や、相手方に
おいてそのことを知り又は知り得べかりし場合のように、当該原因行為を前
提としてされた公金の支出や契約の締結を無効としなければ当該原因行為を
規律する法令の趣旨を没却する結果となるなどの特段の事情が認められる」
場合に限って、後行行為の違法性を問い得るものとしている点が注目される。

【事例7-7】
福島地判平成4・6・22判タ799号168頁〔27814113〕
市施行予定の第一種市街地再開発事業について、選挙による市長の交代に
より新市長が見直しを表明したことから、大規模店が進出を断念したこと
による市の損害について、住民が損害賠償請求を求めた住民訴訟の事例

事案の概要

　市が施行者として第一種市街地再開発事業を立案して大規模店を招致する
予定であったが、選挙において再開発計画見直し派の市長が当選したことによ
り当該大規模店が進出を断念したことで、それまでに投じられた市費の損失に

ついて新市長に対して損害賠償の代位請求を求めた請求が棄却された事例。

当事者の主張

原　告：地方公共団体の長が選挙により交代しても、前任者が既に決定して
　　　　推進中の継続的施策に加えられる変更については、条理上一定の限
　　　　度が存在するところ、本件は変更の必要性と合理性を欠き裁量権の
　　　　濫用にあたる。

　市　：新市長は、再開発の見直しを是とする多数の支持を受けて当選し、
　　　　民意に従って見直しをしたのであり、主張の広範な行政執行権（地
　　　　方自治法149条9号）からすれば、この見直しは住民自治という地方
　　　　自治の本旨にかなうもので裁量権の濫用にはあたらない。

法律上の論点

選挙で交代した市長による継続的施策の変更により、市長が第三者に不法行
為責任を負わなければならないか

関連法令

地方自治法242の2

判　旨

「1　地方公共団体の施策を住民の意思に基づいて行うべきものとする住
民自治の原則が、地方公共団体の組織及び運営に関する基本原則であること
はいうまでもないところである。そして、地方公共団体が一定内容の将来に
わたって継続すべき施策を決定した場合でも、右施策が社会情勢の変動等に
ともなって変更されることがあることはもとより当然であって、地方公共団
体は原則として右決定に拘束されるものではない。地方公共団体の長は、誠
実執行義務（法138条の2）に基づき、右のような継続的施策についても、法
令の範囲内において、そのときどきの社会情勢等に鑑み、住民の利益に合致
するよう施策の推進又は変更、中止等の措置を執るべきであり、本件の都市

再開発事業のように都市政策、産業政策上、高度な政策的判断が必要とされる場合、何が住民の利益に合致するかの判断については、長に広範な裁量権が認められていると解するのが相当である（すなわち、地方公共団体の長には、その付託を受けた住民の利益のためにそのときどきの政治、社会、経済情勢の変化に応じて最善と考えられる途を選択していくことが求められているものであって、いったん決定して実施に移した施策であっても、その後その施策の継続が不適当であると考えられるに至ったときには、臨機に柔軟な対応をとることが許されているものというべきである。）。

　もっとも、地方公共団体がその継続的施策を変更するにあたって、既に第三者が地方公共団体と密接な交渉を持ち、その施策が維持されるものと信頼して活動に入っている場合には、信義衡平の原則に照らして、その第三者に対して、不法行為責任を負わなければならないことがあるのは、最高裁判所第三小法廷昭和56年１月27日判決（民集35-1-35）の説示するとおりであるが、地方公共団体の長は、そのような損害賠償義務、あるいはそれまで支出した費用が無駄になる等の不利益をも考慮に入れたうえで、何が住民の利益に合致するかの判断をその広範な裁量権の範囲内でこれをなし得るものである。

　従って、地方公共団体の長の右のような施策に関する行為が、地方公共団体に対して不法行為となるのは、それが住民の利益に反することが一見して明白であるとか、長の背任行為にあたるものである等、前記のような長の裁量権の逸脱又は濫用と認められる場合に限られると解するのが相当である。

　２　これを本件の青木市長の施策の見直しないし変更についてみると、これらは同市長がその立場から住民の利益を考えてした判断というのであって、前記二の認定事実からみて、その裁量権を逸脱又は濫用したと認めることはできず、違法であるということはできない（その当、不当は、最終的には住民による選挙を通じて判断されるべきものである。）」（下線筆者）

　本判決は、福島県郡山市郡山駅西口市街地再開発に反対する住民により提起された一連の訴訟のうちの１つである。

　既に【事例4-7】の裁判例について紹介したところではあるが、社会状況の変化等の影響を受けた場合に行政計画に固執してしまうと、最終的に行政計画に定めた内容自体が達成できたとしても、それが達成時における社会状況に適合しているとは限らない。行政計画も「計画」である以上、不断の見直しが必要なのであり、そうであるからこそ、その計画変更については原則として違法性が問われない構造になっている（2章参照）。

　特に、地方公共団体においては、住民自治の原則のもと、その主張は住民意思に従った判断が求められる。この原則を踏まえつつ、どこまで行政の継続性を重視してそれを維持するかという点で、地方公共団体の長は判断を迫られることになる。この点、都市再開発法という枠組み自体、権利変換処分までは、後戻りを許容している法構造であることをも踏まえれば、権利変換処分前においては比較的柔軟に計画変更を認めるという解釈も成り立ち得る。

　ただ、当該計画を信頼して個別具体的に資本投下をした私企業ないし個人に対して全く損害のてん補がないということは信義公平の原則に照らして妥当ではなく、本判決も最判昭和56・1・27民集35巻1号35頁〔27000153〕を引用して、例外的に不法行為法（ないし国家賠償法）上違法の評価を受ける場合があることを認めた。

　上記昭和56年最判〔27000153〕については、施策ないし計画の変更が適法であることを前提としつつ、損害を被るものとの関係において施策変更の違法性を認めた点で「相対的違法性」を認めたものと評価できる。この具体的な救済は、理論上は計画変更による「特別の犠牲」を払ったものに対しての損失補償という考え方も成り立ち得るのであり、行政計画を信頼した者への保護の必要性についてはさまざまな理論構成がなし得る（櫻井敬子＝橋本博之『行政法〈第6版〉』弘文堂（2019年）152頁）。

　本判決は、行政法の理論上も興味深い論点を提供するのみならず、今後地価の下落が見込まれる局面における再開発の実務上、選挙による首長の交代が第一種市街地再開発事業に与える影響力の大きさをはかるうえでも重要な裁判例といえる。

第一種市街地再開発事業の行き詰まり事例の分析

1　準備組合段階

　　まず、準備組合段階で裁判例の俎上に載った事業の行き詰まり事例としては、【事例1-5】が挙げられる。

　　この事例は、本文解説でも指摘したように、都市計画決定時点での事業予定費用が、その後わずか1ヶ月で「建設資材の高騰等の社会経済状況」を理由として、10億円以上（事業予算規模で10%以上）の増額がなされたが故に、市長が準備組合に対してなした補助金交付決定を取り消したという事案である。事業当初の予算見込みの甘さが露呈した事案とも評価可能であり、収支計画の重要性を示すものと言える。

　　次に、準備組合段階での事業の立て直しのために区が支出したコンサルタント費用が問題とされた【事例7-4】がある。

　　公的な事業推進の前捌き段階において、事業の行き詰まりを打開する観点から費用が発生することに正当性が認められることは当然であり、公的色彩の強い再開発組合の前身としての準備組合段階でも、再開発促進区に決定されているなど公共性が認められる段階に至っていれば、公的資金の必要性は薄れるものではない。

2　権利変換計画認可の段階

　　次に、権利変換計画認可申請に対して市長がこれを不認可とした事例として、【事例4-7】がある。

　　この事例は、当該事業の継続が争点となった市長選で市長が交代したことを踏まえての結果とも評価できることから、政治リスクの顕在化という見方も可能である（政治リスク顕在化の顕著な事例として、市施行事案の【事例7-7】も参照のこと）。

　　しかし、この政治リスク顕在化の背景には、上記1の【事例1-5】と同様、組合設立認可時点での資金計画で168億円余りの事業費が、1年後の事業計画変更時に225億円余りに膨らんだという事情があ

り、これが市長選に影響を与えた事案であったとも考えられる。この点で、やはり事業当初の収支計画をどのように見込むのかは事業リスクコントロールの観点から最も重要であることが分かる。

3　権利変換期日後の段階

　以上に対して、権利変換処分後は、もはや事業を完成させる以外には再開発組合を解散させることはできない（都再法45条1項及び2項参照）。

　しかも、現時点での裁判所の解釈として【事例6‑4】で示されたように、再開発組合は、その性質上破産が予定されておらず、権利変換期日後は、組合員への賦課金又は参加組合員に対する分担金を含め（都再法39条、40条）、まず組合内部において、事業を完成するために厳しい措置をとる方向で検討しなければならない。

　【事例6‑3】及び【事例6‑4】で示された津山市における再開発組合をめぐるトラブルは、この賦課金及び分担金に関する判断基準について判断している点で、非常に参考になる。

　なお、この津山市の事例は、再開発組合内部のコンプライアンスに関わる問題によって事業費が不足するという事態に直面した事案であり、公的色彩の強い法人たる再開発組合として、あってはならない事例であった。この組合内部のコンプライアンスリスクという視点は、今後の市街地再開発事業においても常に意識すべきであろう。

　一方で、「組合の施行する市街地再開発事業は、あくまで組合がその責任において遂行することが建前である」[i]ことを大前提としつつ、再開発組合内部の努力だけではどうにもならないという極めて例外的な場合には、法律上の最後の手段として、都再法112条以下の事業代行制度が用意されている。

　しかし、この事業代行制度は安易に運用されるべきではなく、まず組合内部での自助努力を尽くした後、当該施行地区を含んだ市区町村

---

i　昭和44年12月23日都再発88号建設省都市局長・建設省住宅局長通達「都市再開発法の施行について」

においても最大限の努力を進めることが求められていると言えよう。

　その視点から見ると、組合施行の第一種市街地再開発事業において、対象地区すべての不動産を市が取得して「一人組合」として再開発を進めるという知恵で乗り切った【事例7‒3】は、非常に参考になる。

4　小　括

　公共性を背景とした市街地再開発事業（法定再開発）は、法が付与する強制力及び公共事業に準じた補助金の投入によって、民間再開発よりも事業実現可能性は高いものの、全くノーリスクで事業進行ができるわけはない。このような事業リスクがあるからこそ、従前資産評価（都再法80条1項にいう「相当の価額」）の計算においては、事業完成への期待という意味での開発利益は反映されないことにも留意が必要である（【事例5‒3】参照）。

　市街地再開発事業は、組合設立から事業完成までの一連の手続の中で、各手続きにおける考慮要素が有機的な関連性をもちながら組み立てられているものであり、事業リスクの一部分のみを切り取ってその適否を判断するべきではない。道行きの長い事業全体を俯瞰的に見ながら、細部のリスクも取り除きつつ、地道に手続を積み重ねていく以外にないであろう。

第8章

借家人の取扱い

1 都市再開発法における借家人の取扱い

(1) 市街地再開発組合の組合員にはならない

まず、大前提として、施行地区内において借家権を有する者（以下「借家人」という）については、市街地再開発組合の組合員としての地位を有していない（都再法20条1項）。したがって、借家人は、都市再開発法上、組合の意思決定に主体的に関与することは予定されていないことを確認する必要がある。

ただ、本編第1章4の都市再開発法の立法過程における議論で紹介したように、借家人をはじめとする零細居住者の権利の取扱いは、都市再開発法の立法時の最大の論点であった。参議院の建設委員会における附帯決議[1]においても、「市街地再開発事業の実施に伴い、権利を失うこととなる零細な居住者の補償等について、十分に配慮すること」とされている。また、これを受けて、当時の建設省からも、都再発87号建設事務次官通達[2]において、「施行地区内の関係権利者で、その権利又は資力が零細であるために市街地再開発事業によって整備される施設建築物に入居することのできない者その他事業の施行により地区外に転出することとなる者に対する補償その他救済措置について十分に配慮すること」とされている。

したがって、借家人の権利の取扱いについては、これらの附帯決議及び通達を念頭に、以下に規定された都市再開発法の運用を検討する必要があると考えられる。なお、都市再開発法は、都市計画法74条を準用していないことから、法律上は生活再建のための措置をとることまでは義務付けられていない点に留意が必要である[3]。

(2) 借家権の確認

まず、施行地区内の建物について、借家権が設定されているかについては、当該建物の所有権者と借家人との間の借家契約があるかを確認する必要がある。通常は、借家契約の契約書を提出してもらい内容を確認したうえ

---

1 第61回国会参議院会議録第19号（昭和44年4月18日）36頁
2 昭和44年12月23日都再発87号建設事務次官通達「都市再開発法の施行について」
3 大橋洋一「市街地再開発と社会計画（Sozialplan）(1)―都市法と社会法の接点に関する一考察」自治研究70-3（1994年）80頁-98頁参照。

で、物件調書作成時に関係人立会いのうえで署名押印を得ることで借家権の確認が行われる（都再法68条、土地収用法36条2項）。

　しかし、大家及び借家人の双方が、この調査に一切協力しない場合には、まず物件調書の立会いの機会を大家及び借家人に保障したうえで、その立会いが得られない場合に、土地収用法37条の2が準用され、他の方法により知ることができる程度で調書を作成するほかない（この点について、具体的に争われた事例として【事例4-4】参照）。

　なお、都市再開発法における借家権とは建物の賃借権及び配偶者居住権をいうが、前者については一時使用のため設定されたことが明らかなものが除かれていることに注意が必要である（都再法2条13号）。

　加えて、都再法は「借家権」と「賃借権」を書き分けており（同条同号参照）、権利変換の対象となるのは「借家権」のみであることにも十分な留意が必要であろう（同法73条1項12号。なお、同法87条も参照のこと）。

　また、都再法70条の権利変換手続開始の登記が行われた後は、新たな借家権の設立にあたっては施行者の承認が必要であることにも留意すべきである。すなわち、同条2項の「処分」には、借家権の設定が含まれると解されており、同条1項の登記後の借家権の設定には、施行者の承認が求められる。

(3)　物件調書に基づく権利変換計画書への記載

　上記の手続により借家権の確認が行われ、物件調書に記載されれば、この記載が真実の状態を表すものと推定され（都再法68条2項により土地収用法38条準用）、縦覧手続を経て権利変換処分通知によりその効果が確定する（【事例4-4】参照）。

　これを踏まえて、権利変換計画書において、当該権利に対応して、新たに建設される施設建築物の一部に借家権が与えられることとなる（都再法73条1項12号、77条5項、88条5項）。ただし、これには例外がある。

　まず、借家面積が過少床基準を下回る場合には、借家権が与えられないように定めることができるとされている（同法79条3項）。この場合、借家人は地区外転出を迫られざるを得ない。

また、過少床基準を満たして新しい施設建築物の一部に移転が可能であっても、組合設立認可公告（又は事業認可公告）の日から起算して30日以内に借家権消滅届を組合に対して提出すれば、借家権を与えられることなく補償（(6)イ参照）を得て地区外に移転することとなる（同法71条3項）。

(4)　転貸人の取扱い

　ここで、転貸人がいる場合にどのように取り扱うかが問題となるが、都市再開発法上、転貸人については施設建築物の一部に転借権が移行することは予定されていない。すなわち、同法71条3項、88条5項において規定されているように、「その者が更に借家権を設定していたときは、その借家権の設定を受けた者」に対して権利変換がなされると規定されている。

　そのため、転貸人は、権利関係の正確な把握のための物件調書の記載対象ではあるものの、権利変換の対象者にはならない（なお、転貸差額がある場合や、転貸人独自の工作物がある場合には別途補償対象になり得ることは別論である）。

(5)　定期借家契約に関する問題

　定期借家契約については、権利変換期日において「1日でも」当該定期借家契約の残存期間がある場合、当該定期借家権も権利変換の対象となるのが国土交通省の見解である。

　ただ、残存期間が極めて短期の定期借家権が権利変換対象になってしまうと、建物所有者としては、従後の施設建築物の一部について、わずかな残存期間の定期借家が残ることで、新たな借家人誘致が竣工当初からはできないことになってしまう。一方、定期借家人としても、わずかな期間しか入居できない権利を得たところで、実質的な居住、営業期間が確保できないという点で現実的ではない。

　この非現実的な結論に至ってしまう理由は、昭和44（1969）年に都市再開発法が成立して借家権に関する運用が確立していったのに対して、定期借家権が平成12（2000）年の借地借家法の改正によって創設された点にある。国土交通省の見解の根底には、都市再開発法においては「定期借家権も借家権の1つ」と割り切って法改正等の対応は不要であるとの考え方があるように思われるが、そこには政策的な観点から、定期借家権のみを特別扱いしない

という政策決定があるのであろう。

　もし定期借家人側があくまでも権利変換を望むのであれば、組合として
は、当然、その権利保全を図らなければならない。しかし、その場合でも、
定期借家人自身、後述のように定期借家契約の期間以外の事項について、大
家との新たな契約内容を定めなければならず、話合いがつかない場合に双方
が負う交渉コストは相当大きくなる（都再法102条参照）。

　そのため、定期借家人が借家権消滅届を組合に提出して97条補償を得る、
若しくは、大家と借家人との話合いで当該定期借家契約については合意解約
する等の対応が現実的ではないかと考えられる。

(6)　借家人に対する補償（補償の一般論に関しては第5章参照）

ア　91条補償

　一般的に、借家権は賃貸人の承諾なく第三者へ譲渡できないものであり、
取引慣行自体がないものと評価されているため、客観的な取引価格の認識は
困難である。このように、借家権価格が認められることは通常想定されてお
らず、原則として借家権価格はゼロ評価となり（【事例5-4】）、原則として
91条補償の対象とはならない。

イ　97条補償

　借家人においても、地権者と同様に、都再法97条に基づき、通常受ける損
失を補償することになる。ただし、地権者にのみ認められる補償を除くこと
となり、主に、動産移転料、仮店舗補償、借家人補償、移転雑費、営業補償
等がなされる。

ウ　物件調書が借家人の不協力で作成できない場合／強制権利変換の場合の
　　補償

　一方、97条補償の補償額算出の基礎となるのは、物件調書や借家人から提
出される営業資料等となるが、権利変換処分通知後は物件調書の内容が裁判
例では争えなくなるとされている（【事例4-4】参照）。そうすると、物件調
書について借家人からの協力なく「他の方法により知ることができる程度」
での内容しか記載されていない場合、それに基づき公共算定基準に従って算
出せざるを得ず、実際に算出されるべき補償額よりも低く出てしまう可能性

が高い。そのため、借家人においては、できる限り物件調書に実態を反映する記載ができるようにした方が、適切な補償額を確保できる可能性があるといえる。

2　施設建築物の一部における借家契約の内容

　ここまで、組合との関係における権利変換処分の取扱い及び補償に関する一般論を検討してきたが、最後に都市再開発法における大家と借家人との法律関係の整理をしておく。

　まず、権利変換処分通知により、建物の所有権は原則としてすべて施行者に帰属することから（都再法87条2項本文）、大家と借家人との従前の賃貸借契約はその時点でいったん終了し、観念的に継続する借家権が従後の施設建築物の一部に移転するという法律構成を都市再開発法は採用していると考えられる（同法95条。なお、権利変換期日後も、組合による明渡通知期限までは、従前の用法により占有を継続することができる）。

　ここで、従後の施設建築物の一部については、全く新しい建物の賃貸借契約となることから、その条件も当然に新しい契約内容となる。この点で、大家と借家人との間では新たな条件を協議しなければならない。これを条文上表しているのが都再法102条1項である。

　大家としては、従前の古い賃貸物件から、従後の施設建築物（区分所有建物）に変更になることからすれば、管理費負担の発生、固定資産税の上昇等が見込まれ、賃料増額を求めたくなるであろう。これに対して、借家人としては、従前賃貸物件並みの借家条件を維持したいと考えるであろう。

　この両者の協議がまとまらない場合、都市再開発法は、審査委員の過半数の同意のもと、①賃借りの目的、②家賃の額、支払期日及び支払方法、③敷金又は借家権の設定の対価を支払うべきときは、その額の①～③の3条件のみについて、組合に裁定する権能を与えた（都再法102条2項）。そして、その裁定の考慮要素として、①賃借りの目的については賃借部分の構造及び賃借人の職業を、②家賃の額については賃貸人の受けるべき適正な利潤を、③その他の事項についてはその地方における一般の慣行をそれぞれ考慮して定め

なければならないとしている（同条3項）。

　この裁定に不服があるときには裁定のあった日から60日以内に訴えを提起することができるが（同条6項）、逆にいうと、上記①〜③以外の借家条件については裁定ないし裁判でも確定しない。そうすると、従後建物の竣工から引渡しまでこの紛争が継続した場合、その他の具体的な契約条項について白紙のまま従後建物における賃貸借関係がスタートすることになってしまい、双方が更なる法的リスクを抱え込むことになる。そのため、大家及び借家人双方の歩み寄りがどうしても必要であり、実務上は、裁判所を介した調停手続などが利用されている。

　なお、この両者の話合いがつかずに裁判までもつれ込んだ例として、以下の事例がある。

【事例8−1】

東京高判平成29・5・31平成27年（ネ）5235号公刊物未登載〔28300441〕（原審：東京地判平成27・9・30平成24年（ワ）35320号公刊物未登載〔29013897〕）

第一種市街地再開発事業において賃貸人・賃借人間の家賃額の協議が成立しなかったことからなされた裁定に対して賃貸人が増額変更を求めた事例

事案の概要

　組合施行の第一種市街地再開発事業について、賃貸人・賃借人間において都再法102条2項に基づきなされた裁定に対して、賃貸人が不服を申し立てて同条6項に基づき増額変更を求めた当事者訴訟において、賃貸人の受けるべき適正な利潤が考慮されているのであれば、同法103条に基づく家賃算出方法（都再法施行令41条2項、都再法施行規則36条参照）を採用しても違法ではないとされた事例（なお、原審は、都再法103条の算定方法を用いて賃料を定めることは相当ではないとしていた）。

原告（賃貸人）：都再法102条 2 項の裁定において、同法103条の算定方法を採
　　　　　　　用することは許されない。適正賃料は、不動産鑑定評価基準所定の方
　　　　　　　法により算出される継続賃料である。

被告（賃借人）：都再法102条 2 項の裁定においては、賃貸人の受けるべき適
　　　　　　　正な利潤が考慮されていれば、同法103条の算定方法を用いることも
　　　　　　　違法とはいえない。市街地再開発事業における権利変換後の賃料を定
　　　　　　　めるという事情を十分に考慮しないまま、不動産鑑定基準所定の方法
　　　　　　　を用いることは適切ではない。

法律上の論点

都再法102条 2 項の裁定において、同法103条の算定方法によることは許され
るか

関連法令

都再法102条、103条

判　旨

「1　施行者以外賃貸において施行者賃貸の算定方法を用いることの当否

(1)　施行者以外賃貸における法102条 2 項 2 号の家賃の額の裁定（以下
「102条裁定」という。）における実体面における法的規制は、『賃貸人の受ける
べき適正な利潤を考慮すべきこと』（同条 3 項）だけである。その余の法的規
制は、審査会における可決の要件などの手続的規制にとどまる。

　そうすると、102条裁定においては、賃貸人の受けるべき適正な利潤が考
慮され、算定の方法に相応の合理性があるのであれば、違法の問題は生じな
いのであって、施行者賃貸における家賃の額の算出方法（以下「103条方式」
という。）を採用することそれ自体が法的に禁止されているわけではない。し
たがって、103条方式を用いて家賃の額を決定したことが本件裁定の違法事

由になるという第一審原告の主張は、採用することができない。また、原判決の説示のうち、『施行者でない者が施設建築物の一部を賃貸する場合において、（都市再開発）法103条1項所定の算定方法を用いて賃料を定めることは、その趣旨に照らし、相当ではないといわざるを得ない。』との部分（原判決7頁11行目から13行目）も、当裁判所の採用するところではない。賃貸人の適正な利潤が考慮され、算定の方法に相応の合理性があるのであれば、102条裁定において、103条方式を採用することは違法ではない。

(2)　102条裁定に103条方式を採用することは、賃貸人の適正な利潤が考慮されている限りにおいては、立法者意思にも沿うものである。

　国会における都市再開発法（昭和44年法律第38号）法案審議の段階においては、102条裁定における施行者以外賃貸の家賃の額は、賃貸人の受けるべき適正な利潤を考慮して定めるべきものであるという規定を置きながらも、実務上は施行者賃貸における家賃の額の算出方法（103条方式）と同様の方法により算出する運用を行っていくべきものと議論されていた（別紙5の第58回通常国会参議院建設委員会の春日正一議員に対する竹内藤男政府委員の答弁（昭和43年4月25日）及び第61回通常国会衆議院建設委員会の岡本隆一議員に対する同政府委員の答弁（昭和44年5月9日）参照）。

　そうすると、102条裁定において、103条方式による家賃の額の算定を行うことは、立法者意思にも沿うものである。

(3)　103条方式の具体的内容は、施行令30条の規定（別紙2関係法令の定めの第2の1(2)）に従って算出ざれる標準家賃の額から、借家権価額の償却額を控除するというものである（施行令41条2項及び都市再開発法施行規則（以下「施行規則」という。）36条。別紙2関係法令の定めの第2の2(2)及び(3)参照）。

　この点、証拠（乙1、13、補充鑑定書）及び弁論の全趣旨によれば、施行令30条の規定に従って算出される標準家賃の額は、同規定による算出方法が不動産鑑定評価基準における建物の積算賃料の算出方法と同様の概念であることから、不動産鑑定評価基準における新規賃料（正常賃料）に類似するものである。また、標準家賃の額からの借家権価額の償却額の控除は、算出すべき賃料の額が新規賃料と言うよりは継続賃料に類することを考慮して行われ

るものである。控除後の金額は、不動産鑑定評価基準における継続家賃に類似する。そうすると、103条方式は、不動産鑑定評価基準における継続賃料の算定方法と比較しても相応の合理性がある。

　また、103条方式による家賃の額の積算根拠のうち償却修繕費と地代相当額の中には、賃貸人の受けるべき適正な利潤相当額が含まれるのが通常である。そうすると、103条方式により算出された賃料は、原則として、賃貸人の受けるべき適正な利潤を考慮したものということになる。

　(4)　施行者賃貸と施行者以外賃貸を区別しているのは、賃貸借契約は私法上の問題であるから当事者の協議により定めるのが原則である（法102条1項）が、特に施行者賃貸においては、他の賃借人や関係権利者との間の公平を期すために、あらかじめ一定の基準となる標準家賃の概算額（法73条、81条）を定め、標準家賃の概算額を基準として個別の家賃の額を定めることとしたものと解される。

　従前の賃貸人が権利変換後も賃貸人となる場合は施行者以外賃貸となる（当事者間の協議による家賃の額の決定が可能）が、この場合でも当事者間の協議が整わない場合は、102条裁定で家賃の額を定めることになる。従前の賃貸人が権利変換を希望しない旨の申出をした結果、賃貸人が施行者に変更される場合は施行者賃貸となり（当事者間の協議による家賃の額の決定は不可能）、103条方式により家賃の額を定めることになる。権利変換後の家賃の額が前記2つの場合で異なることに合理性はないから、102条裁定における家賃の額の算出方法としで103条方式を採用することには相応の合理性がある。

　(5)　以上によれば、102条裁定における家賃の額の算出における103条方式の使用は、賃貸人の適正な利潤が考慮され、かつ、103条方式の使用が不合理となるような特段の事情のない限り、許される。

2　本件裁定の適法性について

　(1)　本件裁定における家賃の額の算出方法は、前提事実(4)イのとおりである。本件裁定には、施行令30条の規定に基づき、又は施行者賃貸における算定基準を適用して、といった表現が用いられている。これらの表現は、処分行政庁が103条方式（法103条及びこれに基づく政省令の規定）に拘束されるとい

う趣旨を述べたものではなく、処分行政庁の裁量的判断として本件裁定においては103条方式を借用するのが相当であるという趣旨を述べたものであることは、その裁定文自体から明らかである。そして、本件裁定における算出方法に格別不合理な点は見当たらない。

　(2)　本件裁定においては、別紙4の(2)の（ロ）の⑤で建物についての賃貸人の適正な利潤が、⑧で土地についての賃貸人の適正な利潤が考慮されている（乙1の9頁、乙13の7頁参照）。

　第一審原告は、本件裁定は補助金部分を含めずに算出された施設建設敷地等の価額を基準に賃料額を算出しており、賃貸人の受けるべき適正な利潤が考慮されていないと主張する。しかしながら、国民の税金を原資とする補助金が生み出す果実を賃貸人に取得させなかったとしても、賃貸人が受けるべき利潤が考慮されていないとはいえない。第一審原告の主張を採用することは困難である。

　(3)　第一審原告は、本件裁定の増額変更を求めている。

　しかしながら、103条方式を借用した場合の家賃の額は、本件裁定よりも更に減額される。すなわち、103条方式によれば、標準家賃の額から借家権価額の償却額を控除した額が家賃の額となる（別紙2の第2の2(2)及び(3)参照）のに、本件裁定においては、標準家賃の額をそのまま家賃額としている。

　そうすると、本件裁定は、減額変更する余地はあっても、増額変更する余地はないことになる。

　(4)　以上によれば、本件裁定における家賃の額を増額変更すべき理由はなく、第一審原告の請求は理由がない。

3　本件建物1の価額に関する第一審原告の主張に鑑み、若干敷桁して説明する。

　(1)　原審における鑑定は、鑑定人自身が法102条による家賃の額の裁定において通常用いられている判断枠組みについては不詳である旨を述べている（補充鑑定書1頁）ことから、これを採用するには無理があるというほかない。

　本件の争点に照らすと、そもそも鑑定事項を単に『平成25年3月1日時点

での本件建物1の賃料相当額』とする鑑定を採用する必要性の存在についても、疑問が残るところである。

(2) 法は、権利変換手続において、従前の財産の価額（73条3号等）と権利変換後の財産の価額（同条4号等）について、基準日を統一的な評価時点とした上で（80条、81条）、権利変換後の財産の価額については、いわゆる土地取得費用や建物建築費用の原価（補助金等の支給を受けている場合にはこれらを控除する。）以上、いわゆる時価以下の範囲（ただし、原価が時価を上回る場合には時価）において、権利変換計画で定めることとしている（別紙2関係法令の定め第2の1(2)参照）。そして、法は、以上の従前の財産の価額と権利変換後の財産の価額を前提とした上で、権利変換計画において、両者の価額は概ね一致するように定めることを求めている（77条2項）。以上の枠組みは、財産の評価時点を異にした場合、地価や建築価格等の上昇等によって資産の正当な評価を行うことができなくなることを避けるとともに、統一的な財産評価によって権利変換手続を円滑に進めるために設けられたものと解される。

そうすると、102条裁定も、権利変換手続の一環として行われるべきものであるから（同条は、「第二節　権利変換手続」の中に設けられるとともに、権利変換計画の存在を当然の前提としている。）、同裁定も、基準日を評価時点とした上で、権利変換計画において定められた権利変換後の財産の価額を前提に算出するのが適切である。仮に、第一審原告が主張するように、本件再開発ビルの再調達原価をもって、102条裁定を行うこととすると、評価基準時が不明確となる上、施行者賃貸と施行者以外賃貸において、家賃の額の算出の基礎となる財産の評価・価額が異なることとなるが、そのような違いが生じることに合理性があるとは言いがたい。

したがって、本件建物1の価額に関する第一審原告の主張は採用することができない。

(3) なお、本件裁定では、前提事実(4)イ（イ）のとおり、施行令30条の施設建築物の一部の整備に要する費用等として本件修正基礎額が用いられている。この点、前提事実(5)アのとおり、本件裁定は、本件再開発ビルの建築工事が完了する前に行われていることから、本来、103条方式において用いる

べき施設建築物の一部の整備に要する費用等の確定額を用いることができな
かった事案である。そして、本件裁定は、別紙 4 のとおり、本件修正基礎額
のうち、土地の価額は、権利変換計画の評価基準日から本件裁定までの間、
50％もの急上昇があったとしていることから、上記 1 の(5)の特段の事情に相
当するものと評価して、本件権利変換計画における施設建築物の一部の整備
に要する費用等の概算額を修正した本件修正基礎額を用いたものと考えられ
る。いずれにせよ、本件裁定が本件修正基礎額を用いたことは本件裁定にお
ける家賃の額の増額要素であるから、仮に本件修正基礎額を用いるべきでな
いと判断したとしても、そのことが本件裁定における家賃の額を増額変更す
べき事情には当たらないから、第一審原告の請求を棄却すべきであるとの結
論に変わりはない」（下線筆者）

解　説

1　従前賃貸人の権利変換、転出での賃料算出に関する適用条文の違い

　本件では、従前賃貸人が権利変換により従後建物に床を取得する場合の賃
料額の裁定（都再法102条 2 項）において、いかなる考慮要素に基づき従後建
物の賃料が算出されるべきかが争われた事案であり、多くの第一種市街地再
開発事業で同様の検討がなされている汎用性の高い事案である。

　この点について、都再法102条 3 項は、「家賃の額については賃貸人の受け
るべき適正な利潤を、（中略）考慮して定めなければならない」と定めるの
みであり、具体的な家賃の算定方法について何も述べていない。

　これに対して、従前賃貸人が転出して、借家人が施行者床の賃借りする際
の家賃については、都再法103条 1 項に基づき、都再法施行令30条 1 項が
「施行者が施設建築物の一部を賃貸しする場合における標準家賃の概算額は、
当該施設建築物の一部の整備に要する費用の償却額に修繕費、管理事務費、
地代に相当する額、損害保険料、貸倒れ及び空家による損失をうめるための
引当金並びに公課（国有資産等所在市町村交付金を含む。）を加えたものとする」
とするなど、詳細な算定方法が定められている。

　本件は、この都再法103条方式の算定方法が、同法102条 2 項における裁定

にも適用し得るかが問題となった。

2　原審と控訴審との判断の対比

　本件の原審である前掲平成27年東京地判〔29013897〕は、被告である賃借人が都再法103条方式の算定方法を採用するべきであるとの主張に対して、以下のように判示してその主張を斥けた。

　「被告は、都市再開発法に基づく権利変換後の賃料を定めるに当たっては、賃貸人が施行者であるか否かにかかわらず、同法103条1項所定の算定方法を用いるべきであって、不動産鑑定評価基準所定の算定方法を用いるべきではない旨を主張する。

　しかし、都市再開発法73条1項10号は、権利変換計画において、国土交通省令で定めるところにより、『施行者が施設建築物の一部を賃貸しする場合における標準家賃の概算額』を定めなければならない旨を定め、同法施行令30条は、その標準家賃の概算額の算出方法として、『当該施設建築物の一部の整備に要する費用の償却額に修繕費、管理事務費、地代に相当する額、損害保険料、貸倒れ及び空家による損失をうめるための引当金並びに公課（国有資産等所在市町村交付金を含む。）を加えたものとする』と定めている。そして、同法施行令41条2項は、同法103条1項により施行者が賃貸する施設建築物の一部の家賃の額について、上記標準家賃の額に必要な補正を行って確定するものとする。これに対し、同法102条2項は、当事者間に家賃その他の借家条件について協議が成立しない場合、施行者はこれを裁定することができる旨を定め、同条3項は、この裁定をするときは、賃借部分の構造及び賃借人の職業、賃貸人の受けるべき適正な利潤並びに一般の慣行を考慮しなければならない旨を定めているものの、そのほかに算出方法を規定していない。そして、同条6項は、裁定に不服がある者は、訴えをもってその変更を請求することができる旨を定めるが、その訴えにおいて裁判所が適正な賃料を定めるに際して則るべき算出方法を規定していない。

　このように、都市再開発法は、施設建築物の一部を賃貸する際の賃料額の定め方について、施行者が賃貸する場合とそうでない者が賃貸する場合とを明確に区別しているが、これは、前者の場合には、施行者が施設建築物の一

部を複数の賃借人に対して賃貸することが想定され得ることから、特に賃借人間の公平を期すために、あらかじめ一定の基準となる賃料額を定め、これに基づいて画一的に賃料を算定することが要請されるのに対し、後者の場合には、基本的には、賃料額が賃貸人と賃借人との間の需給関係等を前提とした個別の合意によって定められるべきものであることによるものと解される。そうすると、施行者でない者が施設建築物の一部を賃貸する場合において、同法103条1項所定の算定方法を用いて賃料を定めることは、その趣旨に照らし、相当ではないといわざるを得ない。

　したがって、同法に基づく権利変換後の賃料を定めるに当たり、賃貸人が施行者であるか否かにかかわらず、同法103条1項所定の方法を用いるべきである旨の被告の主張は、採用することができない」（下線筆者）

　これに対して、本件の控訴審は、同法102条3項の「賃貸人の受けるべき適正な利潤」が考慮要素として反映されている限り、都再法103条方式を採用することは妨げられず、むしろそれが立法者意思に合致していると判示した。

　特に、原審が、都市再開発法において「明確に区別している」とした施行者床、地権者床の賃貸について、控訴審では逆に「権利変換後の家賃の額が前記2つの場合で異なることに合理性はない」として、全く真逆の価値判断に基づき判示している点が注目される。

3　検　討

　以上のように、本件控訴審と原審とは、適用条文について全く異なる価値判断に基づき結論を導き出しているが、本件控訴審の価値判断を支えるのが「立法者意思」である。

　すなわち、都市再開発法の立法過程において、借家人保護の観点からの議論が行われる中で、当時の建設省都市局長（竹内藤男）が、「裁定につきましての指導についても、その政令と同じような指導をしていきたい、こういうふうに考えております」[4]と答弁した点を捉え、同法102条の裁定において、都再法施行令30条と「同じような」指導をするという価値観によって立法さ

4　第61回国会衆議院建設委員会議録第17号（昭和44年5月9日）9頁

れた事実を重視しているようである。

ただ、この部分だけを切り取るのではなく、この国会の議論をもう少し視野を広げてみていくと、違う角度からも考える必要があると筆者は考える。

すなわち、この都市再開発法の立法過程は、既に繰り返しみてきたように、あくまでも「零細な借家人をいかに保護するか」という視点で一貫して議論がされてきた。上記答弁を引き出した岡本隆一衆議院議員（日本社会党）も、立法当時の赤坂・溜池の様子を描写して「あそこには、小さな、間口二間かそこらくらいの荒物屋さんもありますし、文具屋さんもあり、あるいはそこの横にうどん屋さんもあり、写真屋さんもある、散髪屋さんもあるというような、いわゆる全くダウンタウンの庶民というべき人たちが住んでおるわけです」と話を振ったうえで、これら「安い家賃で住んでおると思う」人々の保護の観点から、政府委員である建設省都市局長に質問をぶつけた結果が、上記答弁であった。

一方、現在の第一種市街地再開発事業をみたとき、実際には零細な地権者が共有床の賃貸人となり、大規模資本を背景にした大型テナントが賃借人となるような事例も数多くみられるところであり、「零細な借家人」を想定した立法時の議論が、現代の第一種市街地再開発における賃貸借関係にそのままストレートに反映できるかは、再考の余地がある。

少なくとも、本件は、大規模資本を背景とするスーパーマーケットが賃借人であった事例であり、都市再開発法当時の価値観を形式的な根拠とするだけでは割り切れない現実があることを踏まえて価値判断をしなければならないはずである。

したがって、本件控訴審が「立法者意思」を実質的判断の基準としている点については、筆者は若干の違和感を覚える。

むしろ、本件控訴審が判旨の後半で述べているように、第一種市街地再開発事業においては、評価基準日が定められており、この評価基準日における家賃を合理的に導き出す方法として、都再法103条方式を採用せざるを得ないという価値判断が優先されたと考える方が、全体の法律構成としてはスッキリするのではないかと考える。

　なお、本件控訴審判決に関する優れた論考として、中原洋一郎「いわゆるセット入居における都市再開発法第102条賃料の扱い〜東京高裁平成29年5月31日判決を中心に〜」再開発研究36号（2020年）108頁があるので、ぜひとも参照されたい。

【事例 8 - 2 】
東京地判平成24・4・17平成21年（ワ）24715号公刊物未登載〔28213293〕
組合設立前の施行地区内の借家人に対する賃貸人の解約申入れについて、正当事由を認めた事例

事案の概要

　組合施行予定の第一種市街地再開発事業について、施行地区内の借家人に対する賃貸人の解約申入れ及び建物明渡請求について、建物の経年劣化の状況、当該地域が都市再生緊急整備地域に指定されていること等を勘案して、原告に建物利用の必要性を認める一方で、被告にも明渡しに伴う損失があるとして、立退料4600万円の支払と引換えに明渡請求が認められた事例。

当事者の気持ち（主張）

原告（賃貸人）：借地借家法に基づく正当事由が認められれば、明渡請求は当然に認められる。
被告（賃借人）：原告の解約申入れには正当事由がない。

法律上の論点

準備組合段階において法定更新状態にある借家契約に対する解約申入れについて、借地借家法上の正当事由が認められるか

借地借家法28条

「争点1（原告の解約申入れに正当事由があるか）について

（1）　証拠（甲1ないし3、6、9の1及び2、10、23ないし25、30、乙26ないし28、鑑定の結果）及び弁論の全趣旨に前記前提事実を総合すれば、以下の事実が認められる。

　ア　原告の建物使用の必要性について

　（ア）　本件建物が存在している東京駅・有楽町駅周辺地域は、平成14年7月に都市再生緊急整備地域に指定され、整備の目標については、東京都心において、老朽建築物の機能更新や土地の集約化等により、歴史と文化を生かしたうるおいと風格ある街並みを形成しつつ、国際的な業務・金融・商業機能や高度な業務支援機能・生活支援機能等が適切に調和した魅力ある複合機能集積地を形成すること、特に、中央通りを中心とした地域においては、魅力とにぎわいにあふれた国際的な商業・観光拠点を形成することとされている。

　（イ）　原告は、平成19年9月27日、法人Nから、本件建物を買い受け、被告を含む賃借人との関係において法人Nの賃貸人たる地位を承継した。

　原告は、本件敷地を含む日本橋（以下略）地区の開発計画を検討しているところ、日本橋（以下略）地区市街地再開発準備組合と共に、本件敷地を含む日本橋（以下略）地区について、都市再生特別措置法37条1項に基づく都市再生特別地区の都市計画を提案し、平成23年7月29日、東京都は、これを受理した。そして、同年12月19日、東京都告示第1773号において、日本橋（以下略）地区に関する都市計画決定が告示された。

　上記計画においては、交通結節点機能を強化する駅前広場等の整備、地上・地下の歩行者空間の充実、日本橋駅拠点に相応しい防災機能の向上、日本橋地域を活性化する文化・交流・観光施設の整備、環境負荷の低減などを

目指すものとされ、本件建物が存在する区域には、地上36階地下4階のビルの建築が予定され、平成24年の着工が目標とされている。

　イ　被告の建物使用の必要性について

　（ア）　被告は、法人Nから、平成13年12月に本件貸室1を、平成15年6月に本件貸室2を借り受け、本件貸室1を中華料理店（本件店舗）として、本件貸室2を事務所として使用している。

　（イ）　本件店舗の売上高は、第11期（平成18年7月1日から平成19年6月30日まで）が5217万4160円、第12期（平成19年7月1日から平成20年6月30日まで）が5451万8894円である。

　ウ　本件建物の状況等について

　（ア）　本件敷地は、JR東京駅から約800メートル（徒歩約10分）、東京メトロ銀座線日本橋駅から約80メートル（徒歩約1分）に位置しており、最寄駅への接近性は良好である。

　本件建物は、昭和35年8月に建築された鉄筋コンクリート造陸屋根地下1階付き6階建ての建物であり、建築後50年以上が経過している。被告以外の賃借人はすべて本件建物から退去済みである。

　（イ）　本件建物は全体的に経年劣化が進行しており、外壁、階段等には亀裂が見られる。本件建物は、近隣地域の建物と比較して、その老朽化、旧式化等による機能的陳腐化、市場性の減退等による経済的不適応が認められるため、現在、最有効使用の状況になく、その有効利用を図るためには、本件建物を取り壊し、新築するのが相当である。

　(2)　正当事由の有無について

　ア　前記認定事実によれば、本件建物は建築後50年以上が経過し、全体的に経年劣化が進行していること、本件建物が存在する地域は、都市再生緊急整備地域に指定されていること、原告は、本件敷地を含む地区の開発計画を検討し、本件敷地に高層ビルの建築を予定しており、この計画は相当程度具体化していること、東京都が原告らから提出された都市再生特別地区の都市計画提案を受理していることなどの事実が認められ、以上の事情に照らすと、今後相当額の費用をかけて本件建物の存続を図るのではなく、本件建物

を高層ビルに建て替えて本件敷地の有効利用を図るという原告の計画には一定の合理性、相当性を認めることができ、原告には、建物使用の必要性があるといえる。

　一方、被告は、平成13年から本件貸室１を、平成15年から本件貸室２を賃借し、本件店舗を経営しているのであって、本件店舗の経営を継続したいという被告の要望も合理性、相当性を有している。また、本件店舗の移転に伴って顧客喪失などの不利益を被るおそれがあることなどの事情に照らすと、本件貸室１及び２の明渡しによって被告が被る経済的損失は小さくない。

　イ　以上を総合すると、原告の建物使用の必要性が被告のそれよりも高いとはいい切れないものの、本件建物は建築後50年以上が経過しその老朽化等に照らすと現在最有効使用の状況にないのであって、有効利用を図るためには本件建物を取り壊して新築するのが相当であることなどの事情にかんがみると、原告が、本件貸室１及び２の明渡しにより被告の被る経済的損失をてん補することができる場合には、原告の解約申入れは正当事由を具備すると解するのが相当である」（下線筆者。一部、法人名を仮名とした）

解　説

　本判決は、組合施行による第一種市街地再開発事業（準備組合段階）の施行地区内において、法人Ｎから建物を取得した大手不動産デベロッパーが、現に経営する中華料理店の借家人（法定更新状態）に対して、賃貸借契約の解約申入れをしたうえで明渡請求をしたところ、裁判所が立退料との対価を定めて、これを認めた事例である。都市再開発法の立場から考えると、本当にこのような結論を導いてよいのか、判決文の事情だけからは、疑問が残る。

　まず、前提として、民事訴訟においては、裁判の基礎となる訴訟資料の提出は当事者の権能かつ責任とする建前（弁論主義）がとられている。このため、被告となった中華料理店側が都市再開発法に基づく詳細な主張をしなければ、裁判所はこれに対して判断を下すことはできない。

　実際、本件判断の基礎となる被告の主張の要旨をみると、①被告が本件建

物を営業として使用する必要性が高いこと、②原告の建物使用状況、③建物の賃貸借に関する従前の経過、④建物の利用状況等の必要性、⑤建物の現況、⑥立退料と、借地借家法の判断枠組みの中での反論しかなされておらず、裁判所としても「借地借家法の枠内での判断」しかできなかったものと考えられる。

しかし、もし第一種市街地再開発事業における準備組合段階において、賃貸人が借地借家法に基づく正当事由を主張して、これが認められる可能性のある借家人に対する明渡請求を行い、これに裁判所がお墨付きを与えるとすれば、都市再開発法の成立過程における「零細な借家人保護」の要請は、画餅に帰することになりかねない。

本件でも、築50年以上の建物の借家人（しかも売上高が年々減少している）に対する明渡請求という点で、まさに零細借家人そのものであって、都市再開発法上は保護の対象にするべき存在であった。

したがって、本件事例が、もし都市再生特別地区の指定がなされた後、準備組合の設立後に解約申入れが行われていたような場合には、都市再開発法に基づく借家人保護の要請から、そもそも正当事由が認められないという主張をすることもあり得たと考えられる。

しかし、本件の時系列をみると、①平成17年から平成19年までの間に借家契約が法定更新となる、②平成20年に解約申入れがなされる、③平成23年に都市再生特別地区の指定、都市計画決定、という経過をたどったようである。

そうすると、都市再開発法の観点からみたときには、上記②の解約申入れ時点で、第一種市街地再開発事業の進行状況がどの程度具体性を帯びていたのか（判示のみからでは準備組合の設立時期は不明である）によって、正当事由の主張の可否が決まるものと考えられる。

ただ、いずれにしても、当該再開発の実質的な利害関係人である大手不動産デベロッパーが、第一種市街地再開発事業の前段階において、借家人を減らす目的で借地借家法の正当事由の存在を主張して権利主張する借家人に対して明渡請求をするという構造自体であったとすれば、都市再開発法の精神

に合致しないものとして慎むべきものであると筆者は考える。

　なお、東京高判昭和57・10・25判タ485号107頁〔27460907〕は、市街地再開発促進区域における借家法による賃貸人の解約申入れについて、都市再開発法に基づく市街地再開発の必要性がその正当事由として斟酌し得ると判断した事例である。

　この中で、東京高裁は、以下のように判断している。すなわち、

　「1　元来市街地再開発促進区域は、高度利用地区のうち特に計画的かつ速やかに再開発を必要とする区域について、民間による再開発を促進するため都市計画に定められるものであつて（法7条1項）、その指定があつた本件において、当該区域内の借地権者である控訴人は、都市計画の目的を達すべく再開発実施の努力義務を課されるものであり、（法7条の2第1項）、当該区域指定後5年以内に再開発がなされないときは、日立市において原則として地元権利者に代り再開発事業を施行することとされるのである（同2項）。

　2　控訴人は、個人施行者として本件再開発事業を施行するために県知事の認可を必要とし（法7条の9第1項）、右認可を受けるためには、事業計画につき借家権者である被控訴人らの同意を得なければならない（法7条の13第1項）。したがつて、右同意が得られないときは、控訴人による再開発事業の施行は不能となり、本件市街地再開発計画は、前記促進区域の指定までありながら頓挫せざるをえないこととなる。

　これに比し、被控訴人らは、右同意を与えても、その借家権は権利変換手続によつて保護されるのを原則とし（法77条5項・88条5項）、権利変換を希望しない場合は金銭補償を受けることができる（法71条3項・91条1項）。本件市街地再開発につき、両者の間には右のような立場の相異があり、このことを考慮する必要がある。

　この点に関し、被控訴人らは、都市再開発法による市街地再開発の必要をもつて、借家法による解約の正当事由に代置することは許されない、と主張するが、後者の正当事由の一要素として前者の必要性を斟酌することを妨げるものではなく、要は建物明渡によつて蒙る賃貸人及び賃借人双方の利害得失の比較に帰着する。換言すれば、地域開発のため木造低層の建物の除却が

<u>要請される場合（都市再開発法の適用以前の問題である。）に、そのことにより</u><u>立退を余儀なくされる借家人の蒙る不利益が受忍しうべきもの（損害の補填</u><u>される場合を含めて）であるときは、解約の正当事由を肯認しうるものであ</u><u>る</u>」（下線筆者）として、都市再開発法の適用の有無は、結局借地借家法の正当事由の一事由にすぎないと判断している。

　都市再開発法が昭和44年に制定されてから約10年後という運用が十分に固まっていない時期の判断であるとはいえ、ここまではっきりと東京高裁が言い切っている点について、筆者としては違和感を覚える。同判断の原審は、賃貸人側が控訴人であることからすると、賃借人勝訴の判断であったようであることも踏まえると、第一種市街地再開発事業の準備段階における借地借家法の正当事由判断については、都市再開発法の議論を正面からとらえて争点化する必要があるのではないだろうか。

事 項 索 引 （五十音順）

■ あ行

明渡請求 ･･････････････････････････ 11
違法性の承継 ･････････････ 145, 264, 268

■ か行

開発利益 ･･････････････････････････ 181
関係簿書の閲覧 ･････････････････････ 27
管理処分計画 ･･･････････････････････ 103
覊束裁量 ･････････････････････ 44, 45, 78
91条補償 ･･････････････････････ 10, 164
97条補償 ･･････････････････････ 11, 164
行政指導 ･･････････････････････････ 42
行政代執行手続 ･････････････････････ 144
形成力 ････････････････････････････ 134
権利床 ････････････････････････････ 120
権利変換計画 ･･･････････････････････ 8
　　――の縦覧 ･･･････････････ 9, 117
権利変換処分 ･･･････････････････ 7, 118
　　――の違法事由 ････････････ 23
　　――の効果 ････････････････ 119
公共の福祉 ････････････････････････ 53
抗告訴訟の拘束力 ･･･････････････････ 133
公定力 ････････････････････････････ 39
公法上の意思表示 ･････････････････ 39, 40
個別利用区 ････････････････････････ 76

■ さ行

再開発組合の設立 ･･･････････････････ 6
再開発準備組合 ･････････････････････ 4
参加組合員 ･･････････････････････ 76, 120
事業代行制度 ･･･････････ 152, 229, 244, 248

執行不停止の原則 ･･･････････････････ 118
借地借家法に基づく正当事由 ･･･････････ 291
借家権価格 ････････････････････････ 188
借家権消滅届 ･･･････････････････ 142, 143
借家人の再入居 ･････････････････････ 9
従前資産の評価 ･････････････････････ 7
住民自治の原則 ･････････････････････ 269
準備組合の破産 ･････････････････････ 61
照応の原則 ････････････････････････ 112
所有権絶対の原則 ･･･････････････ 51, 209
真実推定効 ････････････････････････ 114
正当な補償 ･･････････････････ 53, 54, 57
贈収賄 ････････････････････････････ 34

■ た行

第3セクター方式 ･･･････････････････ 240
第二種市街地再開発事業 ･････････ 79, 100
断行の仮処分 ･･･････････････････････ 205
通常受ける損失 ･･････････ 166, 167, 197
定期借家契約 ･･･････････････････････ 278
転借人 ････････････････････････････ 165
転貸人 ････････････････････････････ 278
同意率 ････････････････････ 37, 42, 68, 75
当事者訴訟 ････････････････････････ 70
都再法14条に基づく同意 ･････････････ 38
都市計画決定 ･･･････････････････････ 5
土地調書 ･･･････････････････ 27, 112, 138

■ は行

破産申立て ････････････････････････ 213
一人組合 ･･････････････････････････ 242

評価基準日 ························· 115, 166

賦課金 ···························· 219

附帯決議 ························· 48, 114

物件調書 ·········· 27, 112, 138, 277

分担金 ···························· 219

法律による行政の原理 ············ 42

補償金の支払 ······················ 10

補助金交付決定 ···················· 230

保留床 ···························· 120

■ や行

予算議決権 ························ 257

予算調整権 ························ 257

■ ら行

吏員立会い ·························· 8

判 例 索 引 （年月日順）

※判例情報データベース「D1-Law.com　判例体系」の判例IDを〔　〕で記載

■ 昭和

東京地決昭和39・4・3判時371号45頁〔27487195〕‥‥‥‥‥‥‥‥‥‥‥‥216

最判昭和39・10・29民集18巻8号1809頁〔27001355〕‥‥‥‥‥‥‥‥‥‥‥102

最判昭和43・12・24民集22巻13号3254頁〔27000869〕‥‥‥‥‥‥‥‥‥‥‥134

東京高判昭和48・7・13判タ297号124頁〔27603438〕‥‥‥‥‥‥‥‥‥‥‥262

最判昭和48・10・18民集27巻9号1210頁〔27000472〕‥‥‥‥‥‥‥‥‥‥‥176

福岡地決昭和52・7・18判時875号29頁〔27603615〕‥‥‥‥‥‥‥‥‥‥‥‥89

最判昭和56・1・27民集35巻1号35頁〔27000153〕‥‥‥‥‥‥‥‥‥‥157, 271

大阪高判昭和56・9・30行裁例集32巻10号1741頁〔27603964〕‥‥‥‥‥‥‥89

最判昭和57・4・22民集36巻4号705頁〔27000089〕‥‥‥‥‥‥‥‥‥‥‥‥70

東京高判昭和57・10・25判タ485号107頁〔27460907〕‥‥‥‥‥‥‥‥‥‥296

東京地判昭和58・2・9判タ497号134頁〔27604086〕‥‥‥‥‥‥‥‥‥‥‥‥85

東京高判昭和58・11・16判例地方自治4号126頁〔27682474〕‥‥‥‥‥‥‥‥85

最判昭和59・7・16判例地方自治9号53頁〔29012173〕‥‥‥‥‥‥‥‥‥‥73

名古屋地判昭和59・12・26判タ550号216頁〔27662962〕‥‥‥‥‥‥‥‥‥230

東京地判昭和60・9・26判時1173号26頁〔27803853〕‥‥‥‥‥‥‥‥‥22, 121

大阪地判昭和61・3・26民集46巻8号2676頁〔27803894〕‥‥‥‥‥‥‥‥‥102

大阪高判昭和63・6・24民集46巻8号2701頁〔27801986〕‥‥‥‥‥‥‥‥‥102

■ 平成

大阪地判平成元・11・24判時1377号51頁〔27818754〕‥‥‥‥‥‥‥‥‥‥133

大阪高判平成2・3・29判時1377号50頁〔27808364〕‥‥‥‥‥‥‥‥‥‥‥134

東京高判平成2・9・20行裁例集41巻9号1524頁〔27808783〕‥‥‥‥‥‥‥268

福岡地判平成2・10・25判時1396号49頁〔27808980〕‥‥‥‥‥‥‥54, 59, 91

福島地判平成4・6・22判タ799号168頁〔27814113〕‥‥‥‥‥‥‥‥‥‥‥268

最判平成4・9・22民集46巻6号571頁〔25000022〕‥‥‥‥‥‥‥‥‥‥‥‥132

最判平成4・11・26民集46巻8号2658頁〔25000031〕‥‥‥‥‥‥‥‥‥‥‥100

福岡高判平成5・6・29判時1477号32頁〔27817052〕‥‥‥‥‥‥‥‥56, 59, 86

最判平成5・12・17民集47巻10号5530頁〔27816966〕‥‥‥‥‥‥‥‥‥‥130

東京地判平成7・11・27判例地方自治148号50頁〔28010722〕‥‥‥‥‥‥‥‥‥249

最判平成9・1・28民集51巻1号147頁〔28020339〕‥‥‥‥‥‥‥‥‥‥‥‥‥‥178

浦和地判平成9・5・19判例地方自治176号93頁〔28032790〕‥‥‥‥‥‥‥‥‥135

浦和地判平成9・5・19判タ966号163頁〔28030876〕‥‥‥‥‥‥‥‥‥‥‥‥135

横浜地判平成11・7・14判例地方自治202号85頁〔28051996〕‥‥‥‥‥‥‥‥142

東京高判平成11・7・22判タ1020号205頁〔28050634〕‥‥‥‥‥‥‥‥‥‥206

盛岡地判平成13・12・21裁判所HP〔28071729〕‥‥‥‥‥‥‥‥‥‥‥‥‥‥‥240

名古屋地判平成14・1・30裁判所HP〔28071132〕‥‥‥‥‥‥‥‥‥‥‥‥‥‥40

神戸地尼崎支判平成14・1・31裁判所HP〔28070793〕‥‥‥‥‥‥‥‥‥‥‥145

岡山地津山支決平成14・5・10判時1905号92頁〔28102254〕‥‥‥‥‥‥‥‥216

東京地判平成14・7・11税務訴訟資料252号9156順号〔28072388〕‥‥‥‥‥‥160

広島高岡山支決平成14・9・20判時1905号90頁〔28102253〕‥‥‥‥‥‥‥‥213

奈良地判平成15・2・26判例地方自治259号57頁〔28100258〕‥‥‥‥‥‥‥‥38

東京地判平成15・8・29平成14年（ワ）13987号公刊物未登載〔28300435〕‥‥‥‥‥29

東京高判平成16・2・5平成15年（ネ）4869号公刊物未登載〔28300436〕‥‥‥‥‥33

東京地判平成16・4・28裁判所HP〔28151650〕‥‥‥‥‥‥‥‥‥‥‥‥‥‥‥257

最決平成16・6・24平成16年（オ）749号、平成16年（受）763号公刊物未登載〔28300439〕
‥‥‥‥‥‥‥‥‥‥‥‥‥‥‥‥‥‥‥‥‥‥‥‥‥‥‥‥‥‥‥‥‥‥‥‥‥33

名古屋地判平成16・9・9裁判所HP〔28092874〕‥‥‥‥‥‥‥‥‥‥166, 234

東京高判平成16・12・21裁判所HP〔28131521〕‥‥‥‥‥‥‥‥‥‥‥‥‥‥254

岡山地判平成17・1・11判タ1205号172頁〔28110938〕‥‥‥‥‥‥‥‥‥‥219

広島高岡山支判平成17・9・1平成17年（行コ）1号公刊物未登載〔28300438〕‥‥‥225

最判平成17・12・7民集59巻10号2645頁〔28110059〕‥‥‥‥‥‥‥‥‥‥‥84

東京地判平成18・6・16判タ1264号125頁〔28140987〕‥‥‥‥‥‥‥‥99, 209

名古屋地判平成19・2・27裁判所HP〔28131030〕‥‥‥‥‥‥‥‥‥‥‥‥‥242

東京高判平成19・8・22平成19年（行コ）24号公刊物未登載〔28181392〕‥‥‥‥‥261

東京地判平成20・2・1平成18年（行ウ）17号公刊物未登載〔28300437〕‥‥‥‥‥122

東京地判平成20・4・25判タ1274号129頁〔28141901〕‥‥‥‥‥‥‥‥‥‥85

東京地判平成20・5・12判タ1292号237頁〔28151017〕‥‥‥‥‥‥‥‥‥‥85

最判平成20・9・10民集62巻8号2029頁〔28141939〕‥‥‥‥‥‥‥‥‥‥‥73

東京地判平成20・12・19判タ1296号155頁〔28151694〕‥‥‥‥‥‥‥‥‥‥70

東京地判平成20・12・25判タ1311号112頁〔28151442〕‥‥‥‥‥‥‥91, 127

東京地判平成21・3・27裁判所HP〔28161201〕‥‥‥‥‥‥‥‥‥‥‥‥‥‥185

東京高判平成21・9・16裁判所HP〔28161705〕‥‥‥‥‥‥‥‥‥‥‥90, 127

東京高判平成21・11・12裁判所HP〔28206404〕・・・・・・・・・・・・・・・・・・・・・・・・・・・・185, 187

東京地判平成22・5・25平成19年（行ウ）160号公刊物未登載〔28300440〕・・・・・・・・・・264

東京地判平成22・7・8裁判所HP〔28170360〕・・・・・・・・・・・・・・・・・・・・・・・・・・・・・・・・・・・103

最決平成22・8・25平成22年（行ヒ）25号公刊物未登載〔28300654〕・・・・・・・・・・・・・・128

名古屋地判平成22・9・2判例地方自治341号82頁〔28171687〕・・・・・・・・・・・・・・・・・・・・85

津地判平成23・5・12判時2117号77頁〔28173935〕・・・・・・・・・・・・・・・・・・・・・・・・・・・・・・・61

東京地判平成24・3・23判タ1404号106頁〔28210808〕・・・・・・・・・・・・・・・・・・・・・・・・・・40

東京地判平成24・4・17平成21年（ワ）24715号公刊物未登載〔28213293〕・・・・・・・・・・291

東京地判平成24・11・27平成24年（行ウ）397号公刊物未登載〔28273647〕・・・・・・・・・・169

東京地判平成25・2・28裁判所HP〔28210784〕・・・・・・・・・・・・・・・・・・・・・・・・・・・・・・・・・・40

東京地判平成25・2・28平成24年（行ウ）52号公刊物未登載〔29025801〕・・・・・・・・74, 98

神戸地判平成25・3・29税務訴訟資料263号12190順号〔28232371〕・・・・・・・・・・・・・・・・40

東京地判平成25・5・17平成24年（ワ）28660号公刊物未登載〔29027949〕・・・・・・・・・・160

東京高判平成25・9・25裁判所HP〔28222503〕・・・・・・・・・・・・・・・・・・・・・・・・・・・・・・・・・・82

東京地判平成25・11・7平成25年（行ウ）3号公刊物未登載〔29026510〕・・・・・・・・・・・・85

東京地判平成26・3・25平成25年（行ウ）748号公刊物未登載〔29026841〕・・・・・・・・・・210

東京地判平成26・6・13平成24年（行ウ）660号公刊物未登載〔29027063〕・・・・・・・・・・172

東京地判平成26・8・26平成24年（行ウ）652号公刊物未登載〔29044931〕・・・・・・・・・・128

東京地判平成26・8・26平成24年（行ウ）661号公刊物未登載〔29044932〕

・・175, 177, 178

東京地判平成26・10・3平成26年（行ウ）10号公刊物未登載〔29045037〕

・・118, 126, 129, 267

東京地判平成26・12・19平成24年（行ウ）163号公刊物未登載〔29045200〕・・・・・・・・74, 98

東京地判平成26・12・19平成24年（行ウ）97号等公刊物未登載〔29045201〕・・・・・・・・・・94

東京地判平成27・1・30平成25年（ワ）31772号公刊物未登載〔29044506〕・・・・・・・・・・209

東京地判平成27・6・26裁判所HP〔28243901〕・・・・・・・・・・・・・・・・・・・・・・・・・・・・188, 189

東京地判平成27・9・30平成24年（ワ）35320号公刊物未登載〔29013897〕・・・・・281, 288

東京高判平成27・11・19裁判所HP〔28243488〕・・・・・・・・・・・・・・・・・・・・・・・・・・・・・・・・188

東京地判平成28・6・16平成27年（行ウ）369号公刊物未登載〔29018758〕・・・・・・・・・・202

東京地判平成28・7・20平成27年（ワ）33790号公刊物未登載〔29019486〕・・・・・・・・・・40

東京地判平成28・9・29平成27年（ワ）34012号公刊物未登載〔29019981〕・・・・・・・・・・34

東京地判平成28・11・29平成27年（ワ）15867号公刊物未登載〔29038654〕・・・・・・・・・・210

東京高判平成28・12・15裁判所HP〔28253284〕・・・・・・・・・・・・・・・・・・・・・・・・・・・179, 187

東京地判平成29・5・30裁判所HP〔28261239〕・・・・・・・・・・・・・・・・・・・・・・・・・・・・・32, 196

東京高判平成29・5・31平成27年（ネ）5235号公刊物未登載〔28300441〕・・・・・・・・・・・281
徳島地判平成29・9・20判例地方自治432号71頁〔28260040〕・・・・・・・・・・・・・・・・・・151
札幌地判平成30・3・27裁判所HP〔28262598〕・・・・・・・・・・・・・・・・・・・・・・・・・・・・262
東京高判平成31・1・17平成30年（行コ）248号公刊物未登載〔28270738〕・・・・・・・・・・74

■ 令和
徳島地判令和2・5・20判例地方自治464号84頁〔28281625〕・・・・・・・・・・・・・・・・・・・・158

あとがき

　私事で恐縮ながら、本書執筆開始時点で3歳だった長男が小学校に入学する年齢となり、まだこの世にいなかった次男は幼稚園に入園しました。子育ては必ずしも順調なことばかりではなく、この間、長男は大きな手術を乗り越え幸運にも回復し、元気に通学してくれています。

　法定再開発も、相応の年月を越えて事業が進んでいくものであり、「順調に進むであろう」という期待を持ちつつ、思わぬ事象による様々な困難を乗り越えながら、事業完成に向かっていく点で、子育てと共通点があるような気がします。

　本書の執筆は、頼りない筆者のアイディアを真剣に受け止めてくださった第一法規の石塚三夏氏と藤本優里氏に執筆の背中を押して頂いたことによりスタートしました。お2人は、統一感のない私の原稿を細部まで何度もチェックし、全体の整合性を取ってくださいました。また、長男の手術の前後は執筆を中断せざるを得ず、一時は執筆断念の相談までした筆者を、最後まで励まし、なんとか出版にまで漕ぎつけてくださいました。お2人のご尽力なくして本書は世に出ることはなかったのであり、心からの感謝を捧げます。

　加えて、筆者の所属する東京第一法律事務所の仁平志奈子弁護士には、筆者の弁護士登録以来、日々の業務において都市再開発法に関する指導を頂いており、今回は特に無理を申し上げて、本書のゲラを何度も細部にわたるまで確認して頂きました。本書が致命的な誤りを免れているとすれば、それは仁平弁護士の丁寧な確認によるもので、感謝以外に言葉がありません（もとより、本書に誤った記載があれば、それは全て筆者の責任によるところです）。

　その他、本書を執筆するにあたっては、様々な方々にお手伝いを頂くとともに、法定再開発というものの考え方についても多くの示唆を頂戴しました。

　まず、東京第一法律事務所の齋藤裕明氏には、筆者の前著「防げ！学校事故〜事例・裁判例に学ぶ予防策と対処法〜」第一法規（2016年）に引き続き、本書に搭載されている裁判例の整理だけでなく立法過程の調査について多大

なご助力を頂きました。同氏の事務作業のおかげで本書の構成が成立したと言っても過言ではなく、深くお礼申し上げます。

　また、本書の基礎となる行政法の考え方は、筆者の法科大学院在学時代に起案等指導で厳しくも温かくご指導くださった学習院大学法学部の櫻井敬子教授と同大学法科大学院の大橋洋一教授の学恩によるところであり、感謝の念に堪えません。

　そして、九州大学特任准教授の高尾忠志氏には、都市計画の考え方をまとめた示唆に富む書籍を多数ご紹介頂き、法的思考に凝り固まりそうなときには、同氏の九州での景観等に関する発信を随時参照させてもらいながら、執筆を進めることができました。もし本書が法的思考の枠組みから一歩殻を破ることができているとすれば、それは同氏の示唆に負うところが大きく、この場を借りて感謝申し上げます。

　その他、これまでの法定再開発業務に携わる方々との折衝や議論（最も身近には東京第一法律事務所の奥冨昌吾弁護士には、実務上の議論において、いつも緻密で有益な示唆を頂いています）、そして現実の法手続から頂いた経験の一つ一つが、本書の端々の記述に生きており、その意味で、これまで筆者がお世話になった全ての法定再開発関係者の皆様、そして法的手続において議論を交わした法曹関係者の皆様との関わりのおかげで、本書が成り立っており、この場を借りて深く御礼申し上げます。

　加えて、本書の装丁は、デザイナーの篠隆二氏の手によるものであり、筆者の本書に込める想いをそのままカバーデザインとして表現してくださり、一目惚れで本書のデザインが決まりました。厚く感謝申し上げます。

　最後に、本書の執筆は、執務時間外での作業とならざるを得ず、必然的に家庭で過ごすべき時間を相当割かざるを得ませんでした。本書の執筆を進められたのは、子育て最盛期に家庭をほぼワンオペで守ってくれている妻と、筆者と遊ぶ時間を我慢してくれた長男と次男のおかげというほかありません。上記皆様への御恩を踏まえつつ、妻と2人の子供たちに本書を捧げたいと思います。

　末筆ながら、「まえがき」でも述べたように、本書を手に取ってくださっ

た皆さまからの声を踏まえながら記載内容をブラッシュアップできればと考えております。筆者の誤解や不勉強から意を尽くせていない記述もあるかもしれませんので、読者の皆さまの忌憚ないご意見を賜りたく、どうぞ宜しくお願い申し上げます。

2022年3月吉日

弁護士　内野令四郎

著者プロフィール

内野　令四郎（うちの　れいしろう）

私立武蔵高等学校卒、東京大学法学部卒、学習院大学法科大学院修了。
東京第一法律事務所所属。
著書：『防げ！学校事故—事例・裁判例に学ぶ予防策と対処法』第一法規
（2016年）、『家事事件リカレント講座—離婚と子の監護紛争の実務』共著、
日本加除出版（2019年）、『こんなところでつまずかない！保全・執行事件21
のメソッド』共著、第一法規（2021年）など。

サービス・インフォメーション

―――――――――――――――――――――――― 通話無料 ――――――
①商品に関するご照会・お申込みのご依頼
　　　　　TEL 0120 (203) 694／FAX 0120 (302) 640
②ご住所・ご名義等各種変更のご連絡
　　　　　TEL 0120 (203) 696／FAX 0120 (202) 974
③請求・お支払いに関するご照会・ご要望
　　　　　TEL 0120 (203) 695／FAX 0120 (202) 973

●フリーダイヤル（TEL）の受付時間は、土・日・祝日を除く
　9:00～17:30です。
●FAXは24時間受け付けておりますので、あわせてご利用ください。

裁判例からひも解く都市再開発入門
―権利調整や紛争対応時における弁護士の関わりかた―

2022年4月30日　初版発行
2024年8月5日　初版第2刷発行

著　者　弁護士　内野令四郎

発行者　田　中　英　弥

発行所　第一法規株式会社
　　　　〒107-8560　東京都港区南青山2-11-17
　　　　ホームページ　https://www.daiichihoki.co.jp/

装　丁　篠　　隆　二

弁護士都市　ISBN 978-4-474-06796-7　C3032 (7)